INTRODUCTION TO MILITARY STUDIES

군사학 종합이론의 바이블

개정 5판

군사학개론

이재평 · 김호용 · 박동순

군사학 (軍事學, Military science) 발전기를 선도하는 기본서

국가의 정체성과 목표를 군사적으로 구현하기 위한 총체적 안전보장 기본서로
전쟁을 방지하고 대비하며, 전쟁을 포함한 국가안보 위기상황을 관리하는
군사력 건설 및 운용, 군사사상, 군사이론, 전쟁사, 전략, 조직, 무기체계를 망라하다.

Global
www.gbbook.com

머리말 Preface

개정판(제5판)을 내면서

지구촌은 오늘도 러시아–우크라이나 전쟁에 이은 중동전쟁 뉴스를 접하면서 라시아 혁명가 트로츠키가 **"당신은 전쟁에 관심이 없을지 모르지만 전쟁은 당신에게 관심이 있다"**라고 말한 것처럼 전쟁은 정당한 전쟁의 첫 번째 조건인 명분도 없이 자국 이익만을 위하여 싸우고 있다.

성경은 창세기부터 인류 역사에 전쟁이라는 용어가 사용되어 인간과 전쟁은 같이 존재하고 발전되어 오고 있다.

군사학이라는 학문도 급변하는 시대적 상황과 끊임없이 확장되는 전장 형태로 인해 학문적 개념을 한마디로 대변하기는 어려운 과제라서 『군사학개론』 5차 개정판을 내기까지 집필자들을 고민스럽게 하였다.

군사학(軍事學, Military science)은 종합학문으로서, 헌법에 명시된 국가의 정체성과 국가목표를 군사적으로 구현하기 위한 총체적 안전보장 기본학문으로 모든 군사현상(軍事現狀)인 백과사전적 역할과 길잡이가 되어야 한다는 소명 의식을 가지고 머리말은 군사학 학문적 발전과 시대적 변화를 조망하는 역사의 계속이라고 말할 수 있다.

개정 5판에서는, 「전쟁의 본질과 성격, 전·평시 국가목표 달성을 위한 군사력의 개발·운용·지원을 중점적으로 하는 학술적인 연구」하는 것을 의미로 핵심 연구 중 하나가 전쟁이고 전쟁을 위하여 인공지능시대의(AI) 도래로 인간중심의 전쟁에서 드론을 비롯한 무인체계가 전장을 지배하는 변신 시대 조류에 맞추어 군 조직에서 연대가 여단으로 바뀌고 연하여 새로운 부대의 창설과 훈련의 변화 추세에 부응하는 내용을 수정하였고 군사 특성상 필요한 용어를 제외하고 한글맞춤법을 중심으로 개정하였다.

개정 5판이 곧 완성이나 끝은 아니다.

글로벌 출판사에서는 국가 존망과 직결된 군사력 실증적·규범적으로 연구하는 술(術, art)과 과학(科學, science)」이라는 협의적인 접근을 위하여 근착자료 중심으로 변화하는 군의 현상을 재(再)정리하였고, 불필요한 부분이나 변화가 잦은 부분은 과감히 배제하여 전쟁의 본질과 성격을 연구하고, 전쟁 억제와 평화회복과 유지를 위해 군사력의 개발, 운용 및 지원 그리고 군사(력)와 연관된 학술적 연구」를 계속하며 노력할 것이다.

감사합니다.

2025년 2월

대표저자 이재평

머리말

Preface

군사학 종합이론의 바이블로 반석에 우뚝 선 개정판(제4판)의 수정판을 내면서

군사학이 독자적인 학문체계를 구축하기 시작한 것은 제1차, 제2차 세계대전의 영향이 결정적이었다. 양차 대전은 그때까지 인류가 경험한 전쟁과는 양상이 전혀 달랐다. 대량살상무기의 출현으로 수많은 인명손실을 초래하였고, 핵무기의 등장은 상호 공멸이라는 공포감을 조장하였다. 이에 군사 세계전쟁에 참여한 국가를 중심으로 군사학에 대한 심도 있는 연구가 진행되었고, 우리나라에서도 2005년부터 군사학사 학위를 수여와 군사학전문박사가 배출되면서 명실상부한 종합전문 군사학전공 분야로 자리매김하였다.

군사학(軍事學, military science)의 사전적 개념은 국가의 안보 전략을 군사적으로 구현하기 위해 군사력을 건설하고 운용하는 일체의 학문을 말한다.

군사학의 주요 연구영역에는 국방 정책, 군사력 건설 및 운용, 군사력 지원, 군사 관련 기초 이론을 포함하여 현대전에서 필요한 군사과학기술, 군사 사상 및 군사 심리, 군대 윤리, 군대 사회, 국방경제, 민군 관계, 국제 관계, 군사법 등의 분야가 여기에 속한다.

군사학의 종합학문으로 인류의 가치관이 급속하게 변화하고, 과학기술의 발전 속도 역시 빠르게 진보하는 패러다임 속에서 학문체계는 더욱 고도화되고 세분화되며 군사와 비 군사 영역을 구분하기도 어려워지는 추세이고 군사학의 연구 분야는 매우 넓으므로 싸우는 방법뿐만 아니라 인간의 사상이나 의·식·주까지 검토해야 한다. 따라서 이에 종사하는 학자들은 연구방법론 측면에서 어려움을 호소하고 있다.

본서는 위와 같은 군사학의 특징을 반영하여 다음과 같이 구성하였다.

1장은 '군사학이란 무엇인가?'라는 제목으로 군사학의 학문적 정의를 설정하였다.

2장은 군사학의 연구와 교육을 주제로 학문적 발전을 추구하는데 필요한 연구방법론을 제시하였다.

머리말

Preface

3장은 국가의 안전보장 차원에서 국방 정책의 기본 방향을 정립하였다.

4장은 전쟁의 기본 개념을 이해하여 군의 존재 목적을 살펴보았다.

5장은 병역제도 및 동원을 반영하여 병력의 운용에 대한 기초자료를 수록하였다.

6장은 전쟁관리 및 지원으로 부대를 편성하고 관리하는 내용을 구성하였다.

7장은 교육훈련 및 관리로 평시 전투준비 분야를 언급하였다.

8장은 군사 실천이론 분야로 각종 인사 및 복무 중에 발생하는 분야를 기술하였다.

개정판(제4판)의 수정판을 발간하면서 군사학 연구영역이 방대함에도 본서는 군사학 바이블이라는 자긍과 명예를 위하여 공편자는 수회의 윤독과 토론을 하며 고민 끝에 수정판을 탈고하며 독자 여러분의 애정과 관심을 기대한다.

끝으로 개정판(제4판)의 수정판 출간을 위해 노력해주신 글로벌 출판사 대표를 비롯한 관계자 분께 감사드립니다.

2022년 2월

공편자 일동

머리말 Preface

군사학 종합이론의 바이블로 반석에 우뚝 선 개정판(제4판)을 내면서

개정3판을 낸지 1년 만에 개정4판을 내면서 군사학(軍事學, Military science)종합이론의 반석위에 우뚝 세워졌다는 자긍보다 먼저 군사학의 학문적 창조의 새로운 길, 한 번도 가보지 못한 미지 길에 등대지기 같은 무한책임과 아름다운 도전을 시작합니다.

이 책은 전문직업군인으로 안내하는 지침서를 넘어 군사학이라는 독립학문으로 발전하여 학술적 지평을 새롭게 세우는 나침판의 역할을 감당해야하는 무거운 책임감으로 훗날 군사 전문학서 로 자리매김 하도록 겸손한 자아성찰과 전진을 계속하겠다는 다짐을 공편자(충성대 아카데미 군사포럼 팀 중심 개정)모두가 약속 합니다.

개정4판에서는, 1900년 6월 30일, 대한제국군의 육군헌병조례 이후 120년간 사용되던 '헌병'이라고 불리던 병과가 '군사경찰'로 명칭이 변경되어 불리게 되어 수정 보완하였으며, 병 징계 가운데 영창 제도가 헌법상 영장주의 원칙에 위배된다는 논란으로 병에 대한 영창 제도를 군기교육 제도로 변경하고, 징계 종류로 감봉·견책 등을 도입하는 내용을 포함하였습니다.

또한 2017년 6월 22일부터 시행된 「군인의 지위 및 복무에 관한 기본법」에 근거하여 군인의 권리와 의무 및 권리의 구제 등에 대해 법 조항을 구체적으로 포함 하였으며, 합동참모본부의 군사조직 일부 변경 등의 근착 자료를 중심으로 수정 보완하였습니다.

새로운 기분을 낼 수 있도록 표지부터 멋지게 디자인하여 글로벌출판사 사장님께 감사를 드리며 본서를 읽는 모든 분들의 건강과 승리를 기원합니다.

2020년 초

공편자(충성대 아카데미 군사포럼 팀 중심 개정) 일동

머리말

Preface

개정판(제3판)을 내면서

군사학(軍事學, Military science)하면 연상되는 의미는 무엇일까? 국가, 안보, 군대, 전쟁 등등... 여러 단어들이 연상되지만 딱히 "이것이 군사학이야!" 라고 한마디로 명쾌하게 말하기는 쉽지 않은 문제이다. 모든 학문이 그렇겠지만 특히 급변하는 시대적 상황과 끊임 없이 확장되는 전장형태로 인해 군사학의 학문적 개념을 한마디로 대변하기는 어려운 난제라서 『군사학개론』 3차 개정판을 내기까지 집필자들을 설레고 고민스럽게 하였다. 대표적인 사례가 9.11 미국 뉴욕테러와 사이버전은 전쟁성격의 규명과 영역구분이 모호하다는 것이다. 이러한 논점은 군사학이 독립학문으로 자리매김한지 20여년이 흐른 지금까지, 그리고 앞으로도 계속 논의가 필요하다. 차제에 나름의 학문영역에서 연구하며 재능을 공유하고 함께 발전시키자는 취지로 2016년 봄 새롭게 출범한 '충성대아카데미'의 연구그룹 가운데 '군사포럼'에서 지혜를 모아 이 문제를 집중하여 다루며 고민을 나눠 보았다.

군사학(軍事學, Military science)은 종합학문으로서, 헌법에 명시된 국가의 정체성과 국가목표를 군사적으로 구현하기 위한 총체적 안전보장 기본학문이라고 할 수 있다. 따라서 전쟁을 방지하고 대비하며 전쟁을 포함한 국가안보 위기상황에서 이를 관리하고 대한민국 번영과 평화 그리고 인류 세계평화에 군사적으로 기여하기 위한 사회과학이라고 말할 수 있다. 최초 군사학 연구의 필요성은 전쟁에 대한 탐구에서 비롯되었지만 총력전 시대가 된 이후 관련분야와 대상이 직업군인과 군대를 넘어 영역과 대상의 한계가 무한대로 확장되어가는 추세이다. 이에 부응하기 위하여 본서 연구영역은 군사력건설, 운용, 군사사상, 군사이론, 전쟁사, 전략, 조직, 무기체계, 장비, 군수, 인력, 교육 등 군에 관련된 모든 분야를 포함하였다. 연구대상 또한 군에 종사하는 직업군인 인 현역과 군무원, 예비역뿐만 아니라 이론가, 연구가, 실험가, 군사기술 과학자, 엔지니어 모두를 포함하였다.

본 군사학의 종합바이블서인『군사학개론』은 이러한 상황과 시대요구에 맞추어 개정 3판을 내놓게 되었다.

개정판에서는 군사학의 영역의 확장과 전문화 되어가는 추세를 반영하여 테러와 테러리즘, 사이버전쟁 부분을 추가하였고 교육훈련과 군사실천분야는 최 근착자료 중심으로 대폭 수

머리말 Preface

정·보완하여 독자 여러분과 함께 학문적 발전기(군사학 제2기)에 걸 맞는 군사학의 발전과 국가번영, 튼튼한 안보, 전쟁 없는 평화적 남·북 통일, 인간존엄을 추구하는 인류평화에 선제적으로 기여하기를 기대하며 출범한다.

끝으로 본 개정판이 나오기 까지 학구적 열성과 강한 책임감으로 뜨거운 여름을 보낸 '충성대아카데미 군사포럼팀' 에게 자축의 갈채를 보내고, 괄목상대할 모습으로 출간하여주신 글로벌출판사 사장님께 감사를 드리며 본서를 읽는 모든 분들의 건강과 승리를 기원합니다.

2016년 8월

공편자(충성대 아카데미 군사포럼 팀 중심 개정) 일동

머리말

Preface

개정판(제2판)을 내면서

대한민국에 500개가 넘는 대학 중 170여 대학이 군사학과 관련한 협약 내지는 군사학 학문을 가르치며 군사학의 발전과 도약은 중단 없이 전진을 계속해 가는 현실을 바라보며 "군사학 종합이론 바이블"이라 자청하는 군사학 개론 개정판 연구는 무겁고 두려운 무한 책임을 통감하며 작성하였다.

물론 이 책이 곧 완성이나 끝은 아니다.
다만 내용의 충실성과 구성에 대하여 깊은 고민을 하였지만 부족함은 더하고 아쉬움은 여전하다.
그럼에도 불구하고 지금까지 군사학 개론서로 발간된 어떠한 책과 비교하여도 손색없는 건강한 책으로 자부하려는 기대어린 땀 흘림으로 최선의 노력을 다 하였다.
근착자료 중심으로 변화하는 군의 현상을 재(再)정리하였고, 불필요한 부분이나 변화가 잦은 부분은 과감히 배제하였다.
그리고 군사학의 변천 제2기라(태동기⇒발전기⇒도약기) 칭하는 발전기(發展期/evolve)에 걸맞은 학문위주 내용중심으로 변화를 시도하였다.
다만 본서는 잠자는 학문에 자극하는 노크를 할 따름이고 계속적인 변화와 발전은 독자의 몫이기도 하다.
따라서 독자 모두가 주인이 되어서 멀리 바라보고, 깊이 통찰하여, 더 높은 곳을 향하여 일신우일신(日新又日新), 같이같이 손잡고 군사학을 사모합시다.

함께한 군사학 사랑은 학문을 넘어 나라와 민족의 사랑이 되어 위대한 대한민국 국가발전과 미래와 세계평화를 향한 선진 군(軍)으로 우뚝 세우는 길잡이가 될 것을 기대한다.

책의 발전을 위하여 연구한 여러 손길마다 감사를!

책의 출판을 위하여 수고한 글로벌 사장님과 관계관들께 격려와 갈채를 보냅니다.

승리하십시오.

2015년 봄 공편자 일동

머리말

Preface

최초(初版)로 만들어진 군사학 바이블(Bible)

2002년 평생교육법, 고등교육법 개정으로 교육과학기술부, 한국교육개발원으로부터 군사학 전공인정과 함께 태동한 군사학의 학문적 발전이 유아기에서 청소년기로 성장해가는 과정과 같이 군사학의 새로운 발전기에 접어들었다.

군사학의 제2기라고 말할 수 있는 (태동기→발전기) 지금 이때가 어린아이가 태어나 처음 학교에 가서 공부를 시작하는 인생 전체의 정체성이 결정지어지는 가장 중요한 시기인 인성의 분수령인것처럼 군사학 개론은 모든 군사학문의 주춧돌이자 기초가 되는 첫 단추를 끼우며 옷깃을 거울 앞에 비추어 자기 몸과 매무새를 보아야 할 군사학 학문적 모퉁이 돌이다. 군사학이 종합학문으로 모든 군사현상(軍事現狀)인 백과사전적 역할과 길잡이가 되어야 한다는 사명적 의식을 가지고 본서 집필에 전력투구하였다. 돌이켜 보면 군사학 개론이란 개념 정립을 위해 밤새워 씨름하며 집필진과 보낸 첫 사랑의 정열과 땀이 베인 지난 겨울을 잊을 수 없다.

군사학 개론으로부터 출발하여 군사학 입문으로 변신하고 부사관 중심내용에서 모든 군 간부와 군에 관심 있는 매력적인 독자층으로 저변을 확대하며 사회학이 보는 군사학에서 군사학이 보는 종합학문 토대 위에서 사회학을 바라보는 군사학 개념으로 사고의 대 전환을 하는 전환기적 연구서가 "군사학 종합이론의 바이블이라 칭하는 군사학 개론"이다.

본서는 초판 후 군 내 외 학교기관과 부대, 전문대 및 종합대학에서 군사학을 가르치거나 관심 있는 독자들로부터 가장 주목받는 기본서로서 여러 독자들로부터 사랑과 관심은 물론 괄목 할 만큼 저변이 확대되었고, 육군의 군사학술연구 과제로 채택되어 군사학 과목발전을 위한 별도의 연구와 세미나를 통해 한 단계 성숙된 학문의 시금석이 되어 고객의 호응 또한 기대할 만하다.

본서는 대학(전문대·종합대 불문)군사학 교재로 사용하도록 주저함없이 권고할 정도의 자긍심을 가지고 집필하였으며, 대학에서 군사학을 강의한 경험과 현장, 군사학 여러 협회의 의견을 충분히 반영하였다.

머리말

Preface

물론 지금도 아쉬움과 부족함이 있지만 항상 배운다는 겸허한 마음으로 독자 여러분의 아낌없는 관심과 사랑에 귀 기울인다.

초판 머리말에 썼던 "한송이 꽃잎이 모여 꽃밭이 되고 한잎 단풍이 물들어 장관을 이룬다"라는 글을 다시 새기며, 나라를 사랑하고 국가 안보에 관심 있는 여러분과 함께한 군을 사랑하는 한송이 꽃잎, 한잎의 단풍이 모여 꽃밭이 되고 장관을 이루기를 소망한다.

이 책의 출간을 위하여 수고한 모든 손길들을 축복하시고 특별히 글로벌 출판사 사장님과 회사에 무궁한 발전을 기원합니다.

2012년 새해 연구실에서 함께한

편집자 일동

Chapter. 01

군사학이란 무엇인가?

Chapter. **01**

군사학이란 무엇인가?

제1절 군사학 개관

사회가 점점 복잡해지고 다양해짐에 따라 다양한 학문 분야가 새로 생겨났다. 바둑, 당구, 만화 등과 같은 취미 분야가 이제는 취미를 넘어서 이를 보다 과학적으로 접근하고자 하는 차원에서 학문분야로 성장하고 있다. 그러나 한 개인의 취미가 아니라 한 국가의 존망과 관련된 군사 분야는 아직도 완전한 학문의 분야로 체계화되지 못한 것 같다. 이제 군사학에 대한 학문체계 정립을 통하여 군사학의 위상을 확립하고 이를 통해 군사학 학위를 부여하는 것이 필요한 시점이 되었다고 본다. 특히 군의 국가 및 사회적 위상과 역할, 군의 전문성 및 교육의 질과 양 등을 고려해 볼때 군사학은 과학화된 학문체계로의 발전이 필요하다.

군사학을 단지 교리와 훈련을 담당하는 정도의 기술적 차원에만 머물게 할 것이 아니라 학문적 차원에서 접근해야 한다. 첨단 과학기술과 무기체계의 발달, 이로 인한 군사전략의 변화, 한정된 자원의 효율적 사용, 그리고 군 조직의 과학적 관리의 필요성은 군사문제를 보다 학문적 차원에서 접근할 것을 요구하고 있다.

군사학은 비단 군내에서만 필요한 것이 아니다. 오늘날의 전쟁은 군대만으로 수행되는 것은 아니기 때문에 국민들의 협조와 참여가 필요하다. 많은 국민들이 군사학에 대해 관심을 갖고 군대에 대한 조언과 충고해 줄 수 있는 환경이 조성되어야 한다. 이를 위해서는 민간대학에서도 군사학에 대한 교육이 이루어져야 하고 군사학위도 수여되어야 한다.

즉, 국민의 상무정신 함양과 군에 대한 문민통제를 강화하기 위해서도 군사학에 대한 학문체계가 정립되어야 할 필요가 있다.[1)]

1. 군사학의 개념

가. 협의(狹義)의 군사학 개념

군사학을 전쟁과 군사력 중심으로 보는 관점으로서, 「전쟁의 본질과 성격, 전·평시 국가 목표 달성을 위한 군사력의 개발·운용·지원을 중점적으로 하는 학술적인 연구」하는 것을 의미한다.

나. 광의(廣義)의 군사학 개념(국가 존망과 직결)

군사학을 국가존망과 직결된 군사력, 전쟁과 평화, 군사와 관련 있는 정치·경제·사회의 문제를 포함하는 관점으로서, 「전·평시 국가 목표달성을 위해, 전쟁의 본질과 성격을 연구하고, 전쟁억제와 평화회복과 유지를 위해 군사력의 개발, 운용 및 지원 그리고 군사(력)와 연관된 정치·경제·사회 제 요소들에 대한 학술적 연구」를 의미한다.

다. 군사전략 학문의 정의

「전쟁과 군사력을 실증적·규범적으로 연구하는 술(術, art)과 과학(科學, science)」이라는 협의적인 접근한 정의이다.

라. 군사학 교육체계

교육실시와 관련한 법적, 제도적, 규정적 측면을 의미하는 것으로, 교육실시 주체의 교육 이념, 권한과 책임, 목적에 따라 교육체계의 범위와 내용이 다르다. 예를 들어 국방부의 군사학 교육체계, 국방대학교 군사학 교육체계, 육·해·공·해병대의 교육훈련 체계가 다르다. 이는 학문이라는 측면보다 교육이라는 측면이 더 중요시하기 때문이다.

---

1) 윤종호 · 김열수(2002. 12) "군사학 학문체계 정립 및 군사학 학위수여 방안," 국방정책연구과제에서 발췌 수록

마. 군사학 학문체계

학문적으로 군사현상을 연구하는 범위와 대상을 의미. 군사학을 연구하는 개인이나 집단에 따라 군사현상의 정의, 범위, 분류기준이 다르지만 학문적으로 보편성을 지향하고 있는 점이 특징임.

바. 군사학 과목체계

각 대학(대학교, 대학원)의 군사학과가 개설하는 강의 과목들을 말함. 그 학교의 교육목적, 학교의 교육체계, 교육대상(피교육자)의 수준에 따라 과목체계가 수립됨. 따라서 같은 명칭의 군사학과 일지라도 각 학교에 따라 과목체계는 다를 수 있음.

2. 학자들 견해와 각국의 개념

가. 한국 학자들에 의한 정의

(1) 이종학

"군사학은 전쟁의 본질과 성격 및 무력전의 준비와 수행에 관한 통일된 지식의 체계이다."

한마디로 전쟁사례 연구를 통해 얻어진 지식체계라고 정의하였다.

(2) 유재갑

"국가안보 문제의 군사적 차원에 속하는 문제에 관한 하나의 지식체계로서, 전 · 평시에 있어서 군사력의 역할, 발전, 운용 및 지원문제와 국가목표달성을 위한 군사력 사용에 직접적으로 영향을 미치는 경제, 지리, 정치, 사회심리 등 국력요소간의 상호작용 관계를 이론적, 체계적으로 연구하는 것이다."

(3) 하대덕

"군사학의 순수(고유)대상은 '무력투쟁현상'이며, 광의의 대상은 '전쟁과 평화에 관한 현상'이다...(중략)... 이를 근거로 하여 군사학의 대상과 범위는 무력전을 중심으로 한 국가

총력전을 대비하기 위한 군사용병 · 군사정책, 그리고 기타 군사에 관한 학리를 연구하는 학문이다."

(4) 온창일

"군사문제를 연구하는 학문분야로서, 전쟁을 억제하여 평화를 유지하고, 전쟁을 신속히 종결시켜 다시 평화를 회복 · 유지하는데 필요한 사상, 이론, 제도와 정책 · 정략과 외교 및 군사력과 이의 운용교리를 총괄하는 연구 분야이다."

나. 각 나라의 군사학 개념

(1) 미 국

가) 지휘참모대학

"전 · 평시 군사력의 개발, 운용 및 지원에 관한 연구이며, 또한 국가목표 달성을 위한 군사력의 적용과 국력의 제요소들인 경제적, 지리적, 정치적, 사회 심리적 요소들 간의 상호관계들에 관한 연구"

나) 미 육군야전교범(1978)

"군사학이란 군사력의 개발, 운용 및 지원에 관한 연구인 동시에 전·평시에 있어서 국내외적관계하에서 국가정책의 도구로서 군사력의 사용에 관한 연구이며, 또한 군사력과 국력의 지리적, 경제적, 정치적, 과학적, 사회 심리적 제 요소와의 상관관계에 관한 연구이다."

(2) 영 국

"전·평시 군사력 운용과 개발, 전쟁 예방에 대한 연구"라고 정의

(3) 러시아

"전·평시 국가목표 달성을 위해 전쟁의 본질과 성격을 연구하고 군사력의 개발, 운영, 유지 및 건설 그리고 이와 긴밀히 연관된 제 요소들을 학술적으로 연구하는 학문"

(4) 한 국(육군사관학교)

"군사학이란 전쟁의 군사-전략적 성격, 전쟁의 미연방지 방안, 군 및 국가의 침략 격퇴 준비, 자국수호를 위한 무력전의 제 합법칙성, 원칙, 방법 등에 관한 지식의 체계"

3. 군사학의 필요성

20~21세기에 들어 발생한 걸프전쟁(1990년), 코소보전쟁(1998년), 아프가니스탄전쟁(2001년), 이라크 전쟁(2003)은 한국의 6·25전쟁(1950년)이나 베트남 전쟁(1964년)개념을 획기적으로 바꾸어 놓았다. 엘빈 토플러의 전쟁과 반전쟁의 궤도에서 나오는 산업시대의 전쟁형태가 제3의 물결, 정보화 사회의 전쟁형태로 완전히 바뀌어 가고 있음을 보여주었다.[2)]

2016년 스위스 다보스 세계경제포럼에서 "4차 산업혁명"의 개념이 등장한 이후 과학기술 발전에 대해 세계각국의 관심이 집중되었고, 우크라이나 전쟁(2022년~)은 물리적전쟁과 사이버전쟁이 혼합된 하이브리드 전쟁, AI·드론·저궤도위성 등 첨단 과학기술의 실험장이 되며 첨단과학기술 전 등 새로운 패러다임의 전쟁을 보여주고 있다.

'국방혁신', '첨단 과학기술강군' 의 슬로건 속에서 전자전, 사이버, 드론, 위성 등 개념들이 등장하는 가운데 미래를 대비한 새로운 전장운용체제를 모색하는 움직임들이 매우 부산스러운 상황이다. C4ISR(Command·Control·Communications·Computers·Intelligence·Surveillance and Reconnaissance)를 중심으로 초고속·초연결·초지능을 갖춘 전장상황 인식, 지휘통제 기능의 발전, 장거리 정밀타격체계 등을 통한 전 영역의 동시통합 작전. 그리고 이 모든 것들을 AI 등 첨단과학기술 기반의 군사력 건설을 추구하면서 새로운 미래 전쟁에 대비해 가고 있는 것이다.

군사연구, 군사학이 과학, 학문과 기술의 영역에 상관없이, 그것들이 다루는 전쟁과 군사문제는 그동안 인류역사를 통해 초미의 관심사가 되어온 것이 사실이다.

인간이 자신의 생존과 자아보존에 대해 일차적 본능을 가지고 있는 그 연장선상에 그들

---

2) 앨빈 토플러 「전쟁과 반전쟁」(한국경제신문사, 1994. 제2부 궤도)

의 공동체로서의 사회와 국가의 존립과 번영에 대한 본능적 욕구가 깔려 있다. 자아보존을 확보하기 위해 개인적 힘과 수단을 보유하려는 시도처럼 공동체로서의 사회와 국가의 존립과 번영을 위한 방위능력과 수단으로서의 군대, 무기체계, 전략·전술이 필요하게 되었다. 우리가 군사학, 군사연구를 필요로 하고 요구하는 것도 이러한 자연스런 인간성, 사회성의 발로이다. 그것은 자아보존의 욕구, 생존에 대한 갈구에 뿌리를 둔 필요와 요구이기에 어느 사회, 어느 국가에서도 가장 우선권이 높은 관심사가 되어왔던 것이 사실이다. 그럼에도 불구하고 그것에 대한 우선권이 낮았던 사회와 국가들은 엄청난 고통과 불행을 겪고 역사의 뒤안길로 사라졌던 것을 보아왔다.

그러므로 동서양을 막론하고 각 사회와 국가마다 국가 방위를 위해 군사, 병법연구들이 있어왔다. 동양의 『손자병법(孫子兵法)』을 비롯한 『무경칠서(武經七書)』, 서양의 클라우제비츠의 『전쟁론』과 죠미니의 『전쟁술』 등의 저술들이 그 대표적인 것이다.

우크라이나-러시아 **戰**, 이스라엘-팔레스타인 **戰**에서 보는 것처럼 군사과학 기술혁명, 군사혁신과 이에 따른 전술·전략의 변화, 미래지향적 군사지식의 필요성, 국내외 안보변화와 발전에 민감하게 적응할 수 있는 통찰력과 능력을 갖춘 군사전문가들, 군사연구자들을 필요로 하게 되었다. 따라서 이러한 군사전문가, 연구자들의 배출을 위해서는 보다 발전된 군사학 교육체계가 확립이 되어야 할 것이고, 이러한 시대적 요구에 따른 2003년부터 교육인적자원부의 육군 각 병과학교 공식 학점 인정과 교육개발원의 대학표준과정으로서 군사학 공식 인정을 계기로 군사학의 학문체계 정립 및 군사학 발전과 군사학 교육의 활성화를 통한 많은 군사전문가를 배출해야 할 것이다.(군사학 관련 평생교육법 및 고등교육법 관련 조항은 아래와 같다.)

평생교육법(2002.12/한국교육개발원)

- 제4·8조: 학점 인정에 관한 법률: 표준교육과정에 군사학 전공 제정
- 제9조가 규정하고 있는 사관학교, 단기사관학교, 국군사관학교 외 제병과학교가 학점인정기관으로 승인받아 군사학위를 수여할 수 있다.

고등교육법

- 제35조 학위수여: 제38조 1항(학사학위와 동등 효력)

① 대학에서 학칙이 정하는 과정을 이수한 자에 대하여 학사학위를 수여한다.

② 동 시행령 제34조: 법 제35조 1항의 규정에 의한 학사학위의 종류는 학칙으로 정한다.

제2절 군사학의 연구범위

군사학에 관한 정의는 국가마다, 그리고 학자마다 다르며 이에 따라 군사학의 연구범위도 다르다. 대부분의 선행 연구자들은 군사학 범위를 대단히 포괄적으로 규정하고 있다는 점이다. 따라서 이들은 군사학의 학문 영역이 (그림 1−1)에서 보듯이 종합적이라는 점을 강조하고 있다. 그러나 군사학을 포괄적으로 정의할 경우, 군사학의 고유한 학문적 대상과 영역은 애매해 진다. 또한 군사학을 종합학문으로 정의할 경우 군사학의 독립은 사실상 제한될 수밖에 없다고 본다.

군사학의 범위를 어떻게 설정할 것인가에 따라 군사학을 독립된 학문으로 볼 것인가 또는 종합학문으로 볼 것인가가 결정될 수 있다. 이는 인식과 가치관의 차이로 인한 선택의 문제일 수도 있는데 국방대학교 안전보장대학원의 군사학 학문체계 정립과 군사학 교육 발전방향에 의하면, 군사학의 범위를 설정함에 있어서 가장 중요하게 고려해야 할 점은 '무엇을 근거로 군사학의 범위를 설정 하는가'하는 점과 군사와 관련된 각종 공식적인 문헌이다. 이를 기초로 군사학의 범위를 한정하면 한국의 공식적인 문헌에 국한되긴 하지만, 헌법상에 명시되어 있는 국군의 의무, 군인복무규율에 명시되어 있는 국군의 사명, 정부조직법에 명시되어 있는 국방부 직무, 그리고 국방목표를 종합해 보면, 군사(軍事)란 국토방위, 국민의 생명과 재산보호, 평화통일 뒷받침, 지역의 안정과 세계평화에 기여(임무)하기 위해 국방과 관련된 군정과 군령 및 기타 군사에 대한 업무를 수행(범위)하는 것과 관련된 일이다. 대한민국이 다른 나라 군대의 임무와 차이점이 있다면 평화통일을 뒷받침한다는 정도가 될 것이다.

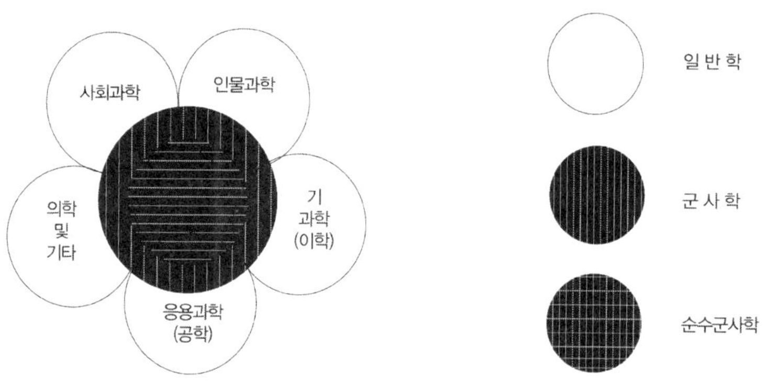

〈그림 1−1〉 군사학의 범위

군정(軍政)이란 양병분야로서 국방상 국민의 권리 및 의무와 관계되는 모든 군사업무를 말하며, 군대의 창설, 해산, 병역, 동원제도의 기획과 지도, 군사법규의 제정과 징집, 국방예산과 장비의 획득을 포함하는 것으로서, 군사력 건설 및 유지와 관련되는 행정(인사, 교육훈련, 일반행정), 군수분야와 관련된 업무이다. 한편, 군령(軍令)이란 용병분야로서 군대의 통솔과 작전지휘에 관한 군사작전분야에 관한 업무이다.[3] 기타 군사에 대한 내용은 군사력과 국력의 제 요소와의 상관관계가 이에 해당된다. 따라서 군사학이란 군사력의 건설 및 유지와 관련된 군정과 전쟁과정과 관련된 군령, 그리고 기타 군사 분야를 그 범위로 하여 이를 체계적으로 연구하는 학문이라고 할 수 있다. 국방부 차원에서 본다면 군정과 기타 군사 분야는 국방부 내국의 소관에 관한 연구이고, 군령분야는 합참의 소관 업무에 관련된 연구이다.

군사학의 대상과 각종 문헌을 토대로 한 군사학의 연구범위를 요약해 보면 다음 (표 1-1)과 같다.

〈표 1-1 군사학의 연구범위〉

<table>
<tr><th rowspan="11">군사학</th><th>군사학의 대상</th><th>연구범위</th><th>세부 내용</th></tr>
<tr><td rowspan="5">군사력</td><td rowspan="3">군사력 건설</td><td>군사제도: 병역/동원제도, 군사조직</td></tr>
<tr><td>무기 및 장비획득: 무기체계 획득 및 관리, 계약 및 협상관리, 국방기획관리 등</td></tr>
<tr><td>교육훈련: 개인 교육과 부대 훈련</td></tr>
<tr><td rowspan="2">군사력 지원</td><td>인사: 군기/사기, 리더, 충원/전역, 군대심리</td></tr>
<tr><td>군수: 방위사업관리, 무기체계/자원관리</td></tr>
<tr><td rowspan="2">분쟁과정</td><td rowspan="2">군사력 응용</td><td>전쟁사, 군사정보</td></tr>
<tr><td>전략, 작전술, 전술</td></tr>
<tr><td colspan="2">군사 분야</td><td>민군관계, 군대직업윤리, 국방경제 등</td></tr>
<tr><td colspan="2">기초 분야</td><td>전쟁사상, 전쟁철학</td></tr>
</table>

3) 국방대학교, 『안보관계 용어집』(서울: 국방대학교, 2001), 69-70쪽.

제3절 군사이론

1. 개 요

군사이론은 미국의 전쟁학과 전쟁술에 기반을 두고 발전해오고 있는데, 미 지휘참모 대학의 정의에 의하면 "전 · 평시에 있어서 군사력의 발전유지 및 지원과 국가목표 달성을 위한 군사력의 운용 그리고 이에 관계되는 정치 · 경제 · 사회 · 심리 · 기술 등 국력요소의 상호작용에 관한 사항들을 통일적이고 법칙적으로 이해 할 수 있도록 과학적 기초위에 이론적으로 체계화 한 것"이라고 정의하고 있다.

군사이론은 이는 평시에는 군사력 발전 · 유지 · 관리를 도모해야하고 전시에는 싸워서 반드시 이겨야 한다는 군의 지상 임무를 보다 근원적으로 실천성 있게 달성하기 위해 날로 새롭게 전개되는 미래전의 개념과 무기 · 장비 · 인력자원 등을 상호 유기적으로 연구하고 변천되는 제반 정치 · 경제 · 사회 · 문화적 환경 속에서 군의 전문성(책임성 · 충성심 · 논리성) 확립과 개인발전 · 부대발전 · 제도발전 · 전투발전을 이루기 위한 이론적 체계라고 설명 할 수 있다.

▶ **학술적 용어를 정의한다면**
군사사상 · 군사이론 · 군사교리 · 모두군사(軍事)라는 현상(現象/Phenomenon)을 동일체로 하여 그것이 사상적인 측면이냐, 이론적인 측면이냐, 교리적인 측면이냐에 따라 약간 성격을 달리 할 수 있다.

가. 군 사(軍事/Military affars)

군사의 용어 속에는 기능 요소와 목적적 요소가 포함되어 있으며, 기능이란 국가행정 기능인 지식·외교통상·교육과학기술·문화 등 고유기능의 한 분야로서의 분야인 군대의 관리와 운용을 말한다. 목적적 측면인 군사는 전쟁에 처해있는 국가가 보유한 무력을 어떻게 준비하고 사용하여 국가 목표를 달성할 것인가에 대한 군사적 임무 수행의 의미다.

전쟁을 전제로 가정(假定)하여 평시 가장 합리적으로 군사력을 건설·유지·관리하고 일단 유사시에는 준비된 군사력을 효율적으로 사용하여 당면한 국가의 위협을 배제하거나 정책 목적을 달성하는 위기관리이다.

나. 이 론(理論/Theory)

군사이론은 단순한 경험이나 개개의 사실에 대한 잡다한 지식이 아니고 그것을 법칙적, 통일적으로 파악하여 귀납적으로 법칙을 끌어내어 꾸민 논리적 지식체계를 말한다. 통상 이론은 실천적 타당성의 검증을 떠나 개념적으로 조직된 원리를 말하며, 군사이론은 전쟁을 효율적으로 수행하기 위해서는 평시에 어떻게 군사력을 건설하고 건설된 군사력을 전시에 어떻게 운용할 것인가를 법칙적, 통일적으로 파악하여 귀납적으로 이끌어내는 이론적 지식체계이다. 군사이론도 이상(理想)실천적 타당성 검증을 떠나 개념적으로 조직된 군사이론이기 때문에 특정한 군사적 상황이나 국토적 여건을 고려하지 않는 일반적 군사 원리이다.

> "군사문제를 법칙적, 통일적으로 파악하여 귀납적으로 법칙을 이끌어 내어 꾸민 이론적 지식체계"

다. 교 리(教理/Doctrine)

어떤 사물을 운용하는데 필요한 원칙과 지침으로 권위 있는 기관에 의해 공식적으로 승인된 행동체계를 말한다. 군사교리는 군사사상이나 군사이론과 달리 실질적으로 특정국가의 군사행동을 지배하는 주관적 군사 철학이자 군사적 행동 지침이다.

> "국가 목표를 달성하기 위하여 국가적 여건을 고려하여 공식적인 군사행동의 지침으로 승인된 군사행동 체계"

2. 국가 목표[4]

가. 국 가

국가는 일정한 영토를 가지고 거기서 살아가는 삶들에 대하여 통치권을 행사하는 단체이며, 국민·영토·주권의 3가지 요소로 구성되며 세부 내용은 제2장 국가 안전보장에서

4) 조영갑, 『국가안보학』, 선학사, 2011. 참조

설명된다. 동양적 의미에서 국가(國家)라는 "國(국–나라)" 근원은 "惑(혹–미혹할 혹)"으로서 무기를 가지고 일정한 지역, 즉 토지를 수호한다는 뜻에서 비롯되어 이 토지의 한계를 경계 짓기 위한 울타리 "口(구)" 붙인 것인데 구는 圍(위–둘레)의 고어(古語)이다.

국가는 일정한 지역을 기반으로 하고 그곳에서 거주하는 모든 주민위에 유일한 권위를 가지는 권력기반 조직을 갖추게 된 정치사회를 지칭하며 국경(영토)에 의해서 다른 나라와 구분되고, 그 국가에 귀속되어 있는 국민이 있으며, 국가 내에서 유일한 최고의 권위를 가진 국가권력(주권)을 불가결의 요소로 한다.
▶ 아리스토 텔레스(Aristoteles) 정치적 동물이라는 인간성에 의하여 결정된 불가피한 공동사회에서 완전한 생활. 즉 행복하고도 명예로운 자족생활을 위해 인간의 능력을 최대한 발휘할 수 있는 생활형성체이다 ▶ 막스 베버(Max webwr) 일정한 영역 안에서 정당한 물리적 강제력의 독점을 효과적으로 요구하고 행사하는 인간의 공동체

나. 국가 목표

한 나라가 행하는 모든 행동을 지배하는 기초적인 지침이며, 평범하고 영속성 있는 건국이념이나 국가이념 및 국가사명으로 현대 국가의 목적은 "국민의 영속적인 염원으로 그 나라의 안전·발전·복지에 관련된 국가목적을 가지게 된다." 대한민국 헌법상 국가목적은 아래와 같다.

> "대한민국 헌법전문에서의 국가목적"
>
> 유구한 역사와 전통에 빛나는 우리 대한민국은 3.1운동으로 건립된 대한민국 임시정부의 법통과 불의에 항거한 4.19민주이념을 계승하고, 조국의 민주개혁과 평화적 통일의 사명에 입각하여 정의·인도와 동포애로써 민족의 단결을 공고히 하고, 모든 사회적 폐습과 불의를 타파하며, 자율과 조화를 바탕으로 자유민주적 기본질서를 더욱 확고히 하여 정치·경제·사회·문화의 모든 영역에 있어서 각인의 기회를 균등히 하고, 능력을 최고도로 발휘하게 하며, 자유와 권리에 따르는 책임과 의무를 완수하게 하여, 안으로는 국민생활의 균등한 향상을 기하고 밖으로는 항구적인 세계평화와 인류공영에 이바지함으로써 우리들과 우리들의 자손의 안전과 자유와 행복을 영원히 확보할 것을 다짐하면서.........

이러한 국가 목적 아래 국가 목표가 있고, 하위개념으로 국가 정책 → 국가전략 → 전술으로 구분 지울 수 있다.

한편, 국가 목표는 국가 정책을 통하여 지속적이며 총체적인 국가 행동지침으로 국가 이익과 국가 정세판단을 기초하여 기본정책인 국가 복지번영과 안전보장 정책의 통합이라고 말할 수 있다.

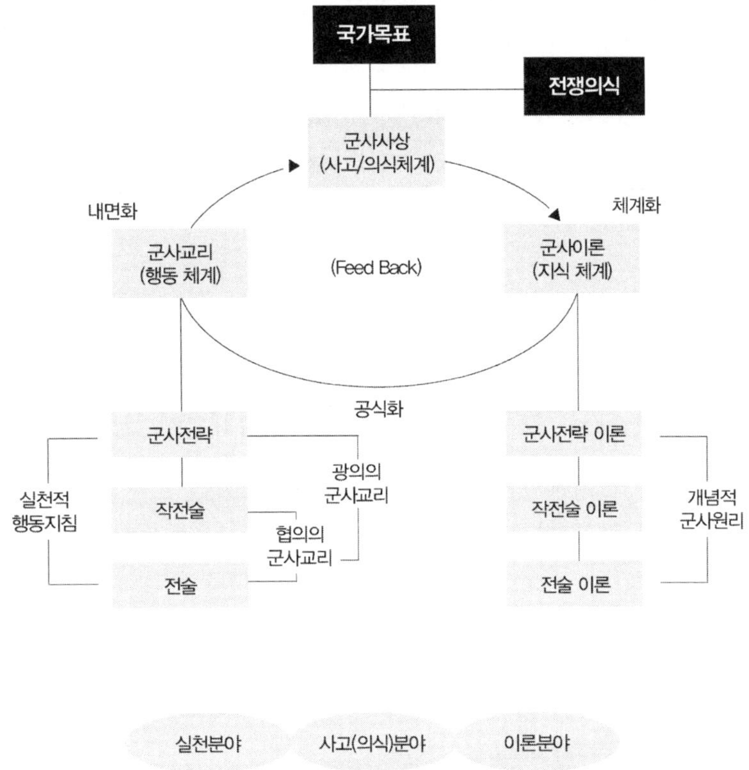

〈그림 1-2〉 국가 목표와 군사 이론

다. 국가안보장과 국방정책

국방정책이란 국방기관이 외부의 위협이나 침략으로부터 국가의 생존을 보장하기 위해 정치적 · 행정적 · 군사적 과정을 거쳐 군사적, 비군사적 방위 수단을 통합하여 건설 · 관리 · 유지 및 운용하기 위한 국방의 공식적인 기본 지침으로서, 이는 국가수준의 정책이며,

고도의 기밀을 요하는 종합 조정정책으로써 아래 표에 제시된 바와 같이, 안보군사정책과는 다른 특징을 갖고 있다.

안보정책이란 국가 목표를 달성하는데 있어 대내·외적 위협요소의 발생에 대해 군사적, 비군사적 수단을 이용하여 효과적으로 방지하거나 배제하는 국가안보 기본 정책이다.[5)]

〈표 1-2 안보정책·국방정책군사정책 구분〉

구 분	목 표	위협요소	대응수단
안보정책	국가목표 달성에 기여	내·외적 위협	군사 비군사적 수단
국방정책	안보목표 달성에 기여	외적 위협	군사 비군사적 수단
군사정책	국방목표 달성에 기여	외적 위협	군사적 수단

5) 이재평 저. 군사이론(2014, 글로벌 출판사)

제4절 군사사상

1. 군사사상의 개념

군사사상(軍事思想)이란 어원은 군사(Military Affairs)라는 용어와 사상(Thought)이라는 말의 합성어로서 '군사를 사상하는 것' 또는'군사를 사고(思考)한 결과'라고 풀이 할 수 있으며 그런 의미에서 이 두 가지 용어의 성격을 명확히 정하고 그 범위를 확실하게 한정한다면 그 뜻이 보다 분명해질 것이다.

원래 군사라는 용어에는 기능적 요소와 가치적 측면으로서의 목적 요소가 동시에 포함되어 있는데, 기능적 요소란 정치 · 외교 · 경제와 같이 국가 목표를 달성하는데 기여하는 국가 고유의 무력적 활동을 말하며, 군대의 관리와 운용을 통해 그 소임을 다하게 된다.

가치적 측면에서 볼 때 국가는 무력이라는 수단에 의해 최종적인 정치 목적을 달성하거나 정책을 수행하게 된다. 이에 따라 군사는 여타의 국가 기능과는 달리 폭력(暴力)이라는 수단을 통해 국가 목표를 달성에 기여하게 되므로 국가가 예상하고 있는 전쟁의 범위를 벗어나서는 안 된다. 전쟁은 그 속성상 자체의 논리와 진행과정을 가지고 있어서 한번 시작되면 처음과는 달리 정치적 통제를 벗어나려 하기 때문에 종국적 승리를 획득할 때까지 전쟁을 무제한으로 확대시키려 하며, 결국은 국가 간의 협상과 타협의 여지를 말살하게 된다. 그러나 전쟁을 정치의 계속으로 인식할 때는 전쟁을 제한하거나 정당한 전쟁으로 국한시킬 수 있기 때문에 정책도구로서의 전쟁을 전 국민의 수준으로 확대시켜 도덕적 정당성을 부여할 수 있도록 전쟁목적과 목표, 제한범위를 정하게 된다.

'군사'란 앞서 기술한 두 가지 측면 즉, 일단 전쟁을 전제로 하여 전쟁의 본질 · 성격 · 목적 · 수단 등을 고려하는 가치적 측면으로서의 전쟁철학과, 이를 기초로 전쟁을 억제하거나 전쟁준비를 통해 일단 유사시 전쟁에서 승리하기 위한 기능적 측면을 동시에 포괄하는 의미로 해석할 수 있다.

'사상(思想, Thought)'이라 함은 개념적 측면에서 볼 때 특정현상(Phenomenon)에 대한 사유(思惟)라는 점에서 정치에는 정치사상, 경제에는 경제사상이 있을 수 있고, 일정한 체계와 형식이 갖추어진 인식내용이라는 점에서 일정한 자극에 대한 회의나 의견을 심사숙고의 과정을 거쳐서 보다 논리적이고 통일적인 단계로 이끌어가는 사고 과정임을 알 수 있다. 결국 사상이라 함은 사고(思考)작용을 통해 얻어진 내용에 체계와 통일성을 부여해 일정한 견해, 관념, 개념으로 표현된 것으로, 사상(思想, Thought)이란 사회 · 정치 · 인생 등에 대한 어떠한 견해나 생각을 말하며 군사적 의미에서 사상은 특정 대상에 대한 사유작용(思惟作用)을 통하여 일정한 체계와 형식이 갖추어진 인식내용을 말한다. 따라서 군사 사상이란 군사문제 전반에 걸친 심사숙고의 결과 내면적으로 형성된 군사적 인식체계를 말하는 것으로 전쟁의 준비 및 수행 또는 억제에 관한 지각(知覺), 가치판단(價値判斷), 상황인식(狀況認識)의 단계를 포함한다.

군사사상에는 두 가지 의미, 즉 장차전의 특성 · 전쟁관 · 전쟁목적 및 전승요인을 명확하게 파악해 전쟁에 대한 올바른 인식을 도출하는 개념 수립과정, 그리고 이와 같은 인식을 바탕으로 어떻게 군사력을 건설하고 운용해 최종적인 승리를 획득할 것이냐 하는 실천과정을 포함하게 된다. 이 두 가지 의미를 포괄했을 때의 군사사상은 '전쟁 이라는 특정 현상에 대한 사고를 통해 형성된 인식과 이를 구현할 수 있는 전쟁억제 · 전쟁준비 · 전쟁승리에 관한 개념체계'라고 정의할 수 있다.

2. 본질과 정의

사상(思想/Thought)이란 사회 · 정치 · 인생 등에 대한 어떠한 견해나 생각을 말하며 군사적 의미에서 사상은 특정 대상에 대한 사유작용(思惟作用)을 통하여 일정한 체계와 형식이 갖추어진 인식내용을 말한다. 따라서 군사 사상이란 군사문제 전반에 걸친 심사숙고의 결과 내면적으로 형성된 군사적 인식체계를 말하는 것으로 전쟁의 준비 및 수행 또는 억제에 관한 지각(知覺), 가치판단(價値判斷), 상황인식(狀況認識)의 단계를 포함한다.

> 군사사상의 본질
>
> "전쟁의 본능·수행 원리와 방식·승리의 개념을 풀어내는 열쇠다."

군사사상의 개념과 정의

① 군사사상이란 국가목표를 달성하기 위해서 현재 및 장차 전쟁에 대한 올바른 인식을 토대로 어떠한 전쟁의지와 신념으로 어떻게 전쟁을 준비하고 수행할 것인가에 관한 개념적 사고체계이다.(한국군사상, 육군본부, 1992)

② 군사사상이란 전쟁지도 및 수행에 관한 신념으로서 군사이론의 개념체계이다. 군사사상은 두 가지 개념을 포함하는데 상위의 개념은 전쟁의 특성, 전쟁의 목적, 전승요인을 밝히는 전쟁에 대한 올바른 인식과 의지를 말하며, 통수권자로부터 말단 국민에 이르기까지 통일된 사상의 구심점이며 방위에 대한 정신적 기초이고, 하위의 개념은 군사력 운용 및 소요의 기준으로서 효과적인 전쟁수행 방법인 용병과 전략 및 전술의 기준이며 노력의 종합과 능력의 집중을 가능케 하는 근거이다.(육군 군사용어사전, 육군본부, 1994)

③ 군사사상이란 전쟁에 관한 인식을 바탕으로 한 전투력의 건설과 그 운용에 관한 기본적인 정신(관념) 및 주장으로 첫째 전쟁에 대한 올바른 인식을 바탕으로 예상되는 장차전의 특성, 목적, 형태 및 전승요인의 소재를 명확하게 간차하고 둘째, 이와같은 여건에서 전승을 획득할 수 있는 최선의 전쟁지도, 준비, 수행방법이 무엇인가를 구상하는 것이다.(중국의 군대사상, 대만 발간)

④ 군사사상은 군사이론을 그 주제로 하고 있으며, 군사이론을 군사문제에 관한 연구와 그 속에서 귀납적으로 보편화된 원리를 탐구하는 과학적 노력이다.(줄리안 라이더)

⑤ 군사사상은 군사과학, 전쟁 실천에 관한 역사와 현상, 용병술 등을 그 내용으로 하고 있지만 오히려 그때 그때 시대적 결정체인 군사적 이데올로기로서의 사상성(思想性)과 그 시대가 제기하는 객관적인 군사상의 과제를 해결하기 위한 노력이 병술(兵術)의 형태를 취하여 구체화되는 전체적인 병학체계의 내면적 계보를 다루는 것이다.(小山弘建의 군사사상연구)

『육군 군사술어사전』

"군사사상이란 전쟁지도 및 수행에 관한 신념으로서의 군사이론의 개념 체계이다.

Chapter. 02

군사학 연구와 교육

제1절 군사학의 기원과 추세

제2절 군사학의 범주와 교육 체계

제3절 군사학 연구와 교육

Chapter. **02**

군사학 연구와 교육

(군사학 교육학회 연구서 인용)

제1절 군사학의 기원과 추세

1. 군사학의 기원

군대의 기원은 기원전 3-4세기경 페르시아로부터 시작하여 이후 수많은 나라와 민족. 백성들이 무력이라는 폭력수단을 동원하여 개인 혹은 국가의 목적이나 성취욕구 달성을 위하여 전쟁을 하여 왔으며 지금도 지구촌 곳곳에서는 전쟁이 진행 중이다.

군사학은 이러한 현상을 과학적 규명과 승리를 위한 체계적 접근, 예방적 전쟁연구 등 학문적으로 다양하게 연구되고 있으며 국내에서는 2003년부터 연구되고 있다.

군사학은 정치·심리·인류·사회·제 분야를 개인과 집단이 다양한 상황 하에서 예측하고 대처하는 행동을 연구하는 종합 학문으로서 이론과 정책을 계획하고 실천하는 다양한 유형들을 분석하여 대안을 제시하는 전문가의 기초 토양인 군사 전문가에게 요구되는 자질과 역할이 체질화하도록 공부해야 한다. 특히 국가의 합법적 무력집단으로서 국가와 국민에 대한 충성·리더십·무한책임의 직업적 특수성을 갖는 직업군인의 길을 선택할 경우에는 변화하는 국방환경에 적극적으로 부응하는 맞춤형 과학화 군인. 국민과 함께하는 민군관계에서 조화를 바탕으로 한 멀티형(multi)군사 연구를 지향해야 할 것이다.

2. 군 내·외 군사학 교육 추세

2000년대 이후 군에서는 국내·외적 안보환경과 세계화·정보화 시대에 필요한 고도의 전문성을 갖춘 군사 전문가 양성을 위해 군사학 학문체계의 필요성을 인식하고 군사학의 개념, 대상, 체계를 정립시켜 민간 대학 및 대학교(대학원)와 연계하여 새로운 군사학 학문체계로 독립시킴으로써 현재는 군사학 학사, 석사, 박사까지 배출하고 있다.

4년제 190여개 대학교가 학·군 제휴하여 군사학을 개설되었고, 40여개 전문대학에 부사관 학과가 개설되는 등 사이버대학와 기능대학을 포함하여 170여개 대학들이 군사학을 종합학문의 체계로 발전하고 있다.[6)]

따라서 각 대학교 및 대학에서 실시하고 있는 군사학 교과목 및 교육내용이 군에서 요구하는 목표와 연계하여 교육한다면 직업군인 가치관 재고와 정예간부 육성에 크게 기여함은 물론 군사학의 학문적 발전에도 사회학에서 군사학보다 종합과학으로 기틀을 다지는 새로운 디딤돌이 될 것이다.

6) 한국교육개발원 2014년 발행 통계

제2절 군사학의 범주와 교육 체계

1. 국내·외 군사학의 연구 범주

가. 대한민국

(1) 개 요

군사학의 범위를 설정함에 있어서 군사학은 인문·사회과학뿐만 아니라 기초 및 응용과학과 의학 및 기타 모든 분야의 일반학문을 바탕으로 성립되고 또 직·간접적으로 연결되어 있는 학문이다.

일반학문의 정치학을 바탕으로 전략이 발전하고 경제학을 바탕으로 국방경제가 성립되며, 또 일반 학문상의 사학(史學), 철학, 법학, 공학 등의 기본 바탕위에서 군사사(軍事史), 전쟁철학, 군법, 군사공학 등이 존재 및 발전 가능한 것이다. 순수한 군사학 분야란 사실상 제한된 군사전략, 군사행정, 작전술 및 전술, 전투기술 정도에 한정되어 있을 뿐이다.

이와 같이 보면, 결국 현대 군사학은 어느 한 특정 분야만을 군사학의 모두인 것처럼 설명할 수 없는 종합적 성격의 것임을 알 수 있다. 단지 무력투쟁이라는 핵심 개념을 중심으로 필요와 상황에 따라 초점을 어디에 맞추느냐에 따라 학문적 중심의 융통성을 가질 수는 있으나, 결국 일반학문의 성장이 전제되거나 혹은 병행되어 야만 군사학의 획기적 발전도 가능함으로 참된 군사학의 발전을 위해서는 일반 학문 지식을 창조적으로 활용할 수 있어야만 한다.

(2) 제 학자 견해와 동향

제 학자들도 미국과 구소련의 견해를 참고하여 군사학의 학문적 연구 분야를 (표 2-1)과 같이 여러 가지로 제시하고 있다.

구체적인 연구 분야와 체계화는 학자마다 독특한 방식에 따라 정리하고 있다.

〈표 2-1 제(諸)학자들의 군사학 범위〉

<table>
<tr><th>구 분</th><th colspan="3">내 용</th></tr>
<tr><td>이종학</td><td colspan="3">• 전쟁철학
• 전쟁학(군제학, 용병학)
• 군사사학
• 군사기술
• 군사교육학
• 군사지리학
• 군사보조학문(군사영어, 군법 등)</td></tr>
<tr><td rowspan="3">하대덕</td><td>구 분</td><td>대 상</td><td>범 위</td></tr>
<tr><td>순수(고유)
군사학</td><td>무력투쟁
현 상</td><td>• 무력전의 억제
• 무력전의 준비와 수행
• 무력전에 직접 관련된 분야</td></tr>
<tr><td>광의(유관)
군사학</td><td>전쟁과 평화</td><td>• 전쟁의 억제를 통한 평화유지
• 국가총력전의 준비와 수행
• 총력전 수행에 관련된 전력의 제 요소</td></tr>
<tr><td>온창일</td><td colspan="3">• 전쟁과 평화연구: 사상, 본질, 역사
• 군사정책, 전략, 제도, 동맹외교 연구: 이론 및 비교분석
• 군사력의 구성 연구: 규모, 종류, 형태, 지휘통솔, 무기체계 등
• 군사력의 운용 교리 연구: 전술학, 화기학, 참모학 등</td></tr>
<tr><td>이재평</td><td colspan="3">• 전쟁의 본질(군사이론. 군사사상. 전쟁론. 군사사)
• 국가안보(전략. 국방정책. 국제관계. 민군관계. 위기관리. 전쟁사)
• 군사력건설(국방기획. 군비통제. 방위사업관리. 국방과학. 군사교육)
• 군사력운용(군사학. 리더십. 교리연구. 전술/화기/무기체계)
• 군사지원(조직. 관리. 동원. 전쟁법 등 기타 제 분야)</td></tr>
</table>

〈표 2-2 화랑대 연구소〉

구 분	내 용
군사력의 문제 (협의의 군사학)	• 군사력 운용 연구 분야 – 군사전략, 작전술, 전술학, 지휘통솔, 군사정보 등 • 군사력 개발/유지 연구 분야 – 군사연구/개발, 인사관리, 동원 및 준비, 군 편성/발전 국방제도/군사조직론, 군제사 등 • 협의의 군사학 범주 포함
전쟁과 군사력문제 (광의의 군사학)	• 전쟁의 본질 및 현상 연구 분야 – 전쟁학, 전쟁철학, 전쟁법, 국방론, 군사사상 등 • 안보정책 연구 분야 – 안보정책, 국제정세연구, 지역군사연구, 국가전략 등 • 전쟁 및 군사력 연관 연구 분야 – 전쟁사 및 군사사, 무기발달사, 군사교리 발달사 – 군사지리, 군사과학기술, 군사의학 등 – 군사법/전쟁법, 군사심리학, 군대윤리, 군대사회학 등

한편, 화랑대연구소에서는 군사학의 연구대상과 범위를 (표 2-2)에서 제시한 바와 같이 전쟁과 군사력의 문제(광의의 군사학)로 줄이고, 이를 다시 군사력의 문제(협의의 군사학)로 축소하여 제시하였다.

나. 미 · 러시아의 군사학 범주

미국의 군사학의 범위는 군사력의 발전·운용 및 지원 연구 분야와 군사정책에 따른 군사력 운용 연구 분야, 그리고 군사력과 국력의 모든 요소와의 상관 연구로 나눌 수 있다. 이는 군사력 중심의 군사학 개념, 군사학 체계라고 볼 수 있다.

러시아의 군사학 연구의 대상도 무력 투쟁과 군사력 중심이라고 볼 수 있다. 이처럼 군사학의 연구대상은 매우 복합적이고 광범위한 것이 사실이지만 요약하자면 전쟁(무력투쟁)과 군사력의 문제로 압축할 수 있다.

이러한 연구대상을 갖고 다루는 군사학의 연구범위와 그 체계를 살펴보면, 우선 미국의 군사학 연구범위는 (표 2-3)에서 제시된 바와 같이 전·평시 군 전문 직업수행과 긴밀히 연관된 전쟁과 평화 및 군사력의 개발·운용에 관한 학술적 연구 분야로 정리할 수 있다.[7]

〈표 2-3 미국 군사학의 연구범위〉

구 분	내 용
군사력 발전, 운용, 지원 연구 분야	• 군사연구 및 개발 • 군사지원 관리, 인사운용, 체계운용 • 교육훈련 • 무기공학 • 전략/전술, 개념 분석 등
군사정책에 따른 군사력 운용 연구 분야	• 전쟁학, 전략/전술, 전쟁사 • 교리, 참모업무, 분쟁연구 등
군사력과 국력의 제 요소와의 상관연구	• 안보지원, 민군관계, 국방관리, 군사 사회심리 등 • 연합군관계, 군사정책수립, 지역연구, 과학기술 등

러시아의 군사학 개념은 큰 차이가 없는 것으로 보이며, 그 연구 범위를 살펴보면 (표 2-4)에 제시된 바와 같이 무력투쟁에 관한 이론적 고찰인 사회과학으로서 전쟁과 평화에 대한 광범위한 고찰이며, 무력중심의 국가 총력전 준비를 위한 용병, 정책, 기타 군사

7) 이재호, 『미국의 군사학 교육체계』 (서울: 국방학술 세미나 논문집, 1980), p.2~79

분야에 대한 연구라 할 수 있다.

〈표 2-4 러시아의 군사학 연구범위〉

연구 분야	내 용
군사력 운용	• 군사술 이론(전략, 작전술, 전술) • 무장론 • 군대건설 이론 • 군사경제이론
군사력 건설	• 군사사/군대지휘이론 • 군인교육/교양이론 • 공학(탄도학, 사격론, 군사사이버 등)
유관 학문과의 상관연구	• 사회과학 - 군사법학, 군사사회학, 군사심리학, 군사교육학 등 • 자연과학 - 군사지리학, 군사지형학, 군사지질학, 군사인간공학 등

2. 군사학 교육 체계[8)]

가. 일반 이론과 연구 방향

(1) 군사이론과 군사학의 정착

군사이론(Military Theory)을 연구하여 정립하려는 데는 2가지의 목적이 있다고 본다. 그 하나는 군사 현상(현실)을 바르게 이해할 수 있게 하기 위함이요. 다른 하나는 군사현상을 이해하여 미래를 예측해서 이에 대한 대책을 수립하는데 있다.

군사이론은 군사현상의 법측성을 연구하여 전력전(戰力戰)에서 승리를 보장하기 위한 군사행동의 가장 유효한 방법 및 형태를 연구한다. 그러면 군사학(Military Science)이란 무엇인가? 이것은 군사이론을 더욱 발전시켜 학문적(철학과 과학 분야의 통합)으로 지식을 체계화한 것으로 이해된다. 장위국 장군[9)]은 군사학은 실로 철학, 과학 및 전쟁학을 하나로 묶어 놓은 것, 즉 문무가 하나로 합친 학문이며, 군만의 독점물이 아니기 때문에 군인 이외의 박식한 사람들까지도 참여하도록 하여 공동으로 연구하여야 할 성질의 것이다.

군사학의 정의는 다음과 같다. 군사학은 전쟁의 본질과 성격 및 무력전의 준비와 수행 및 억지에 관한 통일된 지식의 체계이다. 즉, 군사학의 연구 대상은 전쟁, 특히 무력전이며, 그 범위는 무력전의 준비와 수행이라고 본다.

---

8) 안전보장대학원 군사전략학부: 군사학 학문체계정립과 교육발전방향(이하 군사학 교육체계는 군사학 교육학회 자료 인용)
9) 장위국(蔣衛國), 군사논업 제1집(대북: 3군대학, 1973), p.410

러시아의 군사학에 대한 정의는 "군사학은 무력 전쟁의 성격, 본질, 범위와 군사력의 수단과 포괄적인 지원을 하여 이루어지는 인력, 건설 및 군사작전의 수행 방법에 관한 지식 체계이다. 군사학은 무력전쟁을 지배하는 객관적 법칙을 탐구하며 군사학의 기본 구성요소로서의 군사 술(Military Art)의 이론에 포함되는 문제 즉 군사력의 조직훈련, 지원 및 군사적 역사경험에 관한 문제를 연구 조사하는 것"이라고 정의하고 있다.

한편, 미국의 군사학 정의는 다음과 같다. "군사학이란 전·평시에 있어서 군사력의 발전, 운용 및 지원과 국가 목표의 달성을 위한 군사력 사용에 관계되는 경제, 지리, 정치 및 사회심리 등 국력 요소의 상호관계를 연구하는 것"이라고 정의하고 있으며 군사학에서 해결해야 할 문제들은 다음과 같다.

군사학에서 다루어야하고, 해결해야 할 문제들

1. 전쟁의 본질과 성격에 대한 연구
2. 무력전 수행의 객관적 원칙의 연구와 정립
3. 이런 원칙에 바탕을 둔 전쟁목적을 달성하기 위한 무력전의 형태 및 방법의 연구, 이를 통한 전쟁억지 방법의 연구
4. 전쟁에 대비한 군의 준비, 경제적·정신적 및 다른 면에서의 전쟁의 전면적 지원에 관한 제문제의 연구와 준비 지원의 방법 연구
5. 전쟁의 요구에 따른 군대의 조직교육 및 훈련에 대한 연구
6. 군사학 전체 및 군사학 각 분야의 연구방법의 확립 등

(2) 군사학의 범위와 연구 방법

군사학의 학문체계를 정립하고, 미래의 전쟁환경에 능동적으로 대처한다는 의미에서 다음과 같은 목적을 설정하였다.

첫째, 군사이론의 과학화를 위한 방향 제시와 군사학의 이론 체계를 정립하여 독립된 학문으로 군사학의 위상을 정립하고,

둘째, 군사학의 학문체계 정립을 통하여 군사 전문학위(학사, 석사, 박사)를 부여하기 위한 여건을 조성하며,

셋째, 이러한 기반을 바탕으로 국가 안전보장 이론 체계 정립에 선도적 역할을 한다.

현대는 변화와 발전의 시대이다. 우리나라의 경우 현재 교육부에서 학문적 영역을 인정하여 학사, 석사 박사학위를 수여하고 있는 분야가 점점 다양해지고 있으나, 군사 분야는 타 분야에 비해 그 고유한 성격으로 인해 학문적인 연구가 미흡한 실정이므로 점점 복잡하고 다원화되어 가고 있는 현 상황에서 군사 분야의 체계적인 학문연구의 필요성은 더욱 강화되어야만 할 것이다.

앞서 제시한 군사학의 정의와 군사학에서 다루어야 하고 해결해야 할 과제들을 분석해 볼 때 군사학의 범위는 다음과 같은 학문 분야로 구성되어야 한다고 본다.

군사 철학(Philosophy of war), 전쟁학(Science of war), 군제학(軍制學), 용병학(用兵學), 군사사 학(Military History), 군사기술(Military Technology), 군사 교육학(Military Pedagogy), 군사지리학(Military Geography), 군사 보조학문(국방경제론, 위생학, 기상학 등)이다.

군사학이란 결국 전쟁의 연구 및 이에 대한 대비책 연구이기 때문에 사회과학분야에 속하며 또한 군사학의 타당성 여부는 전쟁의 결과에 따라 실증(實證)되기 때문에 경험과학에 속한다고 볼 수 있다.

군사학이 다른 학문 분야와 근본적으로 다른 점은 국민의 피로서 실증될 뿐만 아니라 그 결과가 국가의 존망과도 직결된다는 점이다. "군사학의 연구는 인간 지혜의 최고의 발로이며 이는 실로 한 나라의 온 국민의 중지를 모아 집중적으로 연구하는 데서 비롯되는 것이며 또한 인간의 모든 지식을 종합한 결정체"라고 할 수 있다.[10)]

군사학은 여러 학문 분야의 혼합체가 아니라 통일되고 선후, 주종관계에 바탕을 둔 통일된 지식의 체계이다. 그래서 군사학에서 전쟁학(Science of war) 이론이 지배적 의미가 있으며 다른 분야는 이 핵심 분야에 대해 봉사하거나 지원하거나 상호 유기적인 의존관계를 지니고 있다.

다른 학문 분야와 마찬가지로 군사학 연구에는 양적 방법(Quantitative method)과 질적 방법(Qualitative method)이다.[11)]

---

10) 장위국(蔣衛國), 전갈서, p.411

11) Morton H.Halperin, Contemporary Military Strategy(Boston: Little, Brown and Company, 1967),pp.3~42

양적 방법에는 게임이론(Game Theory), O.R(Operation Research), 체계분석(System analysis), 비용 대 효과의 비교분석(Costeffectiveness comparative analysis) 등이다. 이것은 연구 대상을 수량화할 수 있다는 전제하에서 출발한다. 만약 대상을 수량화할 수 없다면 적용할 수 없을 뿐만 아니라, 엉뚱한 결과가 나타난다.[12] 그 좋은 실례를 들면, 베트남 전쟁에서 1969년 미국이 닉슨 행정부가 들어선 이후 월맹과 미국에 대한 모든 자료, 즉 인구, GNP, 군수물자, 생산능력, 병력 규모, 전차, 함정, 항공기의 숫자 등을 컴퓨터에 입력하고, 미국이 언제쯤 이길 수 있겠는가? 라고 물었더니 컴퓨터에서 나온 결과는 미국이 이미 1964년도에 승리했다는 결과를 얻었다는 것이다.

게임이론이 간접적으로 국제관계학에 많은 기여에도 한계점이 있는 것들을 보면, 게임이론은 인간의 이성적 판단과 그 판단에 따른 정직한 행위를 전제로 하고 있고, 게임을 하는 본인이 필요한 정보를 모두 가지고 사태를 정확히 판단하고 있다는 가정하에 가능해진다.[13]

질적 방법이란 계산 및 측정의 방법을 취하지 않는 것으로 개인의 논리, 평가, 직관, 통찰력 및 능력 등이다. 이러한 것은 주로 역사로부터 얻은 교훈의 연구, 정치의 일반적 연구, 적국과 동맹체제에 대한 개별적이고 특수한 연구 등을 통하여 이루어진다.

군사학 연구에 있어서 양적 방법과 질적 방법의 장단점과 한계점을 잘 분별해서 효과적으로 사용해야 한다. 예를 들면, 군수·보급의 처리, 전력 구조의 분석, 무기체계의 비용분석 등은 양적 방법이 효과적이다. 그러나 전쟁은 양적 방법으로 다루지 못하는 많은 요인을 내포하고 있다. 즉, 전쟁 수행의 주체는 지(知)·정(情)·의(意)를 가진 인간이다. 따라서 채택한 전략·전술과 사기, 전투 경험, 전투를 수행하는 결의와 전사(戰士)로서 자질 등이다.

(3) 군사학과 다른 학문 분야와 관계

군사학은 전쟁의 올바른 이해만이 군사학의 범위와 그 내용을 바르게 결정할 수 있다.

현대전쟁은 무력전의 실시와 방법만으로 끌어가는 것이 아니고, 교전 국가 간의 모든 생

12) 해리 서머스, 미국의 월남전 전략, 민평식역(서울: 병학사, 1983), p.34
13) 이상우, 국제관계이론(서울: 박영사, 1979), pp.211~212

활, 모든 면이 적용된다. 사회생활의 특별한 현상이 무력전 과정에 있어서 다른 공격수단 즉, 정치적, 외교적, 경제적, 이데올로기적 및 심리적 수단 등을 구사하게 만든다. 그렇다고 전쟁에 관련된 모든 학문의 일반적 원칙을 연구의 대상으로 삼는다면 군사학의 단일성과 통합성을 상실하게 된다. 따라서 군사학의 주제는 무력전의 본질과 법칙성을 연구하고, 무력전에 있어서 군사적 수단에 의한 승리를 달성하는 방법의 결정에 우선을 둔다. 그리고 이를 바탕으로 하여 전쟁의 억지 문제를 다루게 된다. 동시에 군사학은 전쟁의 진행과 승리의 달성에 영향을 주고 또한 영향을 미치는 다른 요인을 고려한 정치, 경제, 심리 및 군사력 등이 포함되는 총력전임에는 틀림이 없지만, 그 중심이 되는 것은 어디까지나 무력전이다. 따라서 국가의 안전과 독립을 보장하려면 무력전의 수행 능력이 선결과제이다.

국가안전보장이나 국방연구라 하는 것은 실질적으로 분석, 평가해 본다면 전쟁의 연구와 이에 대한 대비에 불과하다. 군사학의 연구, 즉 전쟁과 군대에 관한 지식, 무력전 수행의 수단·방법 및 형태에 관한 연구, 과거의 경험, 현재 및 미래에서의 바람직한 발전 방향을 제시하는 이론적 정립이 필요하다.

군사학은 전쟁의 모든 분야를 독립적으로 연구하지 않는다. 다른 학문 분야도 그것의 기능에 따라 전쟁을 연구하기 때문이다. 군사학은 다른 학문 분야의 전쟁에 관한 연구 성과와 자료를 활용하고 지원받아 상호보완적 관계를 유지해야만 한다.

나. 군사학의 학문적 성격과 체계

군사학이 어떠한 성격의 학문이냐 하는 것은 군사학의 정의가 그러하듯이 아직 정설(定說)이 없으며, 어떤 사람들은 사회과학이나 경험과학으로 보는가 하면, 또 다른 사람들은 정책과학이나 심지어 응용과학적 기술의 중요성에 착안하는 경우까지 있다.

그러나 군사학이 과거의 전쟁 경험을 과학적 연구의 중요한 기본 주제로 삼고 있다는 측면에서 본다면 정책과학이라 할 수도 있으며, 또한 하나의 미래학이 되어야 한다는 전제도 있다. 왜냐하면 군은 원칙적으로 미래 전쟁의 가정하에 존재하는 것이고, 군사학의 궁극적 목표는 언제나 미래 전쟁에서의 의지와 실현에 있어 본질적으로 미래지향적이어야 한다는 것이다. 또한 군사학의 핵심 영역인 군사 용병은 기존학문의 발전된 다양한 지식이 필요하고 활용하여야 한다는 점에서 군사학은 "종합과학(綜合科學)"의 성격을 갖고 있다고 볼 수 있다. 예를 든다면, 군사학의 핵심 분야인 군사 용병을 연구하기 위해서는 전쟁수행 기본요소인 전투력·시간·공간 요소 즉, 천시(天時)와 지리, 그리고 인간 심리, 물리, 생물에 대한 기본지식인 기초과학과 자연과학 등의 경험 및 지식 차원의 이론이 필요하다. 어떻게 용병할 것인가를 알기 위해서는 왜 싸워야 하는지 전쟁의 목적과 그 전쟁을 통해서 실질적으로 달성하려는 대상인 목표를 알아야 한다. 이를 위해서는 철학·윤리·법률 등의 인문 사회과학 등의 목적·목표 차원의 학문이론에서 전쟁철학과 군사적 행동의 범위가 결정되어야 한다.

군사작전 수행 시 국제적 여건과 국제여론을 유리하게 조성하기 위해서는 정치 외교·사회심리 등의 상위차원의 "개념 정립 및 방법 차원"에서 이론이 필요로 한다. 또한 양질의 군사력을 건설하고 유지하기 위해서는 행정학, 경제학, 응용과학(공학), 통계학, 관리학 등의 학문이론을 도입시켜야 한다.

이와 같이 본다면, 결국 현대에 있어서 군사학이란 어느 한 특정 분야만 군사학이라고 설명할 수 없는 통합적 성격의 종합과학이라고 할 수 있다. 따라서 군사학은 무력 전쟁이라는 핵심 개념을 중심으로 하여 그 필요성과 상황에 따라 초점을 어디에 맞추느냐에 의해 학문적 분야와 그 비중이 달라질 수 있다는 것이다.

사실상 군사학은 거의 모든 일반학문과 연계되어 있으며, 군사 학문에 관한 모든 부분은 일반학문을 직접 운용하거나 원용(援用)하여 종합적으로 이루어진 결과라고 볼 때 이와 같은 점은 군사이론의 발전 방향을 모색하는데 중요한 의미를 갖는 것이다. 왜냐하면, 광범위한 일반학문의 성장이 전제되거나 병행되어야 군사학의 제 분야가 발전할 수 있다. 또한 군사학의 진정한 본질적 발전을 위해서는 우리 군(軍)만의 독선적이며, 배타적인 열의만으로는 불완전하여 일반 민간학계와 광범위한 학문적 연계성을 맺고 일반 학문적 지혜를 창조적으로 활용해야 함을 의미하는 것이기 때문이다. (표 2-5)

〈표 2-5 군사학의 학문적 성격〉

순수 군사분야	상용 군사분야	일반 학문분야
• 군령 분야 – 군사사상 – 군사사 – 전략학 – 작전학 – 전술학 • 군정 분야 – 군사정책 – 군사제도 – 군사관리	• 전쟁의 본질과 전쟁관 • 전쟁사 • 군대윤리와 군법 • 군사운영분석 • 군사심리학 • 군사자원학 • 군사지리학 • 군사과학기술 • 군사기상학 • 국방경제학	• 철학, 윤리학, 법률학 • 정치학, 사회학, 경제학 • 역사학 • 심리학, 물리학, 생물학, 지리학, 기상학, 통계학 • 경영학, 행정학, 관리학 통계학 • 재료공학, 기술공학 핵물리학

다. 한국 군사학의 이론 구성 체계

(1) 일반학과 이론 체계에 의한 군사이론 구성 체계

1955년에 발간된 "국방연구원론"에서는 "군사학은 군사과학으로써 하나의 학문체계를 인정받아야 함은 자명한 일이다. 전쟁의 본질과 목적 등에 관한 이론적 구명(究明)과 전쟁의 역사적 고찰, 전쟁지도, 국가방위를 위한 군사전략과 군사정책을 연구·발전시키는 것은 마치 경제이론과 경제사, 그리고 경제정책을 연구하는 것이 하나의 사회과학을 형성하고 있는 것과 마찬가지로 군사학은 국방에 관한 하나의 사회과학이다."라고 주장하였다.[14)]

사회과학의 이론 체계는 보편적으로 철학(목적·목표), 역사 정보(경험·지식), 이론(개념·방법), 정책(수단·실천)으로 분류되고 있다.

군사학 이론 체계를 정립하는데도 이미 학문으로 평가받고 있는 기존학문들이 적용하고 있는 이론 체계를 도입하여 적합성 여부를 평가하고, 여기서부터 아이디어를 빌려서 연구 발전시키는 것이 우선하여 고려되어야 할 것이다.

이러한 맥락에서 볼 때 군사학에서는 목적 · 목표 차원의 이론으로는 군사철학과 사상을, 경험 및 지식 차원의 이론으로는 군사사(軍事史=전쟁사) 및 비교 군사 정세개념 및 방법 차원의 이론으로는 군사 전략학 원리 및 군사발전론을, 수단 및 실천 차원의 이론으로는

14) 박림황, 「국방연구원론」(서울: 국방대학, 1955), pp.2~3

군사기획 · 정책론 및 군사 관리론으로 군사학 이론 체계를 분류할 수 있다(표 2−6).

〈표 2–6 일반학문과 군사학의 이론체계〉

구분	정치학	행정학	경제학	경영학	군사학
목적·목표 차원 체계	정치철학 ·사상	행정철학 ·사상	경제철학 ·사상	경영철학 ·사상	군사철학 ·사상
경험 및 지식 차원체계	정치사 비교정치론	행정사 비교행정론	경제사 비교경제론	경영사 경영학이론	군사사 비교군사론
개념 및 방법 차원체계	정치학원론 정치발전론	행정학원론 발전행정론	경제학원론 경제발전론	경영발전론 경영정책론	군사전략론 군사발전론
수단 및 실천 차원체계	각국정치론 국제정치론	기획·정책· 관리, 분야별 지역별 행정	경제정책론	경영활동론 경영관리론	군사기회론 군사정책론 군사관리론

(2) 6하원칙 요소에 의한 군사이론 구성 체계

군사학의 핵심 분야인 군사전략과 군사정책은 누가(人物 = 전투력), 언제(天時), 어디서(地理)요소를 활용하는 방법과 수단에 의한 능력을 발전시키는 과정이라 볼 수 있다. 군사전략이란 전쟁의 목적에 부합되게 설정한 정치 · 군사 목표를 가장 성공적으로 달성하기 위해 누가 · 언제 · 어디서의 요소를 활용하는 방법이라고 말할 수 있다. 그리고 군사전략을 수행하는 기능을 뒷받침할 수 있는 구조와 수단을 건설하고 유지하는 것이 군사정책이라고 볼 수 있다. 무력전의 준비 및 수행에 관련된 군사 문제에 대해 6하원칙 요소를 활용한 군사학으로써 이론 체계를 정립한 것은 다음과 같다(표 2−7 ~ 2−10).

(가) 군사학 기본이론체계

〈표 2–7 목적 · 목표(= 군사사상): "왜", "무엇을"〉

군사 분야	민군공동분야	민간분야
• 전쟁의 본질과 군사관 • 군사사상과 군사교리 • 군대윤리와 군법 • 현대 군사사상 • 비교 군사사상 • 군사학의 인식철학	• 군사철학 • 전쟁과 평화 • 전쟁과 국제법	• 철학 • 윤리론 • 정치학 • 법학

〈표 2-8 전쟁수행 기본요소: “누가, 언제, 어디서” 〉

구분	군사분야	군민공동분야	민간분야
군사력 요소 (누가)	• 전력, 군사력, 전투력 • 군사심리학 • 군사자원학 • 군사조직학	• 국가와 국력론 • 사회심리학 • 국방자원론 • 국가와 문화론	• 심리학 • 물리·화학 • 조직학 • 사회·과학
시간요소 (언제)	• 군사기상학 • 군사사 – 전투 발전사 – 군사 제도사	• 국방과 기후 • 전쟁사	• 기상학 • 물리학 • 역사
공간요소 (어디서)	• 군사지리학 (전략, 작전, 전술) • 작전지형/공간학 (지상, 해상, 공중)	•국방과 지정학 •지형환경과 사회형태	• 지리학 • 사회학

○ 군사정보의 기본요소 : “누가, 언제, 어디서”요소

○ 군사 정세의 연구 대상 : 적국, 자국, 주변국

○ 정보획득 방법 : 군사사 연구, 지역 정세 분석

〈표 2-9 방 법(용 병) : “어떻게” 〉

구분	군사분야	민군공동분야	민간분야
군사 전력	1. 기본 군사전략이론 • 군사목표와 전략개념 • 군사력 소요 • 전력구조와 무력체계 2. 현대 군사전략이론 • 재래식 군사전략 • 현대 핵전략 • 비정규전 전략 3. 비교 군사전략이론 • 국력별: 강·중·소국 • 공간별: 지상·해상·공중 • 지역별: 서구·미주·아시아 • 시대별: 고·중·현대 • 국가안전보장	• 정치외교와 군사 • 전쟁지도와 비상대비 • 국가자원론 • 우주학 • 국력과 군사력 • 전쟁사 • 핵물리학 • 사회심리	• 국제정치학 • 정치권력론 • 경제학 • 역사학 • 물리학 • 심리학
군사 작전	1. 기본 군사작전이론 • 작전원리와 요소 • 작전형태와 기동형태 • 작전개념과 무기체계 2. 비교군사작전이론 • 작전공간별(지·해·공)	• 집단운동역학 – 정치집단론 – 집단행태론 – 인간행동이론 • 국제정치이론 – 통합이론	• 자연과학 – 물리학 – 심리학 • 정치학 • 국제정치학 • 사회학

구분	군사분야	민군공동분야	민간분야
	• 연합 및 합동작전 3. 특수작전이론 • 저강도 분쟁론 • 위기관리, 테러 4.전역(戰域)계획과 War Game	– 세력균형이론 – 갈등이론 • 체계/운영분석학 • 인간공학과 무기 공학	• 인체학
군사 전술	1. 군사교리와 전투개념 2. 제대별 전술교리 • 대부대, 소부대 3. 무기성능과 전투기술 4. 특수전 5. 전투발전(화기, 편성, 개념)	• 인간공학과 무기 공학 • 집단경기 • 각개 격투기 (태권, 격투, 유도, 검도)	• 기술공학 • 체육학

〈표 2-10 수 단(정책) : 능력과 실천〉

구분	군사 분야	민군 공동분야	민간분야
군사 정책	1. 군사기획관리 • 군사기능과 참모업무 • 군사기획체계와 정책결정 • 전략·구조·무기의 상관 체계 • 운영 및 체계분석 2. 군사제도이론 • 전쟁지도와 국가방위제도 • 군제와 민군관계 • 병역 및 직업군인제도 • 군사교육제도 • 총력전과 민방위제도 3. 기본 군사정책이론 • 기본정책방향과 자원분배 • 국방경제와 국방자원 • 군사력 건설과 상비전력 • 군사동원과 동원전력 • 군사외교와 동맹전력 4. 특수 군사정책이론 • 군비통제 • 전략무기개발 • 전시형체와 민사군정 5. 비교 군사정책이론 • 국가별: 강·중·약소국 • 시대별: 고·중·현대 • 지역별: 서구·미주·아	• 군사조직론 • 정책결정론 • 군사발전론 • 운영체계분석 • 군사제도론 • 국방경제학 • 국방정책 발전론 • 국제전략정세 • 국방과학기술 • 위기관리론 • 지역군사정세 • 군사사	• 행정학 • 통계학 • 조직학 • 경제학 • 국제정치학 • 역사학
군사 관리	1. 자원관리이론 • 국방인력 획득관리 • 국방물자 획득관리 • 무기체계 획득관리 2. 군사과학기술과 무기체계	• 국방관리학 • 국방과학기술 • 전자계산 • 운영체계분석	• 경영학 • 행정학 • 기술공학

(3) 한국 군사이론 구성 체계의 정립 모형

군사이론 교육과정은 군사학의 핵심 영역인 전략·작전·전술 이론을 학술학과 전략학 중심으로 교육과정을 구분하여 이론 체계를 발전시키는 것이 바람직한 방향이 될 수 있다. (표 2-11, 표 2-12) 이는 한국군이 수행할 무력전 수행은 역사적·지정학적 관점에서 한반도라는 한정된 전장에서 전술·작전 차원의 군사이론 이 보다 중요시 다루어질 수 있기 때문이다.

〈표 2-11 전술학 중심의 이론체계〉

구분	〈목적 · 목표〉 "군사사상"	〈경험 · 지식〉 "전투사 / 정보"	〈개념 · 방법〉 "작전 · 전술"	〈수단 · 실천〉 "참모 · 관리"
군사 분야	• 전쟁의 본질과 군사관 • 군사사상과 군사교리 • 군사윤리와 군법	• 전투발전사 • 군사력, 전투력 • 군기와 사기 • 작전시기와 기상 • 작전공간과 지형	• 군사교리와 전투개념 • 제대별 전투교리 (대부대, 소부대) • 무기성능과 전투기술 • 특수전 전술 • 전투발전 • 군사작전 기본이론 • 비교 군사 작전이론 • 특수작전이론 "작전 · 전술"	• 군사기능과 참모업무 • 군사일반학 • 군사관리학 (장비, 물자)

〈표 2-12 전략학 중심의 이론체계〉

구분	〈목적 · 목표〉 "군사사상"	〈경험 · 지식〉 "전투사 / 정보"	〈개념 · 방법〉 "군사전략"	〈수단 · 실천〉 "군사정책"
군사 분야	• 전쟁의 본질과 군사관 • 현대 군사사상 • 비교 군사사상 • 군사학의 인식 철학	• 현대 군사사 • 국가와국력론 • 사회심리학 • 국방자원론 • 운동역학 • 군사지리와 지정학 • 비교군사정세 (자국, 적국, 동맹국) • 군사정세조사 분석방법	• 기본군사전략 • 현대군사전략 • 비교군사전략 • 기본군사작전 • 비교군사작전 • 특수작전	• 군사기획론 • 군사제도론 • 기본군사정책론 • 특수군사정책론 • 비교 군사정책론 • 자원획득관리론 • 전자계산 • 운영·체계분석

※ 한국 군사학 교육학회 학문체계 연구·발전 방향 (표 2-13)

군사이론의 접근방법에 있어 군사사(軍事史) 중심의 재래식 접근방법에 대한 개선이 필요하고, 일반학문과 연계된 과학적 접근방법(거시적 접근방법, 미시적 접근방법, 유기체적 접근방법)의 개발이 요구된다. 한편, 군사학 학문체계와 병행 추진해야만 할 과제로는 한국적 군사 관(軍事觀)과 군사교리의 연구, 일반학문과 연계된 군사교육 체계 정립 등이 필요하다. 지금까지 언급한 한국의 군사학 학문체계 정립방향에 대한 연구는 군사이론 과학화에 대한 문제를 제기하고, 군사학의 학문체계 정립을 위한 군사학의 대상과 범위, 군사학의 이론구성 체계, 군사이론의 과학적 접근방법에 대한 개략적인 방안 제시에 불과하다. 앞으로 제시한 접근방법에 따라, 학문화를 위한 연구가 보다 꾸준히 세부적으로 진행되어, 사회과학의 독립된 분야로서 군사학의 위치가 정립되기를 기대한다.

〈표 2-13 군사학 학문체계의 주요 분야 (육사 군사학 체계 연구위원회 안)〉

주요 분야	주요 영역	관련 주요 학과목
전쟁 본질 및 현상 연구 분야	전쟁학, 군사사상	전쟁론(본질론, 현상론, 예방론), 전쟁원인론, 군사사상
안보정책 연구분야	안전보장정책, 국제정세연구, 지역연구, 국가전략, 국방경제	국방론, 국가전략, 핵전략, 지역군사연구, 북한학, 군비통제, 군사동맹 및 협력, 국방경제, 민군관계, 분쟁연구
군사력운용 연구 분야	군사전략, 작전술, 전술, 지휘/통솔, 군수, 군사정보	전략론, 작전술론, 전술론, 참모학, 군수, 군사정보, 지휘론
군사력건설/유지 연구 분야	군사제도(편성, 충원, 동원 등), 군대교육훈련, 무기체계, 군사관리	군사제도, 군대교육학(교육/훈련), 무기체계, 군사관리(인사관리, 인력관리, 조직관리, 자원관리)
전쟁 및 군사력 연관 연구 분야	전쟁사 및 군사사, 무기발달사, 군사교리발달사 군사지리/기상, 군사법/전쟁법,	한국전쟁사, 세계전쟁사, 군사사, 한국군사사, 군사사상사, 외국군대사, 무기발달사, 군사교리발달사
	군사심리, 군대윤리, 군대사회학, 군사의학, 군사과학기술	군사지형학, 군사기상학, 군사지리, 지정학, 군사법, 전쟁법, 군사심리학, 군대윤리, 군대사회학, 군사의학, 군사과학기술(C4I, 전자전, 사이버네틱스, 핵공학, 군사화학생물학, 군사구조물, 컴퓨터의 군사적 운용, 탄도학, 군사항공우주학, 군사 환경문제 등)

근래 일반대학에서 군사학과 개설 및 교육의 가장 큰 효과는 우리가 지금까지 불충분하게 느꼈던 군사학 학문공동체 형성에 중요한 역할을 하리라는 것이다. 군사학과에서 안정적으로 연구하고 가르치는 학자들이 효과적인 전략과 효율적인 국방관리 개념이 발전할 것이고 군사학 전공자의 배출은 군대의 현대화에도 큰 자극제가 되고 있다.

또한 국방문제는 보다 깊게 시민사회의 관심 속으로 연계될 수 있을 것이다. 대학에서의 군사학과 개설 및 교육은 기초연구의 성숙이기 이전에 이루어지는 감이 있지만 새로운 학문의 성립역사가 그러하였듯이 필요를 자각하고 주체적인 결단을 내리는 것이 한 학문의 발전을 견인해 내는 길일 수도 있다. 내용과 형식은 서로 앞서거나 뒤서거나 할 수 있다. 그러나 일단 형식이 갖추어진 다음에 매진할 것은 충실한 내용을 갖추는 것이다.

제3절 군사학 연구와 교육

1. 군사 전문가 육성

가. 군사 전문가의 의미

(1) 군사 전문가의 정의

군사 전문가란, 급속한 기술적·사회적·정치적 변화 속에서도 평화유지와 전쟁 억제 및 전투역할 수행에 있어 군사 자원의 관리와 운용자이며, 여기서 군사 전문가란 군사 전문 직업 집단 중에서도 가장 직업화된 간부(장교, 부사관)를 의미하는 것이다.[15)]

(2) 군사 전문가의 분류

(가) 정치, 군사적 차원의 기능과 역할을 바탕으로 한 분류

첫째, 전투 수행에 필요한 작전 및 교육훈련, 인사, 군수, 관리 등 전통적 의미의 군사 기능, 둘째, 과학기술 등 전문지식을 군사 분야에 적용하는 문제와 관련된 기능, 셋째, 국가 집단안보의 필요성을 바탕으로 연합국 군대와 협조하고 상호 협력하는 문제와 관련된 군사외교 기능 등으로 분류할 수 있다.

(나) 임무 수행 영역 면에서의 분류

첫째, 전공학문 지식을 바탕으로 미래상황을 예측하고 과학문명 발달 추세에 맞추어 후진을 교육하고 발전방향을 선도할 수 있는 이론영역. 둘째, 이론과 실천의 교량적 역할을 하며 미래지향적 이상을 현실에 적절히 투사하여 실천 가능한 정책을 기획 및 계획하고 이를 효율적으로 관리할 수 있는 정책영역. 셋째, 정책을 실제로 시행하고 집행하는 실천영역으로 분류할 수 있다.

(다) 군사전문가의 유형

군사전문가의 유형은 아래도표에 제시한 바와 같이 기능과 영역을 고려하여 구분할 수 있으며, 일반적으로 부대지휘 및 관리 분야, 군사전략 및 전술분야, 국방관리 분야, 과학

---

15) 육군본부, 「2000년대를 지향한 전문인력 육성방향」 (서울: 육군본부, 1987)

기술 분야, 군사외교 및 정보 분야 등으로 구분된다.

기능	군사 · 관리기술 · 군사외교		
영역	이론	정책 (이론 + 실천)	실천
유형	• 부대지휘/관리분야 전문가(야전지휘관, 참모) • 군사전략/전술분야 전문가(정책부서요원, 군사이론가) • 국방관리분야 전문가(정책부서요원) • 과학/기술분야 전문가(교수, 연구개발, 전산요원) • 군사외교/정보분야 전문가(군사외교관, 지역전문가, 전략정보 요원)		

나. 군사 전문가에게 요구되는 자질

(1) 통찰력(insight)

전장은 항상 불확실한 안개 속에 싸여 있고 우연성이 지배하며 위험성이 본질적으로 내재되어 있기 때문에 클라우제비츠가 지적한 것처럼 사물을 꿰뚫어 볼 수 있는 혜안(coup d'oeil)이 요구된다.

혜안은 반드시 정신적인 용기를 수반해야 한다는 뜻에서 의지적인 특성을 지닌다. 왜냐하면 전장 환경에서 얻어지는 성공의 결과는 항상 값을 치르고서 달성되기 때문에 지휘관의 결정은 선택의 문제이며, 이 선택의 결과는 늘 손익의 양면성을 지니는 양면적 효과(trade–off)로 나타나기 때문에 반드시 정신적 용기를 필요로 하며 혜안은 마음의 눈(mind' eyes)이 열려 있을 때 가능해진다. 어떠한 위험한 상황에서도 마음의 눈이 열려 혜안을 발휘할 수 있는 상태가 바로 가장 이상적인 통찰력을 발휘하는 상태인 것이다. 그래서 이 통찰력에 근거하여 손익의 상반적 상황, 즉 값을 요구하는 위험한 상황에서 상황을 판별하고 우선순위를 결정할 수 있는 상황적 시각(situational perspectives)을 지닐 수 있게 되는 것이다.

(2) 자기분야에 관한 지적능력(knowledge)

지적자질은 자칫하면 야전 군인에게서 생길 수 있는 지성의 결핍 또는 극단적인 경우에 나타나는 반지성적 풍토에 의해서 생기는 비합리성과 불합리성 또는 몰지성적 경향을 타파해 나갈 수 있다.

이러한 지적자질의 수준은 군 간부의 계급적 차이 또는 병과별 차이에 따르는 전문지식뿐만 아니라 국가의 청년들을 교육, 훈련시키는 교관으로서 또한 지도자로서의 리더십을 발휘할 수 있는 자긍심과 자존심을 세울 수 있는 정도이어야 한다.

(3) 직업적 윤리(ethics)

군사전문가인 간부들의 직업적 윤리는 밖으로는 그가 속해 있는 국가사회에 대한 충성심과 헌신봉사의 정신, 안으로는 자신이 몸담고 있는 군대에 대한 헌신과 봉사 및 일체감의 정신을 의미한다.

장교단이 다른 직업에 비해 가장 이상적인 전문 직업이라고 헌팅톤이 지적하고 있는 바와 같이, 군사전문가인 간부들의 소속의식에서 나오는 책임감과 사회와 국가에 대한 멸사봉공(滅私奉公)의 정신이 두드러져야 하는 것이다.

그리고 이러한 윤리적 또는 도덕적 자질은 자연적으로 생기거나 상급자나 상급부서의 강조나 독립적인 정신교육에 의해 형성되기 보다는 지적인 자질의 향상과 비례관계에 있다는 것이다.

다. 전장(戰場)에서 간부의 역할

(1) 미래 과학전에서의 전투지휘자

군사전략이나 주요작전을 수행할 수 있는 총체적인 능력인 전력은 전장별로 통합 운용되지 않으면 안된다. 특히, 정보 및 전자전은 미래전에서의 승리를 결정짓는 가장 중요한 요소인데, 이는 지휘통신체계(C4I체계)와 연계되어 통합운용 될 때 최대의 효과를 발휘할 것이다.

전쟁 양상이 변한다 해도 간부가 전쟁 상황 하에서 전투 지휘자의 역할을 수행한다는 것은 변하지 않는다. 미래전에서는 컴퓨터와 연결되어 처리된 각종 형태의 적에 관한 데이터가 지휘관에게 제공될 것이다. 따라서 간부는 이것을 분석하고 관리할 수 있는 고도의 교육 수준과 지적 능력을 갖추어야 한다.

(2) 국가 안보의 위기관리자

현대사회는 흔히 위기관리(crisis management)의 시대라고 한다. 위기는 전쟁과 평화의 중간 상태라고 할 수 있는데, 모든 국가는 전쟁과 평화의 갈림길에서 항상 위기를 의식하며 생존을 위한 투쟁을 계속하고 있다. 국가간의 이익이 충돌하고 갈등이 상존하는 국제사회에서 국가안보에 대한 위협, 국가의 명예와 위신에 대한 위협은 항상 있을 수 있으며, 이러한 외부의 자극적인 행동에 우리가 어떻게 대응하는가는 매우 중요하다.

중국의 병서 "한비자(韓非子)" 중에 "천 길의 둑도 개미구멍으로 말미암아 무너진다"는 말이 있다. 이것은 조그만 징후가 보일 때 손을 쓰지 않으면 나중에 큰 재앙을 불러오게 된다는 것을 역설한 것이다. 오늘날 과학문명의 발달과 함께 전쟁의 양상과 그 수행방법은 가히 혁명적으로 변모해 왔다. 더욱이 냉전의 종식으로 전면전(全面戰)보다는 국지적인 분쟁이, 군사적인 요인보다는 정치·경제·외교·민족·종교 등 비군사적인 요인 때문에 분쟁이 발생할 가능성이 오히려 높아지고 있다.

그렇기 때문에 분쟁의 확대 과정에서 위기의 심각성에 대한 인식은 둔감해지고, 군사적인 대응이 필요할 때까지 경고가 거의 없기 때문에, 평시에 국가의 위기관리 체계를 확립하고 대응능력을 구비해 두는 것은 매우 중요하다. 따라서 군의 간부는 국가가 처한 각종 위기가 전쟁으로 발전하지 않도록 전문지식과 기술을 습득하고 적용함으로써 전쟁을 미연에 방지하는데 최선을 다해야 한다.

(3) 전투기술의 달인

고도의 과학 및 정보전이 될 미래전에 있어서 미래의 전장을 지휘할 수 있는 수준 높은 교육훈련이야말로 전쟁의 승패를 좌우하는 필수적인 요소가 아닐 수 없다. 현대의 정보화 추세와 첨단 과학무기의 발전 및 전쟁양상의 변화에 부응하는 교육훈련의 과학화가 절실히 요구되고 있으며, 간부는 이러한 교육훈련에 있어서 상당한 경지에 이른 달인이 되어야 한다.

군인이 전쟁에서 승리할 수 있는 유일한 방법은 평소의 강인한 교육훈련 뿐이며, 이것이 가장 실질적인 대비태세라고 할 수 있다. 군대는 간부들의 능력에 따라서 승패가 좌우되는 조직이다. 유능한 감독 밑에서 훌륭한 선수가 배출되듯이, 미래전에 대비한 능력 있는 간부 아래서 훌륭한 전투원이 육성되는 것이다. 평소의 부단한 교육훈련을 통해 우리 군이 세계에서 최고의 무기 및 장비조작 능력을 보유함은 물론, 육체적·정신적으로도 최고의 수준에 도달했을 때 높은 사기와 강한 전투력으로 전투에서 승리할 수 있는 것이다.

2. 군사학 교육[16)17)]

가. 군사학 교육 접근은 역사(전쟁사)로 부터

(1) 전쟁사 연구목적 및 연구방법

전쟁사는 역사의 한 분야라는 차원에서 역사란 거울을 통해 과거를 들여다 보고, 현재와 미래를 예측하고 대비를 하는 것이다. 이러한 정의를 볼 때 전쟁사의 연구 목적은 전쟁의 교훈을 도출하여 전쟁의 본질과 양상을 이해함으로써 미래전 양상을 예측하고 실 상황에 부합된 교리발전 소요를 염출하여 전술전기를 연마하고자 하는 것이다(표 2-14).

일반적으로 전쟁사 연구방법은 개괄적 방법, 집중적 방법과 대관소찰형의 연구방법이 있는데

첫째, 개괄적 방법은 많은 전쟁과 전투를 광범위하게 개괄하면서 연구하는 방법으로서 여러 전투를 통해 많은 경험적인 지식을 쌓을 수 있는 장점은 있으나 전쟁 상황을 지나치게 단순화하는 단점이 있다.

둘째, 집중적 방법은 몇 개의 전역과 전투에 초점을 맞추어 상세하게 연구하는 방법으로

16) 자료인용 육사(조 정)연구서: 군사학을 어떻게 공부할 것인가
17) 군사학 교육과목과 진행체계 '08년 육군교육사령부 "군사학 개설대학 교육과목 검토" / 이재평, 서정권, 류명서 연구
'10년 육군3사관학교 "대학 군사학과 교육편성방안" / 이재평, 오만수, 류명수 연구
'13년 육군부사관학교 "대학 군사학과 교육편성방안" / 이재평, 류명수 연구
'14년 해병대 학군교류협정대학 운영체계 개선방안 / 이재평 연구

서 세밀한 분석을 통해 전쟁의 불확실성에 근접하여 전장실상을 파악할 수 있는 장점은 있으나 편협한 전투교훈이나 좁은 폭의 지식밖에는 얻을 수 없다는 단점이 있다.

셋째, 대관소찰형의 연구방법은 개괄적 방법과 집중적 방법의 혼용방법으로서 먼저 연대순으로 해당 전쟁을 개관하여 역사적인 통찰력을 갖게 한 후 연구목적에 따라 주제별로 세부 전투에서의 문제들을 상세하게 분석한다.

〈표 2-14 군사학 연구방법〉

구분	개괄적 방법	집중적 방법
개념	많은 전쟁, 전역, 전투를 광범위 하게 연구	특정 전역과 전투를 한정적으로 집중, 상세한 연구
장점	많은 경험적 지식 제공	전장실상 이해용이
단점	전장실상을 지나치게 단순화	단편적인 전투교훈이나 좁은 폭의 지식습득 우려
비고	리델하트의 전략론	클라우제비츠의 전쟁론

(2) 전쟁사 연구순서

전쟁사 연구순서는 첫째 연구목적을 설정하는 것이다. 즉, 무엇을 어떠한 목적을 위해 연구할 것인가? 를 명확히 설정한다. 둘째 관련도서 및 자료선택으로서 연구 목적을 충족시킬 수 있는 기초자료와 책자를 선택하고 자료의 목차, 서론, 색인, 저자의 배경과 특성을 단시간 내에 파악하여 그 책의 중요부분을 찾아내고 나서 저자의 명제를 간파하고 이해하는데 전심전력해야 한다. 셋째로는 아래 (표 2–15), (표 2–16)에서 제시한 바와 같이 독서전 질문표와 독서전 기록유지 방법을 통해 독서를 실시하는 것이다.

〈표 2-15 독서 전 질문표 작성요령〉

① 군대의 구성과 성격(민병, 징병, 지원병, 용병)
② 군대가 싸운 이유 설명(종교, 왕조의 이해관계, 민족주의, 이념)
③ 군대가 어떻게 싸웠는가의 평가(전격전, 진지전, 화력, 기동)
④ 부대와 부대간의 협력관계에 대한 연구(해상 및 육상 방어부대)
⑤ 군대의 실질적인 지휘권을 누가 행사하였는가? (국왕, 대통령, 입법기관)
⑥ 어떻게 군대가 유지되었는가? (군수지원, 기술, 사기, 국민성, 경제력)
⑦ 어떻게 전쟁이 종료되었는가? (자원고갈, 협상, 항복, 패망)

〈표 2-16 독서간 기록유지(예: 독서기록철 작성방법)〉

① 기록철의 맨 윗부분에 완전한 서적 이름, 저자, 발행처, 발행인, 발행일자 등을 삽입
② 내용 가운데 특출한 부분의 페이지와 내용에 대한 평가 기록
③ 주제와 저자의 명제를 간략하게 기술
④ 독후감 작성

분석 및 평가 단계에서는 군사이론에 대한 배경지식을 바탕으로 분석의 객관성을 유지하고 아래 (표 2−17, 2−18)에서 제시하는 자문자답에 의한 방법과 전역 및 전투분석 방법 등을 이용하여 전쟁사를 연구하게 되면 체계적으로 전쟁사를 연구할 수 있을 것이다.

〈표 2-17 자문자답에 의한 방법〉

① 누가: 관련 인물은?
② 언제: 언제 발생하였는가? (전투 기간, 시기)
③ 어디서: 어디서 발생하였는가? (작전지역)
④ 무엇을: 어떤 사건이 발생하였는가? (주요 국면 및 상황)
⑤ 어떻게: 사건은 어떻게 발생하였는가?
⑥ 왜: 사건이나 상황이 왜 그렇게 진전되어 나갔는가?
⑦ 여기서 얻을 수 있는 교훈은?

〈표 2-18 전역 및 전투 분석에 의한 방법〉

① 전략 상황 평가(시대적 배경, 적대관계 발생 요인, 분석하려는 전투, 전쟁 또는 전역으로 발전시킨 주요 사건)
② 전술적 배경의 평가(쌍방의 부대 배치, 지형분석, 군사력 비교, 군대의 종류, 적의 예상 행동 지침)
③ 사건에 영향을 미치는 기타 요소(지형 및 기후의 영향, 적의 특별한 강점 및 약점)
④ 사건의 개요(행동 개시, 특징, 결과)
⑤ 사건에 의해 얻어진 역사적 교훈
⑥ 사건의 중요성 평가

나. 문헌 중심 공부

(1) 군사사상 및 이론 바탕서

첫째, 육군본부(1992년에 발행) "한국 군사사상"과 '군사사상'(이재평 저/ 글로벌)에서 군사사상의 개념, 범주, 연구체계 등을 소개하고 있으며, 고대에서 현대까지 군사사상의 변천과정을 소개하고 있다. 또한 외국의 군사사상과 함께 고조선에서 대한민국까지의 한민족 군사사상과 주요 이론가들의 군사사상을 소개함으로써 한국 군사사상의 지향 방향을 제시하고 있다.

둘째는 "군사이론 연구"(육군교육사령부. 1987년 발간)에서는 용병술 체계를 중심으로 관련 용어의 정의, 군사이론 개관, 군사이론 체계, 전쟁철학, 군사전략/작전술/전술 등에 대한 기본개념 및 상호관계를 이론적으로 체계화하여 정리한 책이다.

셋째는 "군사학 강좌"(병학사. 2000년에 발간)로서 일본 방위학 연구회의 "군사학 입문"이라는 책 번역서로서 군사력의 개념, 군사력과 외교, 국제법과 군사력, 리더십 등의 군사학 이론분야, 기술과 군사력의 역사적 연구를 통해서 현대 군사력과 전쟁의 양상을 소개하고, 군사학 전반에 관한 이론과 기초지식을 제공하는 책이다.

위와 같은 문헌들을 학습함으로써 전문 군사학도로서 이론적 바탕체계를 확립하고 전문 직업군인으로서 갖추어야 할 자질들을 갖추는데 많은 도움을 받을 수 있게 될 것이다.

(2) 군사교리 관련 전문 잡지

『소부대 훈련 길라잡이』(육군교육사령부 발간)에는 소부대 교육훈련 관리, 전투기술 및 사례, 소부대 전투사례 및 교훈, 훈련 경험담, 소부대 교육훈련 기법 및 자료 등 소부대 위주 교육훈련 및 교리 발전내용을 수록하고 있으며『전투발전』은 교리, 교육훈련, 구조/편성, 자원관리, 간부계발, 군사정책 · 전략, 작전, 훈련참가기 등을 수록하고 있으며 전투발전 연구의 결과를 반영하고 있다.

합동군사대학(구 육군대학)에서 발간하는『군사평론』은 군사전략, 전술교리, 훈련분야 발전사항, 작전환경, 부대임무를 고려한 교리적용실태, 기획논단, 전사연구, 투고논문 등을 수록하고 있다.

(3) 일반잡지

『국방저널』 및 『육군지』는 각종 교육훈련 및 교리 발전방향을 제시하고, 국방연구원(KIDA)에서는 국내·외 군사동향 및 군사발전 연구 자료를 포괄적으로 제공하고 있다.

(4) 군사문헌 활용

(가) 군사문헌 어떻게 읽고, 기록하고, 활용할 것인가?(가) 군사문헌 어떻게 읽고, 기록하고, 활용할 것인가?

직업군인이 교육기관을 제외하고 야전생활을 하면서 독서를 위한 시간을 확보하기란 그리 쉽지 않지만 효율적인 시간 사용계획 수립과 여가 시간을 지혜롭게 활용한다면 많은 양의 독서를 할 수 있고, 틈틈이 체계 있게 메모하고 정리해 나간다면 차후 독서 자료를 연구 논문작성 시나 장병 정신교육 시 효율적으로 활용할 수 있다. 따라서 독서를 위한 시간을 확보하여 군사문헌을 탐독하고, 기록유지 및 차후 활용방향을 제시하면 다음과 같다.

독서시간 확보를 위한 시간 관리를 철저히 하여 생활 습관을 개혁해야만 한다. 한편 업무에 대한 우선순위를 정하여 실천하고, 불필요한 시간 낭비요소가 없도록 한다. 또한 독서 계획표를 작성하여 기록유지하고 실천 여부를 체크한다.

(나) 사이버 공간 활용 접근방법

네트워크는 우리 생활에서 너무나 흔하게 사용하고 있다. 어디서나 쉽게 볼 수 있는 게임방, 초고속 인터넷 국방정보통신망 등의 네트워크는 정보 속에 있는 사람과 인식영역 간에 있는 네트워크 즉 전투공간에 있어서 지휘 속도의 증대와 효과를 네트워킹(networking: 물리적 케이블, 무전기 링크, 인터넷 등)하여 정보 및 상황인식을 공유하는 것이다.(부록 군사관련 홈페이지)

3. 군사학 교육방향

가. 군 조직과 특성 이해

군조직의 특성은 현대사회와 같이 고도로 과학화된 사회는 조직이 다원화 내지분권화 되어 있고 전문화 된 세부조직으로 발전하고 있다. 군대조직도 조직목표를 달성하기 위하여 나름대로 가장 효과적으로 편성된 조직이며, 일반사회의 조직과 다른 다음과 같은 조직의 특성과 문화를 가지고 있다. 따라서 시대의 변화와 신세대의 의식 및 행동양상을 이러한 군 조직의 특성에 비추어 긍정적인 요소는 더욱 장려하고, 부정적인 요소는 특성에 부합하게 보완해 나감으로써 조직목표 달성에 기여하는 방향으로 군 초급간부의 선발 및 교육훈련이 이루어지고 있다.

첫째, 목적의 절대성이다. 군대조직의 모든 활동은 국가를 적으로부터 방위하여 국가주권과 국민의 생명과 재산을 보호하는 절대적인 책임을 수행하는 것으로서 궁극적으로는 목숨을 건 전투행위를 그 수단으로 하고 있다. 때문에 이에 상당한 강제력이 행사되고 그 강제력은 사회의 타 조직보다 강력하고 조직적이다. 또한 군대조직은 이러한 절대적인 목표달성을 위해 강제적이며 강력한 권한이 행사되는 동시에 명예와 규범, 의식행사, 계급의 존엄성 등 군인의 윤리적 가치관의 중요성이 그 어느 조직보다 강하게 적용된다.

군대의 법과 규정은, 전투시나 일반 근무시는 물론 심지어 휴식 등 근무외의 상황에서도 준수되어야 하며, 국가 안전보장이라는 차원에서 군인 가족에게까지도 전통적으로 일종의 강제력을 행사하는 특성을 가지고 있다. 그러므로 일반사회와는 다른 조직목표를 달성할 수 있도록 우수자원의 선발과 교육훈련이 이루어져야만 한다.

둘째, 계급적 권위이다. 군대사회를 흔히 계급사회라고 한다. 계급과 직책에 따라 그 권한이 행사되는 특수집단이 바로 군대이기 때문이다. 엄정한 상·하 관계는 물론 참모조직과 함께 각급 제대별 계급 구조와 개개인의 계급 구조에 이르기까지 군대조직 특유의 위계질서가 정연하며, 계급은 계급대로 책임과 권한이 엄격하게 설정되어 있다.

군대조직의 가장 독특한 특성은 뭐니 뭐니 해도 계급이다. 하급자는 상급자에게 법적·규범적으로 절대에 가까운 복종을 강요받게 마련이며, 동일계급이라 하더라도 직책에 따라, 군번에 따라 서열이 엄존하는 권위적 특성을 가진다. 이러한 계급체계는 바로 지휘체계로서 지휘체계가 확립될 때 일사불란한 명령수행이 가능한 것이다.

서열의 명확성은 의전행사는 물론 심지어 식당의 좌석배열에 이르기까지 강한 전통으로 이어져 내려오고 있으며 생활 속에 뿌리 깊게 자리하고 있다.

셋째, 집단의 결속력이다. 군대사회는 집단성이라는 특성으로 인해 조직적 통합의식을 가지고 있으며, 사회의 어떤 조직과도 달리 전우애로 뭉쳐진 동일체 의식을 요구하고 있다.

군은 조직의 특성상 구성원의 개별적인 능력보다도 제대별 지휘관을 중심으로 한 통합된 능력을 요구한다. 이를 위하여 일정한 장소에서 숙식을 같이하며, 집단생활을 하면서 동일체 의식을 강화하고 있으며, 동일체의식(단결심)은 군의 전투임무 수행을 위한 효율성 때문에 오랜 전통으로 내려오면서 형성되고 있는 것이다.

넷째, 간부 중심의 관리조직이다. 군의 조직 특성 중 가장 중요한 것은 간부를 중심으로 한 관리조직이라는 점이다. 장교단의 전문기술은 무력(힘)의 관리자이며 행사자라는 것을 생각할 때 간부들은 중앙 집권적으로 강력하게 통합된 군대 조직의 일부인 것이다. 때문에 장교가 개인적으로 또는 집단적으로 자기의 이익을 위하여 전문성을 이용한다면 사회조직을 파괴할 우려가 있다. 무력의 사용은 신성한 군인의 윤리성에 입각한 차원 높은 목적과 국가방위라는 절대적 목적 이외에 사용하는 것을 엄격하게 규제하고 있다.

직업군인 제도는 현대사회의 관료화된 전문적 직업으로 보아야 하며, 그 직업적 조직은 사회 어느 계층의 직업윤리보다 더 차원 높은 윤리의식과 군인이라는 직업에 대한 애정과 국가와 사회에 대한 투철한 사명감과 의무감 속에서 출발하고 있다.

군인의 계급은 개인에게 부여하는 직책과 책임의 특권으로서 경험, 전공, 교육 및 능력에 의하여 측정된 전문직업상의 업적을 반영한 것으로 생각된다. 군대라고 총칭되는 힘의 집단은 국가조직의 운영으로 인해 나타나는 정치 수단에 의하여 사용될 수 있으나 군 조직운영을 간부의 책임 속성으로 한정 지울 수밖에 없기 때문에 간부의 역할은 군조직의 골간이요, 생명체임은 두 말할 나위가 없다. 군대의 조직훈련, 교육관리 등의 전문적 군사조직 관리를 담당하는 간부들은 전투임무수행으로 최후의 책임이 종결된다. 이와 같은 군대조직은 타산적 요구에 따라 조직되는 영리 추구의 다른 조직들과는 근본적인 차이가 있는 것이다. 즉, 군대는 국민의 생명과 재산을 보호해야 하는 수단으로서 모든 역량이 귀결되기 때문에 간부의 책임과 역할이 매우 중요하며 직업군인에 대한 권위와 존엄성은 보장되고 존중되어야 한다.

나. 군 조직 리더십 배양

군 조직은 본질적으로 임무 지향적이다. 따라서 지휘관의 리더십의 성공적 발휘 여부가 군 조직의 효율성에 절대적인 영향을 주는 것이다. 지휘관의 리더십의 주목적은 자연히 부하들의 마음이며, 리더십의 열쇠는 부하의 행동을 이해하고 부하에게 강력한 의지를 키워 주는 것이다.

군 조직 내의 리더십은 임무완수를 위하여 지휘관에게 합법적인 권한이 주어짐과 동시에 막중한 책임을 부여하기 때문에 넓은 의미로 보아 군 조직체에서 리더십은 순수한 의미의 통솔(개인의 인격 또는 능력의 우월성에 의해 구성원을 감화시켜 자발적으로 임무를 촉진 시키는 기술)과 관리(인원·물자·시간·금전 및 시설 등 자원의 효율적 사용을 위하여 계획·협조·지시·조직·통제하는 과정) 및 지휘(지휘관에 의해 부대를 이끌어 가는 일체의 행위)를 포함하고 있다.

여기에서 말하는 군 조직 내의 리더십이란 지휘관이 주어진 임무를 성공적으로 완수하기 위하여 합법적인 권한 행사와 인간 존중의 통솔기법 및 업무의 능률적 운용기술이라고 말할 수 있다. 일반적으로 군 조직에 있어서의 리더십은 대부분 리더십(Command leader ship)과 소부대 리더십(Unit leader ship)으로 분류된다.

대부대 리더(Commander)는 관리자의 모든 기능을 수행하며 목표를 달성하기 위하여 대단위 집단행동에 영향력을 행사한다. 구조적 측면에서 말하는 대단위 집단이란 대대급 이상의 부대를 일컫는다.

소부대 리더는 전투상황에서 부하로부터 영웅적 행동을 발휘토록 하는 인물로 그 주어진 목표를 달성하기 위하여 소부대 단위 집단 즉, 중대급 이하의 행위에 영향력을 행사한다. 그러므로 군에서 초급간부의 역할은 전투임무수행에 절대적 영향을 미친다.

다. 초급간부의 역할

지휘관은 그 부대의 핵심으로 부대를 지휘·관리 및 훈련 시키며 부대의 성패에 대하여 책임을 진다. 한편 군대의 기간으로서 전문지식과 기술의 습득, 인격도야, 심신의 수련으로 처사를 공명정대히 하고, 솔선수범, 법규준수를 통하여 부하로부터 존경과 신뢰를 받도록 노력하며 역경에 처하여서도 올바른 판단과 조치를 할 수 있는 통찰력과 권위를 갖출 것을 강조하고 있다. 이러한 막중한 책무를 수행하기 위하여 간부에게 필요한 자질에 대하여 동서고금의 전술가나 군사 사상가들은 각자 나름의 구비 요소를 언급하고 있는데 그 내용을 보면 일반적으로 아래와 같이 요약된다.

첫째, 무력 행사를 주 임무로 하는 군대조직의 지휘자로서 역할이다. 군의 일상 업무는 유사시를 대비해서 어떻게 싸울 것인가? 를 부단히 생각하고 준비하며, 이를 위해 조직이 활성화 되어야 함은 물론 그 자신이 군사 조직과 직무에 정통해야 한다. 이를 위하여 간부는 전투에서 승리를 보장할 수 있도록 전술 전기를 습득에 힘쓰고 전투원을 훈련하여야 한다.

둘째, 군 조직 구성원들의 통솔자로서 역할이다. 통상적으로 지휘는 계급과 권위로 하지만 통솔은 사람의 마음을 움직이는 기술(Art)이며, 인격으로 한다고 말한다. 따라서 부하들로부터 마음에서 우러나는 존경과 신뢰를 받는 통솔자가 되어야 한다. 이를 위하여 고매한 인격과 덕성을 길러야 하며 풍부한 경험과 지식함양에 힘써야 한다.

셋째, 교육훈련을 담당하는 교관으로서 역할이다. 우리나라는 모든 남성 국민이 병역의무를 마치기 위해 군에 입대한다. 군은 이들에게 전투준비태세와 생존을 위해 전기 전술에 대한 교육훈련뿐만 아니라 민주시민의 한사람으로서 책임을 다하도록 교육해야만 한다. 우리가 지켜야 할 자유 민주주의 가치와 더불어 사는 지혜, 보람 있는 삶의 방식, 역사의식과 민족정신, 인간과 인간조직에 대한 깊은 이해와 만족 등 다방면에 걸친 전인교육의 교관으로서 장교의 역할을 담당하여야 한다.

넷째, 전투상황에서 훌륭한 전사로서 역할이다. 초급 간부에게 중요한 역할로서 독자적인 임무형 작전 활동이 현대전에서는 그 어느 때보다 전체적인 전쟁 상황에 미치는 영향이 크며, 독립적인 상황판단과 전사로서의 용기와 행동력이 요구된다.

다섯째, 자원의 관리자로서 역할이다. 군대란 국가의 안보를 책임지는 대신에 자원을 투자하여 확대 재생산 보다는 소비하는 집단으로 인식되는 경향이 있다. 또한 투자한 자원이 눈에 보이는 것이 아니라 눈에 보이지 않는 고도의 전투 기량 또는 전투 능력으로 표출되므로 흔히 자원을 사용하는 소모성 집단으로 오해되거나 비판의 대상이 되기도 한다. 따라서 자원투자의 투명성과 경제성, 효율성, 능률성을 항상 염두에 두고 자원을 관리하여야만 한다.

군인은 국가의 유일한 "합법적 무력 집단"으로써 무기 관리와 생명 존엄에 무한 책임감을 져야 한다.

Chapter. 03

국가 안전보장

Chapter. **03**

국가 안전보장

제1절 국가와 정부

1. 국가[國家, nation]의 의의

국가의 본질 및 역할에 대하여서는 매우 다양한 철학과 이론으로 정의된다. 국가는 인류의 역사만큼이나 오래되었으며, 시대의 흐름에 따라 최초의 형태와 큰 차이가 있지만, 국가를 구성하는 3가지 요소, 즉 영토 · 국민 · 주권으로 정의되며, 주권을 국민으로부터 위임받은 국가는 영토 내의 국민 및 사물(영토+주권)을 일정한 질서 속에서 통합·지배하기 위하여 권력을 발동하여 정책을 실현하는 것(입법 · 사법 · 행정의 세 형태)이라고 말할 수 있으며, 다른 정의로는, 통치조직을 가지고 일정한 영토에 생활(정주/定住)하는 다수인 으로 이루어진 단체로 일정한 영토를 외부의 지배로부터 독립하며, 그 관할 내에 있는 모든 개인과 집단의 법률 제정과 집행하는 정치기구를 지닌 인간집단이라고도 정의할 수 있다.

국가이념(國家 念)이란, 어떤 개인이나 집단이 실현되기를 바라는 최상의 목표를 어느 정도 구체화 및 체계화하여 일관성 있는 관념의 형태로 나타낸 것이고, 국가목적(國家目的)는 한 주권국가의 생존과 번영을 성취하기 위한 국민적 또는 국가적 열망을 이론적 체계화 과정을 거쳐 헌법, 법률 및 선언 등을 통하여 표방하는 한 주권국가 존립에 있어 양보할 수 없는 존재가치다. 국가목표(國家目標)는 국가목적과 이익을 달성하기 위해 그 국가의 제반 노력과 자원이 집중해 나가고 적용되어야 할 지향점이다.

2. 헌법상 의미

대한민국 헌법 제1조는 "대한민국은 민주공화국이다."라는 조항으로 이는 나라의 정체성을 대변하며 대한민국이 어떤 나라인가를 설명하기 때문에 오랜 헌법변경을 했지만 한번도 제1조가 바뀐 적이 없다. 여기서 민주공화국 이라는 말은 대한민국 국체(國體)를 뜻하며, 우리나라가 자유민주주의라는 말로 개인의 자유와 권리를 보장하는 헌법을 갖추고 입헌주의 틀 안에서 의사결정을 하는 이념 · 체제를 말한다. 19세기 말 서구 국가들이 보통선거를 실시하면서 완성된 현대 정치제도이며, 양심과 언론 · 출판 등의 자유를 보장한다는 점에서 인민민주주의와는 확연히 구분된다. 자의적 권력 행사에 대한 통제, 높은 투명성, 개인 권리 보호 등을 더욱 강조한다.

그리고 제2조는 국민요건에 대하여 법률로써 구체화 하도록 국민이 될 자격을 규정하고 있다고, 국가는 법률이 정하는 바에 의하여 재외국민을 보호할 의무를 진다고 하여 국가의 책임을 명시하고 있다.

제3조는 영토에 대하여 명시하고 있다(대한민국 영토는 한반도와 그 부속도서(附屬島嶼)로 한다. 사전적 의미상 국가는 일정한 영토 내에 살고 있는 사람들에게 국제법과 국제조약에 따라 통치권이 배타적, 독점적 지배와 통치권을 행사하는 영역(域/국가의 주권이 미치는 범위)으로 지상(地上). 영공(領空). 영해(領海)를 말한다.

헌법 제3조 대한민국 영토는 "한반도와 그 부속도서(付屬島嶼)로 한다."라는 헌법상의 영토 의미는,

동(해) : 독도(경상북도 울릉군 울릉읍 독도리 산1-37번지
도로명 주소 - 경상북도 울릉군 울릉읍 독도이사부길 55 (독도경비대),
경상북도 울릉군 울릉읍 독도이사부길 63 (독도등대)
세종실록지리지(1757년) 동국대전에 기록), 위치-북위 : 37도 14분 30.6초,
동경 : 131도 51분 54.6초

서(해) : 인천광역시 옹진군 백령면

남(해) : 이어도(파랑도 제주특별자치도 서귀포시 대정읍 가파리 / 1900년 6월 5일 21시 40분경 영국 상선 소코트라(Socotra)호가 암초에 충돌하는 접촉사고가 발생후 발견되어 파랑도 SOCOTRA ROCK명명)

북(北) : 녹둔도(두만강 하류. 여의도 면적 4배 크기로 조선시대 세종대왕의 6진 개척으로 이순신 장군이 3년간 주둔한바 있는데, 두만강 상류의 모래가 유속에 밀려와 섬과 러시아 쪽 강변 사이에 쌓이면서 러시아 육지와 연결되었으며, 북한이 1990년 러시아와 국경을 협상으로 러시아에 양해로 행사할 수 있는 구역)가 포함된 부속도서(영해)와 영공을 의미한다.

안전보장 구성요소

위협 요인	방위	안전보장
· 대내의 정치적 위기 및 사회적 혼란 · 교통사고, 폭파, 대화제 · 테러, 폭력행위, 마약 등을 포함하는 범죄 · 철도, 버스, 선박 등 산업 및 공공기관의 태업 · 물가의 폭등, 부정 및 부패 만연	정치적 위기 및 사회적 재난으로부터의 방위	정치, 외교적, 사회, 심리적 안전보장
· 각종 공해 및 환경 파괴 · 대외의 정치외교, 경제, 사상, 문화, 심리전을 포함하는 간접침략	외교적, 심리적 위협으로부터의 방위	정치, 외교적, 사회, 심리적 안전보장
· 대규모의 지진 · 공수해, 가뭄, 해일	천재로부터의 방위	정치, 외교적, 사회, 심리적 안전보장
· 식량위기 · 축산위기 · 수산위기	식량위기로부터의 방위	경제적, 과학기술적 안전보장
· 에너지 자원위기 · 일반 공업원료 및 과학기술 부족	자원 및 과학기술 위기로부터의 방위	경제적, 과학기술적 안전보장
· 무력에 의한 직접침략	대외적 침략으로부터의 방위	군사적 안전보장

자료인용 : 조 영감 저(북 코리아) 민군관계론19

제2절 국가와 군사전략

1. 국가이익(National Interest)

가. 국가이익

국가이익이란 국가 전체의 존립과 발전에 도움이 되는 바를 의미하며, 구체적인 내용은 중요도에 따라 구별되며, 국가마다 상이할 수도 있다.

국가이익이라는 용어는 16세기 카사(G.D. Casa)가 처음 경제적 이익개념으로 사용하였는데, 미국 정치학자 비어드(Beard)가 이를 새로운 국가이익의 개념으로 확대하여 "국가가 유지되고 부강해 질수 있는 기준과 방식"이라고 정의하였다. 또한 현실주의자 모겐소(Mogenthau)는 "국가이익은 권력(power)으로 정의되며 국가는 생존이 최소한의 국가이익"이라고 간주했다. 오스굿(R. Osgood)도 "국가이익은 한 국가의 최고 정책 결정 과정을 통하여 표현되는 국민의 정치적, 경제적, 사회적, 문화적, 군사적 욕구와 갈망"으로 정의한다. 또한 허쯔(F. Herz)는 국가이익을 "국가의 존립과 번영을 위해 필요한 요소로서 국가안보, 국가 복지번영의 보장, 국가 위신의 보장"을 제시하였다.

이처럼 국가이익이란 일반적으로 안보의 확보 및 유지라는 근본적 이익부터, 넓게는 세계평화 유지라는 포괄적 개념까지 포함된다고 할 수 있다. 그러나 국가이익은 어떤 국가가 위치하는 환경에 따라 다르게 표현되며, 가장 기초적이고 공통적인 것은 국가의 생존이라는 점이 필수이다.

나. 국가목표(National Objectives)

국가목적과 이익을 실현하고 증진 시키기 위해 국가가 설정하고 달성하고자 하는 노력과 자원이 집중해 나가고 적용되어야 할 지향점을 의미한다.

일반적으로 국가가 추구하고 달성하고자 하는 국가목표를 결정할 때는 여러 개의 제시된 대안들 중에서 최선의 것을 선택하게 되는데, 이때 선택의 기준이 되는 것이 바로 국가이익이라고 할 수 있다. 즉, 특정 개인이나 집단이 아니라 국가 전체의 유지 및 발전에 도움이 되는 바를 국가이익이라고 하는데, 구체적인 내용이나 누가 진정으로 국익을 대변하는가에 대해서 논란의 여지가 있을 수 있다. 흔히, 공리(公利)주의적 입장에서 국가 구성원 최대 다수에게 최대 행복을 주는 것을 국익이라고 하지만, 다수의 의견이라고 해서 항상 국익을 대변하는 것은 아니며, 때로는 소수의 의견이 국익에 더욱 가깝거나 도움이 될 수도 있다.

가끔 국가이익이 국가목표와 동일시 하는 경우가 있으나, 국가이익은 어디까지나 국가목표를 추구하고 달성하기 위해 국가 의지를 결정할 때 기준이 되는 것으로 파악하여야 한다. 따라서 국가목표의 성공적 설정을 위해서는 객관적이고도 현실적인 가치 판단에 입각한 국가이익의 선정이 중요하다.

국가이익은 국가가 처한 당면 현실에 따라 변하기도 한다. 왜냐하면 국내외 정세 변화에 따라 국가이익의 구체적인 내용이 달라질 수도 있고, 국익 변화에 따라 국가목표 또한 아울러 변할 수 있기 때문이다. 따라서 국가이익도 시공을 초월하여 시종일관 같을 수는 없고, 얼마든지 가변적일 수 있다는 말이 된다. 이러한 국가이익과 국가목표의 변화 가능성을 감안 하면, 국가정책의 유연성이나 적응성도 정책 결정이나 집행 시 항상 고려되어야 할 것이다. 예를 들면, 어제까지 최대의 이익이었던 것이 오늘은 최소의 이익이 될 수 있고, 내일은 또 다시 최대의 이익으로 될 수 있기 때문이다.

2. 국력(National Power)

국가목표를 달성하기 위하여 국가가 사용할 수 있는 총체적인 역량을 말하며 한 국가가 국제사회에서 발휘하는 힘 혹은 영향력은 국력으로부터 나오며, 국력의 원천은 인구, 지리, 국민의 생활 수준, 정치 안정도, 경제력, 과학기술, 군사력, 정신력, 대외정보, 외교력 등 국력의 원천으로부터 국가안보의 수단이 나온다.

가. 국력의 본래 의미는 국가가 생존하고 발전하기 위하여 보유하고 있는 능력을 말한다. 그러나 현실적으로는 국가가 그 국가목표 또는 국가정책을 달성하기 위하여 보유하고 있는 제 능력을 주로 국제관계의 역학적 관점에서 국력이라고 부르는 경우가 많다. 따라서 국력은 국가가 가진 총체적 능력을 의미하기도 하지만, 관계적인 의미

로 어떤 국가가 다른 국가에 영향을 미칠 수 있는 능력이라고 이해할 수도 있는 것이다.

나. 국력의 가장 원시적인 요소로서는 인구, 영토, 천연자원 등 3가지를 들 수 있다. 그러나 국력이 지극히 국제정치적 개념이라는 점에서 일반적으로 군사력, 경제력 및 정신력을 그 대표적 요소로서 중요시할 때가 많다. 실제로 인구, 영토, 천연자원이 풍부하더라도, 국제정치상의 대국이나 선진국으로서 지위를 확보하지 못하고 있는 국가가 적지 않다. 요컨대 국력은 물적인 요소와 더불어 기술적, 정신적인 요소가 복합된 다원적인 것으로 파악되어야 한다.

다. 양적인 측면에서 국력은 국가의 크기(大. 小), 강약, 빈부 문제로, 국제간의 비교, 측정의 대상으로 양적인 파악이 시도되고 있다. 예컨대 군사력에 대해서는 군병력의 수, 병기의 수량과 성능, 국민총생산(GNP)[18]에 대한 국방비의 비율, 국방비의 절대액 등이며, 경제력에 대해서는 GNP, 1인당 소득, GNP의 실질 성장률, 제 사회자본 등이 있다. 특히, GNP(혹은 GDP)는 한 국가의 경제적 국력을 단적으로 나타내는 지표로써 자주 쓰이고 있다. 또 정신력에 대해서도 애국심이나 방위의 의사 등에 관한 여론조사를 유력한 참고자료로 삼을 수 있겠으나, 국력을 엄밀히 계량화한다는 것은 매우 어려운 일이다.

라. 국력은 양적으로나 질적으로나 부단히 변화하고 유동한다. 그래서 국제간 힘의 관계도 항상 일정할 수는 없는 것이다. 결국 국력은 극히 역학적인 것이며, 따라서 국력을 고정적 정태적인 것으로 파악한다거나 어떤 국가의 역학을 선입관으로 보면은 안된다.

〈표 3-1〉 국력의 요소에 관한 학설

구분	지리적	경제적	심리적	정치적	군사적
마한(Mahan) 해상권력의 요소(1890)	지리적 위치 국토의 넓이	인구의 다소 자연적 조건	국민의 성질	정부의 성질	
슈타인 메츠 (Stelnmetz/ 1920)	영토의 넓이	인구(크기, 구성) 국부	정신적 자원 외국의 존경과 우정 지도력	정치조직 국가의 통일과 단결	

18) GNP: Gross national product, 국민총생산
GDP: Gross domestic product, 1인당국민소득

구분	지리적	경제적	심리적	정치적	군사적
카아(Carr) 정치력의 요소(1939)		경제적 요소		여론 통제력	군사적 요소
피셔(Fisher/1939)	지리적 위치 나라의 크기 국경과 인접국의 성질	인구수와 밀도 토지의 비옥도, 광물자원공업 조직과 기술수준, 통상무역의 발전도 제정력	발명의 재능 국민의 인내와 적응성	조직력과 교양수준	
로버트 슈트라우스 (Straus Hupe/1945)	외적 조건과 환경	인적 자원 거주 장소식량, 원료 기구기능	사기	조직 정치행위	
스파이크맨 (Spykman /1951)	국토의 넓이 국경의 성질	인구, 원료의부존, 경제, 기술의 발달 경제력	국민정신 윤리의 동질성	사회의 통합 사외 안정	
모겐소 (Morgenthau /1968)	지리	인구 자연자원 공업능력	국민성 국민의 사기		군비
미 국방대 (200년대)	지리	인구 경제력	국민성 국민의 사기	정부의 질 정치, 외교	군사적 동맹 과학기술

3. 국가전략/대전략[19)]

> 국가전략은 평·전시를 막론하고 국가정책을 지원할 수 있도록 국가의 정치, 외교, 경제, 심리 및 군사적 제 역량을 총합적으로 발전시키고 이를 효과적으로 운용하는 방책(술과 과학)이다. 국가전략은 대전략이나 총체 전략과 거의 같은 개념으로 사용되고 있으며 국가마다 선호하는 용어가 조금씩 다를 뿐이다.

19) 국방대학교, 『안보관계 용어집』(2006.1.10), 설명중심(이하계속)

전략용어의 정의(승리에 대한 가능성과 유리한 결과를 증대시키고, 패배의 위험을 감소시키기 위해 제 수단과 잠재 역량을 발전 및 운용하는 술 및 과학)는 때와 장소에 따라 변하고 이론가의 강조점에 따라 상이하다. 모든 정의에 상응하는 이 용어의 이론적 사용의 예를 보면 여러 가지 다양한 표현도 발견된 이유는 단순히 행위의 과정 또는 전술을 의미하기도 하고 기획을 의미하기도 하며 전체를 포괄하기도 하기 때문이다.

전략이라는 용어는 원래 희랍어 의 장군의 술책(Strategos)에서 유래하였으며, 당시에는 집정관이 번갈아 가면서 최고사령관이 되었기 때문에 군사적인 장군의 술을 의미하는 것으로 정치적인 사항과 관련되어 있었던 것 같다. 그러나 18세기에 다시 군사 저서에 이 용어가 등장하면서 군사적인 용어가 되었고, 그것도 전술이나 작전과 같은 전장 행위를 지칭하는 뜻으로 사용되었다. 그러나 제1차 세계대전을 계기로 전쟁은 점차로 그 규모가 확대되고 복잡하게 되었을 뿐만 아니라, 전쟁의 수행에는 비군사적 요소의 비중이 높아지고 군사적 요소와 분리될 수 없게 되어 전략은 순수 군사적 한계를 넘어 전쟁을 계획하고 수행하는 종합적인 기획 차원의 노력을 의미하게 되었다. 드디어 18–19세기의 클라우제비츠식 정의(전쟁의 목표를 달성하기 위한 전투의 사용)나, 조미니 식 개념(지도 위에서의 장군의 작전술) 또는 몰트케식 개념(고려되는 목표를 달성하기 위하여 장군의 수중에 있는 수단을 실제적으로 적용하는 행위)을 거쳐 전략의 개념은 협의의 군사적 개념보다 포괄적인 개념으로 확대되기에 이르렀다.

이러한 군사전략의 개념 확대는 3가지 차원에서 진행되었다. 첫째는 수단의 확대이다.

군사적 수단 외에도 정치적, 경제적, 사회적, 심리적 요소를 포함하게 되었다.

둘째는 적용 시기의 확대이다. 전략은 전시뿐 아니라 평시에도 적용되는 술책이 되었다.

셋째는 국가안보 개념의 확대 – 국가의 위협으로부터의 안전과 국가이익(안전 이익)의 대외적 신장에 따른 전략의 용도 또는 목적, 즉 수단과 시기와 목적의 확대이다. 전략은 전·평시를 막론하고 국가의 모든 자원을 배분하고 활용하는 술책인데 국가안보(전쟁과 외교 지원 수단) 목표를 달성하기 위해 활용되는 방법을 의미하게 되었다.

전략개념의 확대 사용을 제일 먼저 이론적으로 제기한 사람이 미국의 얼(Edward Mead Earle)인데 그는 1943년에, "오늘날의 전략은 군사력을 포함하는 일국 또는 연합국의 자원을 관리하고 이용하여, 그 중대한 이익을 실제의 적, 잠재적 적, 혹은 가상 적에 대해서

증진 · 확보하는 술(art－術)로 대전략은 최고형의 전략 "국가의 정책과 군비를 잘 통합하여 전쟁에 호소할 필요가 없게 하고, 만일 호소하려면 최대한의 승산을 가져오게 하는 것이다."라고 했다. 여기서 전략은 군사전략뿐만 아니라 대전략(국가전략)의 뜻으로도 사용되고 있다. 오늘날 전쟁 억제를 중요시하는 시대에 있어서는 전 · 평시를 막론하고 군사적, 외교적 방책을 광범하게 활용하는 전략을 필요하게 되었다.

전략의 개념적 의미가 확대됨에 따라 총체적인 전략과 요소별 전략이 수직적 관계를 이루게 되었다. 즉, 제 요소별 또는 분야별 전략인 정치전략, 경제전략, 군사전략, 사회 · 심리전략 등은 대전략 또는 국가전략의 하위차원에 위치하게 된다. 각종 전략의 구분은 목표와 사용 수단 면에서 설정되는데, 군사전략은 주로 국가의 군사적 목표를 수행하기 위해 군사적 수단을 적용하는 술을 의미한다.

정책과 전략의 의미적 차이는 정책이 본질적으로 행위와 결정의 행태이고, 전략은 본질적으로 기획(Plan)의 특성을 갖는 점이다. 즉, 정책은 행위나 결정을 규제하는 규칙(Rule)이며, 전략은 행위나 결정을 포함하는 제 수단이 목표의 완수를 위해 지향해야 할 계획이다. 국가전략이나 대전략, 그리고 총체전략은 비슷한 개념을 지닌 국가 최고의 전략이다.

4. 군사전략(Military Strategy)

가. 정의

(1) 군사전략

국가목표를 달성하기 위하여 군사적인 수단을 효과적으로 준비하고 계획하고 운용하는 방책을 말한다.

(2) 작전술(Operational Art)

전쟁지역 내에 있어서, 전략목표를 달성하기 위하여 가용한 군사 자원을 운용하는 술(術, art)을 말한다.

(3) 전 술(Tactics)

전투에 있어서, 상황에 따라 임무 달성에 가장 유리하도록 부대(군단급이하)를 운용(부대의 배치, 이동, 전투력의 행사)하는 술(術)을 말한다.

나. 전략과 전술의 관계

전략이라는 군사적 용어로 쓰이기 시작한 것은 18세기 말기부터이며, 주로 무력전을 위한 종합적인 준비, 계획 그리고 운용의 방책의 뜻으로 통용되었다. 그런데 전략이라는 용어는 그 개념이 넓고 또 사람에 따라 다종다양하게 정의를 내려왔기에 정확한 의미를 파악하기 어렵게 되었다. 예컨대 1955년 로신스킨(Rosinskin)박사는 "과거 150년간 전략과 전술에 대하여 만족스럽고 명백한 정의를 내리기 위한 노력이 꾸준히 계속하였으나 그의 노력은 전략과 전술에 대한 정의가 분석적 보다는 어의(語意)적이었기 때문에 장애가 있었다. 그러한 사정은 군사사상에 대한 독일, 러시아 학파와 반대 주장인 프랑스, 영국 및 미국 학파가 용어의 뜻을 아주 다르게 사용함으로써 복잡하지만." 그러나 전략이 어느 주어진 어떤 목적을 달성하기 위한 책략이라고 한다면, 그 수단은 광범위하고 또 여러 가지가 있을 수 있을 것이다. 전략이라는 용어가 다양하고 광범하게 사용되는 이유는 그것이 바로 전략 자체의 본질에서 유래된다고 보아야 할 것이다.

18세기까지 전략은 모략기계(謀略欺計)를 본질로 하며 적을 기만하여 승리를 획득하는 것으로 해석되고 있었다. 클라우제비츠는 그의 「전쟁론」(1932)에서 "원래 희랍어의 전략이라는 말이 궤계(詭計)라는 뜻으로 유래하였고, 그 후 전쟁의 성질, 규모와 표면상의 많은 변화가 있음에도 불구하고, 오늘날 아직도 전략 그 자체의 본질이 여전히 궤계를 시사하고 있다는 것은 당연한 것으로 생각한다." 그리고 그는 전략과 전술을 다음과 같이 정의했다. 즉, "전략은 전쟁목적을 달성하기 위한 전투의 사용이며, 전술은 전투에서의 전투력의 사용이다."

전쟁이란 사회와 동떨어진 현상이 아니라, 사회의 고유한 부분이 되었고, 또 제1차 세계대전을 계기로 총력전으로 변하자 더욱 그 지위가 확대되었다. 그리하여 전략은 점차로 정치 · 경제 · 사회심리 · 도덕 · 산업기술 등의 비군사적 요소를 고려할 필요성을 갖게 되었다. 따라서 전략은 전시뿐만 아니라 평시에도 또 군사적 요소뿐만 아니라 비군사적 요소도 포괄하는 광의의 전략개념이 요청되었다. 더욱이 핵무기의 등장은 현대전략 개념에 일대 변혁을 가져왔다. 즉, 옛날의 전략은 준비와 실전의 과정이 중심 과제로서, 전쟁 개시 이후의 문제가 중요하며, 따라서 전략의 연구는 이미 개시된 전쟁의 진행 중에 자국의 군대가 어떻게 적에게 승리하느냐에 중점을 두었다. 그러나 오늘날의 전략은 전쟁의 승패나 전쟁개시 후의 경과나 전쟁의 결과 예상보다는 오히려 어떻게 해서 전쟁의 발발을 억제·저지할 것인가, 이를 위해 군사력과 기타 제 역량의 배비를 어떻게 하면 이 목적에 합치시킬 수 있는가에 중점이 처하게 되었다.

전술이란 "배열한다", "정돈한다"라는 희랍어(taktika)에서 유래하였으며, 전투에서 승리하기 위해 부대를 어떻게 배치하고 이동시켜 전투력을 행사하는가의 술을 뜻하는 것이다. 따라서 개념상 전략과 전술에는 명확한 차이가 존재한다. 즉, 전략은 작전 구상의 술(術)인 반면, 전술은 실시의 술이며, 또한 전략은 전쟁에서 승리하는 것이요, 전술은 전투에서 승리하는 것이다. (Strategy wins wars: Tactics wins battle). 그러나 실제에 있어서 그 분계선을 분명히 한다는 것은 어려울 뿐만 아니라, 서로 중첩되어 있기도 하다. 그것은 마치 무지개는 일곱 가지의 색깔이 분명하게 있지만, 각 색깔의 분계선을 분명히 할 수 없는 것과 같다. 전략과 전술의 본질적 차이점을 열거해 보면 다음과 같다.

첫째, 시간과 장소의 관점에서 본다면, 적과 접촉하기 이전은 전략에 속하고, 그 이후는 전술에 속하며, 장소에 도착하기 이전은 전략에 속하고 그 이후는 전술에 속하는 것이다.

둘째, 전략은 군사에 관한 최고 통솔자가 책정하는 것이요, 전술은 예하 통솔자가 실시하는 것이다. 예컨대 군 최고 지휘관이 군사전략을 책정하고 예하 지휘관은 그것에 따라 전술을 수행한다. 마찬가지로 기업전략은 사장이 책정하는 것이요, 지점장은 그것에 따라 실천하는 것이다.

셋째, 전략은 광범위한 공간, 장기적 시간, 대규모의 병력 기동 등을 다루지만 전술은 이와 상반된 것을 다루게 된다. 바꾸어 말하면 전략은 전쟁을, 전술은 전투를 다루게 된다.

넷째, 전략은 정서적인 것보다는 독창적 착상이 요구되고, 전술은 그러한 면이 적다.

다섯째, 전술적 실패는 전략에서 만회할 수 있지만, 전략적 실패는 전술에서 만회가 불가한 것이다.

다. 작전술(대 전술)과 전술의 관계

나폴레옹이 전쟁술에 가장 크게 주목한 것은 작전술 혹은 대전술(Grand Tactics)의 분야였다. 그는 기동, 전투 그리고 추격을 하나의 연속적인 과정, 즉 전략에서 전술에 이르는 변화로 융합시켰다. 그는 대전술을 전략적 기동에 결합하였다. 이러한 영역에는 보통 군단(Corps), 군(Army) 그리고 집단군(Army Group)작전들이 포함된다. 독일인들은 이것을 작전 차원(Operative Level)이라고 표현하다가 작전술로, 러시아인들은 이를 작전술(Operational Art)로 호칭하였다. 작전술은 전(투) 술(Art of fighting: Tactics)보다는 상위의 개념에 속한다.

작전술 개념은 러시아에서 시작되어 오늘날 보편화되었다. 미국도 1982년부터 작전술 개념을 도입하였다. 러시아의 군사 이론가들은 군사술(Military Art)의 구성요소를 군사 전술(Tactics), 작전술(Operational Art) 그리고 전략(Strategy)으로 정립하였다. 이때 작전술은 전략과 전술 사이를 연결하는 개념이다. 작전술에 대한 소련의 공식적 정의는 다음과 같다.

"군사술의 한 구성 부분인 작전술은 주요 야전부대 혹은 군종부대(軍種部隊)에 의한 연합작전과 단독작전을 준비하고 수행하는 이론과 실제를 다룬다. 작전술은 전략과 전술 사이를 연결하는 것이다. 작전술은 전략적 소요로부터 발생하기 때문에 그것은 전략목표를 성취하기 위해서 작전을 준비하고 수행하는 방법을 결정한다. 그리고 그것은 작전의 목표와 임무에 입각한 전투를 위한 준비를 조직하는 전술을 위해 최초의 자료를 제공한다. 작전을 수행하는 일반원칙들을 탐구하는 작전술의 일반 이론 이외에도 각 병과는 그 자체의 작전술을 가지고 있다."

작전술은 대부대 작전이론이다. 또한 작전술은 전역(Campaign)의 계획 및 실시를 포함한다. 전역이란 특정한 공간과 시간 내에서 동시적이고 연속된 전투로서 적 부대를 격퇴하기 위한 지속적인 작전을 말한다. 병력 배치, 목표선정 그리고 적을 약화 또는 압도하기 위해 취하는 행동 등은 모두 작전술의 일부이며, 장차전의 조건을 결정해 주고 전술적 성공을 활용할 수 있게 해준다.

작전술은 전투에서 적의 군대를 패배시키거나 혹은 격멸시키는 것을 촉진하는 상황이 조성되도록 작전의 대단위(군단, 군, 집단군) 지역에 우세한 전투력을 집중시키는 기술이다.

작전술의 목표는 다음과 같다.

- 적들이 미처 대비하지 못한 위협에 직면하도록 전투에 앞서 적군의 배치를 급작스럽게 변화시키도록 만든다. 그러한 기동의 효과는 적의 전투력을 감소시켜 적들이 불리한 조건에서 전투를 감행하지 않을 수 없게 만드는 것이다.
- 적의 군대를 분산시켜서 그들이 완전히 패퇴 하도록 하는 것이다.
- 적의 병참선을 위험에 빠뜨리고, 적이 패배했을 경우에 달아날 퇴로를 위태롭게 하는 것이다.
- 우유부단의 결과로 적의 사령부가 아무것도 행할 수 없게 만들거나, 혹은 행동을 하기에는 시기적으로 너무 늦을 때까지 기다리게 만드는 것이다.
- 적의 작전 선택을 배제하기 위해서 군대를 사용하고, 그리하여 궁극적으로는 적이 우리들의 기동에 대응하지 못하도록 하는 것이다.

작전술은 적을 어리둥절하게 하고 잘못 판단하게 하며 그리고 적을 기습하려는 의도를 지닌 기동과 협력하여 간접적 접근하는 것과 관계가 있다.

대전술의 술(Art)은 전쟁의 원칙들을 문제해결에 적용하는 데 있으며, 필요할 때는 모험을 묵살하여 버리는 데 있고, 환경에 의하여 정당화될 수 있는 모험을 하는 데 있다.

- 전투를 시작하기에 제일 좋은 상황에 부대들을 배치해야 한다.
- 이러한 배치를 통하여 전술적인 국면을 도와야 한다.
- 적부대의 파괴를 통하여 전술적 성공을 승리로 전환 시켜야 한다.

전술은 일반적으로 전장의 상황에 제한받으며, 다음과 같은 특징들을 지닌다.

- 전투에서의 부대 지휘통솔력
- 화력과 기동을 합하기 위한 배치
- 화력 효과를 내기 위한 진지 변환
- 지속적 부대운용

제3절 국가방위(國家防衛)

1. 국가방위의 의의

가. 개념

국가(國家)의 정의는 공법, 사회, 정치 등 학자마다 다양하여도 정리하면, 국가(國家)란 일정한 지역을 기초로 성립된, 통치권을 보유하는 최고의 독립단체, 국가는 지배·복종 관계를 포함하는 강제 조직체, 사회질서와 복지증진을 위한 공공적 존재이며, 대립 관계를 조정하는 권력 단체로 국가의 구성요소는 국민, 영토, 주권이며, 국가의 기능은 '국민 보호기능(1차 기능)', 공공복지 증진기능(2차 기능)이라며 학자(공법. 사회. 정치학자)마다 다양한 정의를 하고 있다.

국가방위는, 국가가 국민과 국제적으로 인정된 자국의 영역인 영토, 영해, 영공을 외부 또는 내부에서 발생하는 위협으로부터 사전 예방하고 지키며, 상황에 따라 이들의 보존과 안정을 위하여 국가가 지닌 모든 권력과 수단을 동원하는 행위 및 제도를 말한다.

나. 고전적 의미

국가조직은 과거 왕(전제군주)이 다스리던 시대를 의미하며, 국가조직은 신(神)이고 충성(忠誠)의 대상이다. 따라서 맹목적으로 복종해야 하던 시대로 충신(忠臣)은 몸과 마음을 바치던 시대이고 죽음으로 헌신하던 시대로써. 왕 스스로가 바로 국가조직이다.

다. 현대적 의미

국가조직은 이른바 자본주의 도입에 따른 결과로써, 자본주의란 시장에서 서로가 개인이 소유물이나 돈을 가지고 거래하는 성격으로 국가조직은 바로 국민이 돈을 냈으니 그에 맞는 안전과 평화를 지키라는 것이다.

라. 국가방위와 위협의 변화

군사적 위협 이외에 자연환경의 급격한 변화로 폭우·폭설·해일·지진·전염병·대형사고 와 산업재해 등 초국가적, 비군사적 분야까지도 국가안보에 직·간접적인 영향을 주고 있다.

2. 국가방위 본질

가. 국가안보

국가안보는 국가의 이념과 국가목표를 저해하는 위협으로부터 국가목표를 달성하기 위하여 국가의 모든 역량과 제 수단을 종합적으로 운용함으로써 기존의 위협을 효과적으로 배제하고 또한 일어날 수 있는 위협의 발생을 사전에 방지하며 나아가 불시의 사태에 적절히 대처하는 것으로, 나아가 발생한 불시의 사태에 적절히 대처하는 것을 말하며 이를 위하여 국가통수기구, 국가안전보장회의 등의 기구를 보유하고 있다.

나. 국가이익과 이념 보존

국가이익(**國家利益**)은 국민적 행동을 통해서 실현하고자 하는 본질적인 이익으로써 모든 국가정책에서 최우선으로 고려되어야 할 가치이다. 또한 헌법에 반영된 기본정신에 따라 어떠한 상황에서 최우선으로 추구해야 할 기본적인 가치로써 국가방위의 기초가 된다. 이는 개인이나 집단이 실현되기를 바라는 최상의 목표를 어느 정도 구체화 및 체계화하여 일관성 있는 관념의 형태로 명시된 것으로 헌법에 명시된 국가이익은 독립 국가로서의 생존, 자유민주주의체제 유지, 국가발전과 번영도모, 통일국가 건설, 그리고 인류공영에 이바지하는 것이다.

헌법에 명시된 국가이익

- 독립 국가로서의 생존
- 자유민주주의체제 유지
- 통일국가 건설
- 국가발전과 번영도모
- 세계평화 및 인류공영에 기여

다. 국가방위요소

국가방위요소는 통합 방위작전의 수행에 필요한 군·경찰청(해양경찰) 및 그 소속기관, 국가기관과 지방자치단체, 향토예비군, 민방위대, 통합방위협의회를 두는 직장 등의 방위 전력 또는 지원 요소를 말하며 국가방위요소에는 통합방위작전의 수행에 필요한 방위전력 과 지원 요소(① 국군조직법에 따른 국군, ② 국민안전처·경찰청 및 그 소속기관과 자치경찰기구, ③ 국가기관과 지방자치단체, ④ 향토예비군, ⑤ 민방위대, ⑥ 통합방위협의회를 두는 직장 등)를 말한다.

3. 통합방위(統合防衛)

통합방위는 적의 침투·도발이나 그 위협(국가적·비군사적 위협)에 있어서 국가방위요소를 통합하고 지휘체계를 일원화하여 국가를 방위하는 것을 말한다.

가. 통합방위체제

대한민국 정부는 1995년 지방자치제도 시행에 따라 향토방위에 대한 지방자치단체장의 역할과 기능을 확대하는 방향으로 통합방위체제를 발전시켜 왔다. 통합방위체제는 통합방위본부를 중심으로 중앙통합방위협의회, 지역통합 방위협의회, 통합방위지원본부, 기타 지역 군사령관, 지방경찰청, 국가중요시설(적에 의해 점령, 파괴, 기능 마비시 국가안보 및 국민 생활에 심대한 영향을 미치는 시설로 공공기관·공항·항만·군 관련 교통시설 등을 지칭) 등의 국가방위요소로 구성된다.

통합방위본부는 통합방위업무의 주관 기구이며 통합방위본부장은 합동참모의 장이다. 통합방위본부는 통합방위 정책의 수립·조정, 통합방위 태세의 확인·감독, 통합방위작전 상황 종합 분석 및 대비책 수립, 통합방위작전·훈련계획 수립과 시행의 조정·통제, 통합방위 관계 기관의 업무 협조 및 사업 집행사항의 협의·조정 기능 등을 수행한다.

통합방위지원본부는 광역시·도, 시·군·구, 읍·면·동에 두고 있다. 통합방위지원본부는 지방자치단체장 중심의 통합방위 조례와 예규 작성, 통합방위 작전 및 훈련의 지원 계획 수립·시행, 통합방위종합상황실의 설치·운영, 군·경찰·예비군·지방자치단체·

민방위대 등 국가방위 요소의 육성 및 지원, 통합방위 취약 지역에 대한 주민신고체제 확립 등의 기능을 수행한다.

중앙통합방위협의회는 국무총리실 산하에 설치된 통합방위 관련 최고 의결기구로서 국가 차원의 통합방위 정책, 통합방위 작전 · 훈련 지침, 통합방위사태의 선포 또는 해제 등을 심의하고 의결한다.

나. 통합방위사태(統合防衛事態)

통합방위지침(대통령훈령 398호)을 근거로 평시 적 침투 및 도발이나 그 위협에 대응하여 행정기관에서 선포하는 대비 태세로서 아래와 같이 병종사태, 을종사태, 갑종사태로 구분된다. 광역시·도에서는 을종 및 병종사태만을 선포할 수 있다.

- 갑종사태 : 대규모의 적의 침투·도발로 인한 비상사태로써 통합방위본부장(합동참모의장) 또는 지역 군사령관의 지휘. 통제하에 통합방위 작전을 수행하여야 할 사태
- 을종사태 : 일부 또는 여러 지역에서 적이 침투·도발하여 단기간 내에 치안이 회복되기 어려워 지역 군사령관의 지휘·통제 하에 통합방위 작전을 수행해야 할 사태
- 병종사태 : 적의 침투·위협이 예상되거나 소규모 적이 침투하였을 때 지방경찰청장, 지역 군사령관 또는 함대사령관의 지휘·통제 하에 통합방위 작전을 수행하여 단기간 내에 치안이 회복될 수 있는 사태

1960년대에 빈번하게 발생했던 북한의 침투 및 도발에 효과적으로 대처하기 위해 1967년 12월 대통령훈령인「간첩봉쇄대책」을 제정하였고, 1995년 1월 이를 「통합방위지침」으로 수정하였다. 1996년 10월 강릉 잠수함 침투 사건을 계기로 통합방위 작전과 지원 사항 등에 대한 법적 근거가 필요하여 1997년 1월 통합방위법」을 제정하였고, 이후 작전환경의 변화를 반영하여 10여 차례 이상 통합방위 관련 법규를 정비함.

다. 충무사태(忠武事態)

전시 또는 이에 준하는 국가 비상사태에 능동적으로 대처하기 위한 비상사태, 상황은 통상 군의 데프콘(DEFCON) 사태에 준하며, 선포절차는 국방부장관의 제안으로 국무회의

의 심의를 거쳐 대통령이 선포한다.

> **충무사태의 구분**
>
> •충무4종 사태 : 현재의 전투준비태세 에 준하는 상황에 해당하는 평시경계태세
>
> •충무3종 사태 : 전쟁 위협이 상당히 증가된 상황, 군사적 개입 가능성이 있는 상황, 충무계획의 시행 준비단계
>
> •충무2종 사태 : 전쟁위협이 가일층 농후한 상황이며 적의 공격준비강화 등 긴장 상태가 고조됨에 따라 군 방어준비태세 데프콘-Ⅱ가 발령된 상황, 충무계획의 일부 시행단계
>
> •충무1종 사태 : 전쟁 직전의 긴박한 상황, 군사적으로 중대한 적대행위 징후가 조성됨으로써 전쟁 발발 가능성이 있는 상황, 충무계획의 시행단계. 데프콘-Ⅰ에 해당.
>
> – 국방부장관의 제안으로 국무회의 심의회를 거쳐 대통령이 발령한다.

라. 경계태세(警戒態勢)

적 침투 예상 및 침투상황 발생 시에 제 작전 요소가 취할 출동 준비 및 전투준비태세

> **경계 태세의 구분**
>
> •진돗개 "셋"(Ⅲ급) : 평상시 경계 태세 및 출동 준비 태세 유지
>
> •진돗개 "둘"(Ⅱ급) : 평상시보다 강화된 경계 태세 및 출동 준비 태세 유지.
> 침투·국지도발 위협 등 위기 상황 발생 예견 시(징후포착 시)
>
> •진돗개 "하나"(Ⅰ급) : 최고 수준의 경계태세를 유지하고 국지도발대비 계획 시행.
> 침투·국지도발 위협 등 중요한 위기 상황 발생 예견 시 (징후포착 시).
> 침투·국지도발 상황 발생시.

마. 향토방위 작전 태세

향토방위 작전은 예비군을 동원하여 책임 지역을 방어하는 민·관·군·경 통합작전이다. 이를 통해 침투한 무장 공비와 특수작전부대를 소탕하며, 무장 소요 발생 시 이를 진압하고, 중요 시설과 병참선을 방호함으로써 후방지역 안정을 유지한다.

제4절 비상사태 및 위기관리

1. 국가 비상사태(State of National Emergency)

전시, 사변 또는 이에 준하는 국가 안전보장상 중대한 위협에 처하여 국가 존립에 영향을 미칠 정도로 치안이 문란해지든가 또는 그러한 위험이 있는 상태를 말한다.

가. 국가안전보장의 위협

국가안전보장의 위협이란 외부로부터의 군사적 비군사적 침략, 즉 전쟁돌입, 대규모 무장게릴라 침투, 태업, 심리전 공세 등의 직접 및 간접침략 과 천재지변, 방사능낙진 또는 우발적 대규모 사고(폭발·공해) 등 자연 및 인위적인 재난으로 국가가 내정, 외교, 국방, 경제 및 재정상의 중대한 위기에 처함을 의미한다.

국가가 처한 중대한 위협 하에서 국민의 재산과 생명을 보장하고, 사회의 안녕질서를 회복하기 위하여 대통령은 국가안전보장회의의 자문과 국무회의의 심의를 거쳐 국가비상사태를 선포할 수 있다.

국가비상사태는 행정조직에 관한 법률 적용면에서 혹은 사태의 긴박성에 따라 2개 단계로 구분할 수 있다. 제1단계 사태 하에서는 평시조직에 관한 법률을 적용하고, 제2단계 사태하에서 전시조직에 관한 법률을 적용, 비상사태에 대처한다. 또한 충무계획 실효시 1·2·3종 사태로, 대비정규전 수행 시 갑 · 을 · 병종사태로 구분된다.

국가비상사태는 사태 발생의 요인과 위협정도 또는 효율적인 대처 방법 등에 따라 계엄사태, 민방위사태, 대통령 긴급조치사태 등으로 분류될 수 있으며, 특히 계엄사태와 같은 국방상의 목적이 있을 때는 전국 또는 일정 지역을 정하여 인적, 물적자원을 효율적으로 동원하거나 통제 운영하기 위한 동원령이 선포된다.

나. 계엄 사태

계엄 사태는 국가비상사태하에서, 병력으로 사실상의 필요 또는 공공의 안녕질서 유지상 전국 또는 일부 지방을 경비할 필요가 있을 때 경비에 필요한 지역을 구획하여 계엄령이 선포되는 사태이며, 이 경우 입법, 행정 및 사법 업무의 전부 혹은 일부가 군 기관에 이양된다. 계엄은 사회질서 교란의 심각 정도에 따라 비상계엄과 경비계엄으로 나뉘고, 비상계엄이 선포된 때에는 법률이 정하는 바에 의하여 영장제도, 언론, 출판, 집회, 결사의 자유 등 정부나 법원의 권한에 관하여 특별 조치를 할 수 있다.

다. 민방위사태

민방위사태는 국가 비상사태 하에 정부의 지도로 주민이 수행하여야 할 방공, 응급적 방재, 구조, 복구 및 군사 작전상 필요한 노력 지원 등 비군사적인 자위 활동이 요구되는 사태이다. 민방위사태가 발생 되면 국무총리가 중앙민방위협의회 위원장이 되어 이 사태를 수습한다.

라. 긴급조치 사태

긴급조치 사태는 국가 비상사태하에서 효율적인 치안유지를 위하여 가해지는 대통령의 조치로써 경제에 관한 규제, 특정 지역의 입주(주민 이동, 소개 등), 옥외집회 및 시위, 단체교섭권 등 헌법에 규정되어 있는 국민의 권리를 잠정적으로 정지하거나 제한하는 사태이다.

2. 위기관리(Crisis Management)

국내 또는 국제적 위기의 발생을 예방하고, 위기가 발생했을 경우 그 위기 상황을 계속 통제하면서 야기될 수 있는 피해의 범위를 최소화하고, 전쟁으로의 확대를 방지하며 평화적으로 문제를 해결하기 위해서 구축해놓은 제도적 장치 및 절차를 말한다.

가. 위기(Crisis)의 정의

어떤 사건의 과정에서 결정적인 "시기 혹은 상황", "전환점", "불안한 상태", "갑작스런 변화", "저항의 긴장 상태",(American Heritage Dictionary of the English Language)를

말한다. 그리스어 Krienin(분리한다는 뜻)에 어원을 둔 의학용어로서 환자의 상태가 좋아지거나 악화되는 전환점(the turning point for better or worse)을 의미하며 일반적으로 환자의 고열이 떨어져 정상적인 체온으로 돌아와 심한 통증이 줄어들면서 갑자기 좋아지는 전환점을 의미하고 있다. 일어난 상황, 주어진 상태와 환경에서 피할 수 없는 의사 선택 과정이다.

나. 국제 위기(International Crisis)

국제 위기는 일반적으로 "의사결정 단위의 최우선목표가 위협을 받고 있고(High Threat), 반응을 취하는데 소요하는 상황(Surprise)"이라고 허만(Charles Herman)은 정의하고 있으며, 한편 스나이더(Glenn H. Snyder)는 "전쟁에까지는 미치지 않으나, 전쟁 위기일발의 정황을 포함한 심한 갈등 속에서 2개 혹은 그 이상의 주권국가 정부 간에 발생하는 일련의 상호작용"(a Sequence of Interaction)이라고 정의하고 있다. 또한 모어스(Edward L. Morse)는 "국제 위기를 비교적 짧은 시간에 1개 이상 국가가 정책선택을 해야만 할 상황의 돌연 발생(예기했든 안 했든 간에), 상호 양립할 수는 없지만 고도의 가치를 지닌 목표에 대하여 선택이 요구되는 상황의 돌연 발생"이라고 정의하고 있다. 따라서 위기란 사활적 국가이익의 위협을 받고, 정책 결정에 주어진 시간이 매우 촉박하며 정책 대안이 매우 제한적인 상황으로 정의할 수 있다.

한편 슈왈츠가 편집한 "전략용어집"에서는 "국제 위기를 컨트롤하고 가능한 적은 손실로 해결하기 위해 위기를 처리하는 조치"라고 정의하고 있는데 1962년 쿠바 미사일 위기 이래 구미에서는 위기에 대한 사례연구와 위기관리 연구가 활발히 연구되고 있지만 위기에 대한 정의에 관해서 학자들 간에 의견의 일치를 보지 못하고 있다. 위기에 대한 정의와 개념이 중요시되는 이유는 어떠한 사태를 놓고 이것을 위기라고 보느냐의 여부와 그에 대처하는 대안을 놓고 의사결정자들 내부에서 심한 가치 갈등을 느끼기 때문이다.

3. 침략(직접 · 간접)(Aggression, Invasion)

일국이 타국의 주권, 영역, 정치적 독립 등을 직접적 또는 간접적 수단에 의해서 침해하려는 행위 또는 그러한 상태를 말한다. 직접침략이란 무력을 직접 행사하는 침략을 말하며 간접침략은 교사(教唆), 지도, 지원 또는 간섭으로 대규모의 내란, 소요를 일으키는 침략을 말한다. 아직도 간접침략에 관해서는 무력을 직접 사용하지 않고 행해지는 외부로부터의 모든 침략을 말하는 경우가 있다.

가. 침략에 대한 다양한 정의

침략을 정의하는 방법에는 군사적 또는 사실적 정의와 법률적 또는 규범적 정의의 두 가지 방법이 있다. 군사적 또는 사실적 정의란 일정한 군사상의 사실적 행위를 가지고 침략이라고 하며, 이를테면 군사력을 가지고 타국의 영토에 침입(invation)하거나 공격(Attack)하는 것을 말한다. 보다 구체적으로 이야기하면 국제정치학에서는 "침략이란 하등의 도발을 받지 않고 또한 하등의 정당한 면책 이유, 예컨대 자위조치, 제재 행위도 아니면서 타국에 대해서 무력 공격을 가하는 것"이라고 정의하고 있다. 이 정의에 있어서 침략이란 무력이나 군사력의 선제공격이며 유책(有責) 행동이라는 것을 의미하고 있다.

한편, 국제법적으로는 "일반적으로 침략이란 일국이 타국에 대한 요구를 관철하기 위해서 무력 행사의 이니시어티브를 취함으로써 사태의 변경을 시도하는 것"으로 되어 있다. 이러한 의미에 있어서 침략이란, ① 무력의 사용, ② 무력의 선제, ③힘으로 사태변경의 목적을 달성하려는 세 가지 구성요건으로 되어 있다.

법률적 또는 규범적 정의란 법률상의 규범 위반 경우에 침략이라고 하며, 예를 들면, 분쟁 발생 경우 평화적인 해결 절차에 따라야 할 규범 의무가 있음에도 불구하고 이를 거절하는 것, 국제기관의 재정(裁定)에 복종할 규범 의무를 태만하고 이를 거절하는 것, 전쟁이나 무력 충돌 발생이 우려될 때 이를 예방하기 위해 국제 조치에 복종해야 할 규범 의무가 있음에도 이에 복종하지 않는 것 등이다.

나. UN에서의 침략의 정의

UN헌장을 심의할 적에 침략의 정의가 문제 되었으나 이렇다 할 내용이 규정되지 않았다. 그러나 1950년 구소련이 침략의 정의에 관하여 제의하여 국제법위원회, 특별위원회, 총회 제6위원회에서 심의를 하였으나 1957년까지 아무런 결론에 이르지 못하고 중단되었고, 제22회 UN총회는 또 러시아의 제안으로 1967년 12월 18일 '침략의 정의 문제 특별위원회'의 설치를 결의하였다. 이 특별위원회는 35개국으로 구성되었으며 매년 심의를 거듭하여 '침략의 정의'안을 작성하였다. 이 안을 기초로 하여 UN 총회 본회의는 1974년 12월 14일 표결 없이 총의 로 '침략의 정의'를 채택하였다.

제1조 침략이란 일국에 의한 타국의 주권, 영토보전 또는 정치적 독립에 대해 무력 행사나 UN의 목적에 위배 되는 기타 방법으로 무력을 행사하는 것을 말한다.

제2조 특정 국가가 UN헌장을 위반하고 무력을 선제 행사하는 것을 침략행위의 주된 증거가 된다. 유엔 안전보장이사회는 UN헌장과 기타 관련 사항에 비추어서 이미 침략이 이루어졌다는 사실에 대해 이를 정당하지 않다고 결론 내릴 수 있다.

① 일국의 군대에 의한 타국영토의 침입 또는 공격, 또는 일시적인 것이라 하더라도 그러한 침입 또는 공격의 결과로서 생긴 군사점령 또는 무력의 행사에 의한 타국 영토의 전부 또는 일부의 병합

② 일국의 군대에 의한 타국 영토에 대한 포(砲), 폭격 또는 일국에 의한 타국 영토에 대한 무기의 사용

③ 일국의 군대에 의한 타국의 항구 또는 연안의 봉쇄

④ 일국의 군대에 의한 타국의 육군, 해군, 공군 또는 선박 및 항공기에 대한 공격

⑤ 수입국과의 합의에 따라서 그 국가의 영토 내에 주둔하는 군대를 당해 합의에서 정해진 조건을 위배해서 사용하거나, 또는 당해합의가 종료된 뒤에도 당해 군대를 그 영토 내에 지속적 으로 주둔시키는 것.

⑥ 타 국가에 사용토록 제공한 영토를 당해지(當該地)의 국가가 제삼국에 대한 침략행위를 하기 위해서 사용할 것을 허용하는 국가의 행위

⑦ 상기한 여러 행위에 상당하는 중대성을 지닌 무력적 여러 행위를 타국에 대해서 행하는 무장단체, 집단, 비정규군 또는 용병을 국가에 의해서 또는 국가를 위해서 파견하거나 그러한 행위에 국가가 실질적으로 관여하는 것.

제3조, 제2조의 규정에 따라 선전포고 유무와 관계없이 다음 행위를 침략행위라고 할 수 있다. 상술한 7개 항목 중 ⑤, ⑥ 항은 정치적 행위로서 규범적 정의라고 할 수 있다. ①, ②, ③, ④항은 일국의 군대 군사력행사의 제 형태로서 군사적, 사실적 정의라고 할 수 있다. ⑦항은 국가의 비군사적 군대의 파견 또는 관여 행위이다.

제4조 정치적, 경제적, 군사적 또는 기타 어떠한 성질의 사유도 침략을 정당화할 수 없다. 침략전쟁은 국제평화에 대한 적이다. 침략은 국제책임을 발생시킨다. 침략의 결과로서 영토의 취득 또는 특수이익은 합법적이지 않고 또한 합법적인 것으로 승인받아서도 안 된다.

제2차세계대전 후 러시아의 지도. 지원. 간섭하여 동구 제국이 공산화되고 그리스 등을 비롯한 여러 나라에서 내란, 소요가 빈발하게 되자 간접침략에 관심이 높아졌으나 단순히 침략이라고 하는 경우, 그것은 분명히 직접침략과 간접침략을 모두 포함하는 개념을 나타내는 것으로 되었다. 그러나 (2)항에서 언급한 것처럼, 조약법상의 효력은 없지만 '총회의 총의'로 표결 없이 채택된 "침략의 정의" 중 간접침략에 관해서는 제3조 ⑦항의 무력 공격으로 한정하고 기타 여러 가지의 간접침략이나 경제적, 사상적 침략은 규정하고 있지 않다. 물론, 간접침략이 여하한 형태를 취하며 또한 어떠한 양상을 띠는지 국제법상 통일된 정의나 정설은 없지만 과거 UN에서 취급된 '침략의 정의' 중 간접침략에 관한 정의로서 아래와 같은 것이 제안된 바 있다.

- 1952~53년 동안에 UN에서 결론적인 합의에는 이르지 못하였으나 심의되었던 간접침략행위에 관한 제안에는,

① 타국의 내부 변혁, 침략자를 유리하게 만드는 정책변환의 강요
② 내부 유발을 목적으로 하는 선전
③ 내란발발에 대한 지원
④ 제5열의 파견(내부 분열, 사상적 침투)
⑤ 특정자 또는 특정 집단에 대한 물, 재정적 지원
⑥ 파괴행위의 장려
⑦ 분쟁의 평화적 해결 거부 등이 제의되었었다.

- 1956년 UN의 "침략의 정의에 관한 특별위원회"에 제출된 러시아의'간접침략'에 관한 정의 안에는,

① 타 국가에 대한 전복활동을 장려하는 것(테러리즘, 교란 공작 및 기타)
② 타국 내부에 있어서 내란의 격화를 조장하는 것
③ 타국 내부에 반란을 일으키거나 침략자에게 유리하도록 정책변경을 촉진하는 것

제5절 안전보장

1. 국가 안전보장(National Security)과 국방(National Defense)

가. 국가 안전보장(National Security)

국가안전보장이란, 국내외의 각종 군사, 비군사적 위협으로부터 국가목표를 달성하기 위하여 정치, 외교, 경제, 사회, 문화, 군사, 과학기술 등의 제 수단을 종합적으로 운용함으로써 기존의 위협을 효과적으로 배제하고 또한 일어날 수 있는 위협의 발생을 미연에 방지하며 나아가 불시의 사태에 적절히 대처하는 것을 말하며 안보(安保, security)라는 용어는 라틴어의 'securitas'에서 유래하였다. 'se'는 '어떤 상태에서 벗어나거나 자유롭게 된다.'는 뜻이고, 'curitas'는 '근심, 걱정, 불안'의 의미이므로 어원에 기초한 안보의 의미는 '위협이나 근심이 없는 상태'이다.[20]

나. 국 방

국방은 국가방위의 줄임말로 좁게는 국토방위를 뜻하며, 넓게는 국토뿐만 아니라 국민, 주권, 그리고 국가체제를 수호하는 것을 의미하며 원래는 외부의 직접적 위협으로부터 국가의 안전을 확보하는 것을 의미했으나, 간접침략 등에 의한 우회적인 책동이나 분란 및 소요사태도 국가의 안전을 위태롭게 할 수 있다는 인식이 확산되면서 대내적 안전의 확보도 국가안보의 주요 영역으로 포함되게 되었다. 흔히 안전보장 대신 줄임말로 안보라고 불리는데, 안전보장(Security)이라는 말의 사전적 의미는 위험이라든가 위기 그리고 침해 및 침략으로부터 안위를 지킴으로써 공포, 걱정, 불안함이 없도록 하는 것을 뜻한다. 어원적으로 보면, 영어의 security는 라틴어의 securitas(se = free from, 즉~로부터의 자유 + curity = care , 즉 불안, 걱정)에서 유래하였다고 한다. 안전보장은 안전이라는 상태개념과 보장이라는 행위개념으로 이루어졌기 때문에, 보장되지 않은 안전은 진정한 안전이 아님을 강조하는 의미에서 안전보장이라는 표현을 쓴다고 할 수 있다.

국가 안전보장의 논리는 "어느 곳의 무엇으로부터" 국가의 "무엇을", "언제", "어떠한 것을 가지고", "어떻게" 지키는가! 라고 하는 5요소로 전개된다.

---

20) 김준서 역, 『신 안전보장론』, (서울, 국방대학교 안보문제연구소, 2004), PP. 16-60.

첫째, "어느 곳의 무엇으로부터" 국가를 지킨다고 하는 것은, 위협이 기인하는 근원이나 장소와 위협의 실체를 인식하는 것으로서 국내적, 국지적, 주변 지역적, 세계적 범역으로부터 기인하는 군사, 비 군사에 걸친 각종 각양의 위협의 실체를 파악하는 것이다. 아울러 위협의 공간적 종류 외에 위협의 성격에 따라 정치, 사회, 경제, 군사 및 기타 등으로 나누어 볼 수 있다.

둘째, "무엇을 지키는 가"라고 하는 것은, 지켜야 할 가치, 이익을 정의하는 것으로서 국가의 주요 구성요소들, 즉 국가의 존립과 정통성, 국토(영토, 영해, 영공), 정치적 독립, 그리고 국민의 생명, 자유, 재산 등을 보전함과 동시에 증진 및 향상시켜 나가는 것을 의미한다.

셋째, "언제 지키는 가"라고 하는 것은 위협의 발생 시기를 인식하는 것으로써, 위협은 잠재적인 것일 수도 있고, 현존하거나 혹은 불시에 발생할 수도 있기 때문에 위협의 시간 상태에 따라 대응상태도 달라질 수밖에 없다.

넷째, "어떠한 것을 가지고" 지키는가 라고 하는 것은, 국가안보를 위해 동원되는 수단과 관련이 있다. 위협의 종류와 양태에 따라 효과적인 국가안보를 위해서는 정치적 수단, 경제적 수단, 정신·심리적 수단, 군사적 수단 등을 구별하여 사용해야 한다.

다섯째, "어떻게" 지키는가! 라고 하는 것은, 안보에 대한 접근 방법과 연관이 있는 것으로 독자적이나, 집단적으로 주로 구분될 수 있다. 예를 들면, 개별적 안전보장, 집단적 안전보장, 비동맹, 혹은 중립에 의한 안전보장 등을 생각할 수 있다.

국가안전보장이라는 표현은, 1947년 미국의 국가안전보장법(National Security Council)에는 군 및 정부 관계자들이 국가의 안전보장에 관련되는 사항을 보다 더 효과적으로 운용할 수 있도록 국내정치, 외교 및 군사정책을 종합적으로 대통령에게 조언하는 것을 임무로 하고 있다. 여기에서도 국가안보의 개념은 정치, 외교, 사회, 문화, 경제, 군사, 과학기술 등의 국가정책체계의 전 분야에 걸치는 종합적인 성격을 가진다는 것을 확인할 수 있다. 이점에서 광의의 국방보다도 더 광범위한 내용을 지닌다. 즉, 국방이 주로 무력침략에 대한 종합 방위를 그 대상으로 하고 있는데 반하여 국가안전보장은 무력침략의 안전을 확보하려는 점에서 광의의 국방과는 다르다. 따라서 첫째로 전시와 평시의 구별이 없으며, 둘째로 기존의 위협을 효과적으로 배제하고 또한 일어날 수 있는 위협의 발생을 미연에 방지하며, 나아가 발생한 불시의 사태에 적절히 대처하기 위한 정치 및 민생 안정, 외교노력, 군축, 군비관리, 대외원조 등을 제 조치로 시행한다.

한편, 국방은 협의의 개념과 광의의 개념으로 구별된다. 즉, 협의의 국방은 영토, 영해, 영공에 대한 외부의 침입을 방지하고 격퇴하는 것을 의미하는 반면, 광의의 국방은 군사뿐만 아니라 정치, 사회, 문화, 경제, 과학기술 등 국가의 모든 총력을 동원하여 외부의 무력적 침략으로부터 국가의 제 구성요소 모두를 지키는 것을 뜻한다.

2. 군사력(Military Power)

가. 군사력

국가안전보장을 위한 직접적이고 실질적이며, 국력의 일부로서 군사작전을 수행할 수 있는 군사적인 능력과 역량을 말한다.

군사력은 전·평시를 막론하고 국가안전보장을 위한 직접적이며 실질적인 물리적 수단으로 적을 가장 실효성 있게 강제작용을 하는 힘이며, 적을 굴복시키거나 침략을 억제하여 적을 무력화 또는 격멸 및 포획하는 힘이다. 이 힘은 국력의 일부로서 국가이익의 국제적인 충돌을 해결하는 수단이며 국가가 지향하는 정치적 목적을 달성하기 위한 직접적인 물리적 수단으로 작용한다. 즉, 국가의 외교정책과 대외적인 경제정책 그리고 선전(宣傳) 정책과 국위선양 등의 모든 배경에는 군사력이 절대적으로 작용케 되는 것이며, 군사력이 약한 국가는 대외적 위상을 충분히 갖지 못한다.

군사력은 국제 정치의 궁극적인 제재수단인 동시에 비군사적 수단의 효용을 높여주는 배경이기도 하다. 군사력 사용을 통한 위협 못지않게 군사력을 배경으로 한 비군사적 수단에 의한 압력도 유효하다. 이러한 수단에는 경제력, 정치력 및 외교력, 사상력 등이 있으며 군사력은 이들 제반 힘(전력)과 공존하는 가운데 총력전 수행의 물리적 수단으로 군사작전을 수행할 수 있는 능력과 역량을 말한다.

(1) 군사력의 구성요소

현대 전력의 구체적 내용을 각 활동상태의 주요부문별로 분류·파악한다면 상술한 바와 같이 “군사 활동에 있어서의 군사력”, “외교를 포함하는 정치활동에 있어서의 정치력”, “전(全)정신활동을 의미하는 사상활동에 있어서의 사상력” 그리고 “경제활동에 있어서의 경제력" 등이 있다. 총력전력의 한 부분인 군사력은 "동원된 군사력"과 "잠재적 군사력"으로 대별한다.

총력전을 구성하고 있는 하나의 부문전력인 무력은 좁은 의미의 군사력으로서 "국가의지를 구현하기 위한 비상수단으로 조직한 전투력"이라고 정의되고 있다. 또한 무력은 총력전의 진행과정에서 적 전력의 직접적인 파괴수단이다.

따라서 한 국가의 무력형성은 전쟁에 임박해서가 아니라 전쟁 전에 이루어짐으로써 국가의 상비적인 직접전력으로 유지된다. 이 무력을 "동원된 군사력"이라고 한다.

그리고 현대전에 있어서의 승리는 적 전력의 직접적인 파괴수단인 무력 이외의 수많은 요소가 직·간접으로 적절한 시기와 장소에서 적에게 가해짐으로써 이루어진다. 이와 같은 의미에서 무장군 자체를 제외한 군사력에 관련되는 모든 요소를 종합하여 "잠재적 군사력"이라고 한다.

(2) 군사력의 기반

일국의 군사력이 그 국력을 기반으로 하고 있는 것은 말할 것도 없다. 군사력의 기반은 국가가 보유하는 국력의 기반적 제요소 가운데 군사력 조성 및 군사행동을 위해 직접적으로 기여할 수 있는 능력과 국가방위를 유효하게 기능케 하는 국내적 환경을 말한다. 여기에서 말하는 국력의 기초적 제요소가 모두 그대로 군사력의 기반이 되는 것이 아니라, 군사력의 조성 및 군사행동을 위해 필요한 제 요소가 선택되고, 계획적으로 시책이 가해지고 합목적적으로 갖추어졌을 때 이를 군사력의 기반이라고 하는 것이다.

군사력의 기반은 정치적, 경제적, 인적 및 정신적 기반에 의해 성립되고, 이 기반 위에 집약적으로 조성된 것이 군사력이다. 따라서 군사력은 군사력기반의 구체화, 현재화인 것이다. 결국 군사력의 기반은 군사력조성의 잠재적 역량인 것이며, 이에 더하여 국가방위를 유효하게 기능시킬 정비된 국내적 환경을 군사력의 기반이라고 부를 수 있다.

(3) 군사력의 조성 (건설 · 정비 · 유지 · 관리)

군사력은 상술한 군사력기반에 의해서 형성되며, 그 정책적 방침은 국가안전 보장정책을 근거로 한 군사정책에서 구체화되고, 그 군사력 형성을 위한 실질적인 정책수행은 군사력의 건설·정비·유지 및 관리의 기능으로 세분된다.

군사력의 건설은 새로운 군비를 말한다. 현대에 있어서의 군비의 경향은 그 템포가 빨리 진보되고 있어 군비는 부단히 개선되고 새로운 건설을 하지 않으면 안 된다. 개선이라는 용어 속에는 신규라는 의미가 포함된 개념으로 기마대의 마필을 장갑차로 대체한 것은 개선이며 새로운 군비이기도 하다. 사단의 증설 · 함대의 건조와 인원의 증가뿐만 아니라 무엇인가 개선하는 한 그것은 신군비의 건설이다. 전략전술의 연구와 과학기술의 개발은 새로운 군비를 요구하며 군사력의 건설이라고도 한다, 이 건설된 군사력을 정비하고 유지·관리함으로써 군사력이 형성된다.

즉, 군사력의 건설 · 정비 · 유지 · 관리부분을 "군사력의 조성"이라고 하고, 이 군사력을 사용(용병)하는 기능을 "군사력의 운용"이라 하여 군사기능의 전 활동면을 군사력의 조성과 운용면으로 대별하기도 한다. 또한 군사력의 조성면을 군정(軍政:군사정책)기능으로, 운용면을 군령(軍令: 군사전략)기능으로 분류할 수도 있다.

군사력의 조성분야인 군사력의 건설·정비·유지 및 관리라고 하는 것은 군사력의 운용기능(군령 · 군사전략)에서 제기된 군사력의 소요를 기초로 하여 가능한 군사적 능력을 조성하고 군사력 운용의 현실적 기반을 제공하는 제 기능의 요소들이다.

나. 군사 잠재력(Military Potential)

군사력 기반의 하나로서, 무력을 건설·유지하는데 필요한 가용한 국가자원이다.

크라우스 노어는 그의 저서 「군사력과 군사잠재력」(1969)에서, 군사잠재력은 한 국가가 위기나 전쟁에 처했을 때 군대를 증강시킬 수 있는 능력을 뜻하며, 군대의 규모, 장비 및 능력 범위와 관련된다고 말했다. 또한 한 국가가 평시 또는 전시에 군대를 창설하고 확장할 때는 언제나 군사잠재력을 동원해야 하며, 그 개념은 투입·산출의 관계와 같이 가용하고 적합한 군사잠재력을 투입함으로써 적정 군사력을 산출하게 되는 것이라고 하였다.

그는 군사력이 힘의 수단으로써 영향을 미치기 이전에 존재하는 추정적 군사력(Putative Power)으로 대별하고 군사잠재력은 이 양자에 공히 관계된다고 했다.

군사잠재력은, ① 경제 · 과학 기술적 역량(Economic and Technological Capacity), ② 행

정 기술(Administrative Skill), ③ 군사력의 정치적 기반(Political Foundation of Military Power)의 3대 요소로 구성되나, 실제적으로는 경제적 군사잠재력, 즉 군사잠재력으로서의 경제·과학 기술적 역량 설명에 주로 사용된다. 그 이유는 경제적 군사잠재력이 연구, 측정, 비교가 편리하고 전쟁의 국민화 및 산업화 현상 때문이다. 그러나 군사잠재력의 정확한 비교 및 측정을 위한 이론적 지침이나 경험적 도구는 존재하지 않으며 전투가 그 유일한 시험 수단이다.

국제사회과학대백과사전(International Encyclopedia of Social Sciences/1974년)에 의하면 군사잠재력을 군사력의 잠재력(Military Power Potential)으로 표현하고, 그 구성요소를 ① 경제적 역량 (Economic Capacity), ② 군사적 동기 (Military Motivation), ③행정적 기능 (Administrative Competence)으로 구분하고 있으나 전술한 3가지 구성요소와 똑같은 내용이다.

군사잠재력은 한 국가가 타국에 대하여 억제, 방위 및 전쟁 수행을 위해서 동원할 수 있는 가용한 국가자원으로 방위잠재력(Defense Potential)과 동의어로 사용되며, 전쟁잠재력보다는 광의이고, 협의의 국력과 같다고 설명하고 있다. 따라서 군사잠재력은 군사력을 조성키 위한 일국의 총 능력이며, 이들 중 일부는 언제든지 일시에 동원이 가능한 것이다. 여기에 전쟁잠재력과 개념상의 차이가 있다. 군사잠재력은 군사력과 관련된 것이며, 억제 및 방위를 가능케 하고 고도의 동태적 과학 기술의 혁신과 군비경쟁을 지속시키는 힘이기도 하다.

다. 전쟁잠재력(War Potential)

전시에 동원 가능 군사력의 기반이 될 국가자원이며, 군사력 일부로 전쟁 가능과 동시에 전쟁력. (전력/戰力과 동의어로 사용될 수도 있다)

크라우스 노어가 1955년에 저술한 「국가의 전쟁잠재력」(The war potential of nations)에서 군사력을 동원 병력(육·해·공군)과 전쟁잠재력(전쟁 의지, 경제 능력, 행정 능력)으로 대별하고, 전쟁잠재력을 전시에 동원 가능 국가자원인 동시에 군사력의 한 부분으로서의 한정적 개념으로 정의하였다.

그러나 두 차례 세계대전과 전후 국지 제한전쟁을 통하여 전쟁 양상, 전략개념이 변천됨에 따라, 전쟁 시의 구분이 불명확함으로 인한 국방의 전시 체제화, 군사 및 비군사 분야의 유기적 결합을 통한 총력전 개념의 대두, 그리고 선전포고 없는 전쟁이 가져오는 동원가용시간의 제한, 유연반응전략의 수행을 위한 핵 및 통상전력의 적정 수준까지의 병행유지 등 제 요인 때문에 장차전의 양상은 장기 대량소모전보다는 단기 대량파괴전이 예상됨에 따라, 전쟁잠재력의 개념이 점차 군사잠재력과 통용되는 광의의 개념으로 발전되고 있다.

3. 군정 · 군령 · 통수권

가. 군정(軍政: Military Administration)

군정이란 국방목표 달성을 위하여 군사력을 건설, 유지, 관리하는 기능으로서 국방정책의 수립, 국방 관계 법령의 제정, 개정 및 시행, 자원의 획득배분과 관리, 작전지원 등을 의미한다. 양병(養兵)으로도 통용되는 이 용어가 의미하는 바는, 군이 용병(작전)의 임무를 수행할 수 있도록 지원하는 것을 주 업무로 한다는 것이다.

군정이란 "국방상 국민의 권리와 업무에 관계되는 모든 군사업무"를 말하며, 용병작전과 그에 밀접히 관련된 사항을 제외한 업무로써 용어 정의에서 서술했듯이 군사력을 건설, 유지, 관리하는 기능을 의미한다. 국방부조직법상 국방부 내국(內局)이 주로 이 군정 업무를 수행한다.

나. 군령(軍令: Military Command)

군령은 국방목표를 달성하기 위하여 군사력을 운용하는 용병(用兵) 기능으로 군사전략 기획, 군사력 건설에 대한 소요제기 및 작전계획의 수립과 작전부대에 대한 작전지휘 및 운용 등을 의미한다.

군령이란 국민의 권리나 의무와 직접적인 관계 사항이 아닌 분야, 즉 군사력을 운용하는 용병 분야를 의미한다. 국방부 조직법상 합참이 주로 군령 업무를 수행한다.

다. 통수권(統帥權: The Prerogative of Supreme Command)

> 통수권은 군대를 지휘 통솔하는 헌법적인 최고 지휘권을 의미한다.

통수권이란 헌법상 최고 지휘권을 의미하기 때문에 한국의 경우, 대통령이 국군의 통수권자이며 대통령은 국방부 장관을 통하여 군정과 군령권을 행사한다.

라. 군정· 군령· 통수권의 관계

미국을 포함한 서방권 국가들은 작전 분야와 지원 분야(행정, 군수지원)를 구분하여 군대의 국민에 대한 정치적 책임(Political Accountability)을 명백히 하기 위하여 이 두 분야로 분리하여 견제와 균형을 유지한다. 그래서 대통령(또는 국가원수)과 국방장관만이 지원 분야에 관한 권한과 작전분야에 관한 지휘권을 가지며, 그 이하 계통에서 군 작전 지휘권은 합참의장이 통합사령관을 통하여 행사하며, 지원에 관한 권한과 책임은 3군의 장관 및 참모총장(또는 총참모장)에게 주어지고 있다. 한편 인도네시아는 작전(용병)과 행정과 군수의 세 가지 권한과 책임 분야를 구분하여 분리 통제하고 있다.

입헌 민주정치체제하에서는 군사력을 건설·유지하는 상위계통의 기능과 책임을, 용병작전의 기능과 책임분야로부터 적절히 분리함으로써 통수체계의 확립과 작전 효율의 극대화를 기하고 있다. 이 경우에 통수 체계는 국민의 수권자인 대통령의 통수권하에 지원 분야와 작전 분야를 국방장관 이하에서 분리·통합하는 방식이 효과적이다. 따라서 군정과 군령은 정치 차원의 계통에서는 통합되고 전략 차원의 계통에서는 분리되며 전술 차원의 계통에서는 다시 통합된다. 그래야만 군정과 군령 양자간의 상호지원과 조화가 가능한 것이다.

군정과 군령의 분리는 원칙적으로 통수권상 대 국민적인 정치적 책임을 분명히 제도화시키고자 하는 입헌 민주정치 체제의 요청 때문이다. 한국의 경우, 군정권은 대통령 – 국방부장관 – 각군 참모총장의 통수 계통을 가지고 있으며, 군령권은 대통령 – 국방부장관 – 합참의장 – 작전사령관의 통수 계통을 가지고 있다.

국가통수기구(NCA: National Command Authorities)란 대통령 및 국방부 장관, 또는 적법하게 임명된 그 대리자나 승계자를 말한다. 또한 국가통수 및 군사지휘기구(NCMA: National Command and Military Authorities)란 군사 분야에 관한 전략지시 및 작전지침을 제공하는 국가 최고기관으로 한미 군사 관계에서 주로 사용되는 용어이다.

제6절 국가 정통성

1. 민주주의(Democracy)

민주주의는 국민이 주권을 행사하는 정치형태를 말하며, 개인의 인격이 자유와 존엄에 기반하며, 이념적으로는 자유, 평등, 상대주의 등의 세계관에 입각하고, 제도적으로는 다수결주의, 의회정치 등을 기본 특징으로 한다.

그리스어의 '데모스'(demos)와 '크라토스'(kratos)의 합성어로서'인민에 의한 지배'를 의미한다. 민주주의의 개념은 현대에 이르러 다음과 같은 다양한 의미로 사용되고 있다.

첫째, 정치적 의사 결정권이 다수 지배의 원칙에 따라 전체 시민에 의하여 행사되는 통치형태, 흔히 '직접 민주주의'라고 알려져 있다.

둘째, 정치적 의사 결정권이 일반 시민들이 선출하고 일반 시민들에 대해 책임을 지는 대표자들에 의해서 행사되는 이른바 '대의제 민주주의'

셋째, 대의제 민주주의의 제반 요소와 더불어 시민들이 언론·출판·종교의 자유와 같은 기본적인 인권을 향유 할 수 있도록 헌법상의 제한이 마련되고 있는 자유주의적·입헌주의적 민주주의

넷째, 사유재산의 불공정한 분배에서 파생되는 사회적·경제적 불평등을 최소화에 초점을 맞춘 정치적·사회적 체제로서의 민주주의

민주주의의 기원은 고대 그리스의 도시국가에까지 거슬러 올라간다. 이들 도시국가에서는 전체 시민이 직접 입법부를 구성했는데, 인구수가 1만 명을 넘지 않고 여성과 노예들의 참정권이 인정되지 않는 상황에서 가능한 일이었다. 모든 시민에게 각종 행정·사법기구에서 활동할 자격이 부여되어 있었으며 일부는 선출되고 일부는 추첨하여 공직에 취임했다. 권력 분립이 이루어지지 않은 상태였고, 모든 공직자는 행정·사법·입법권을 총괄하는 민회에 대해 책임을 지고 있었다. 그리스의 민주주의는 역사적으로 볼 때 일시적인 것에 불과했으며, 도시국가의 붕괴로부터 근대 입헌주의의 탄생 사이에는 약 2000년 동안의 공백 기간이 존재했다. 따라서 그리스의 민주주의는 현대의 자유민주주의에 거의 영향을 주지 못했다.

근대적 민주주의의 개념은 중세 유럽의 신법·자연법·관습법 사상에서 유래한 개념과 제도의 발전이 형성되었다. 또한 국왕이 그의 과세 징수권을 비롯한 제반 정책을 지지해 주고 그의 영토 내에 있는 서로 다른 계급이나 이익집단들의 이해관계를 조종해 줄 수 있는 자문기구가 필요함으로써 민주주의적 관례가 발전했다. 이러한 이익집단 대표자들의 모임은 근대의회와 입법의회의 기원이 되었으며, 특히 계몽주의와 미국·프랑스 혁명 기간 동안 등장한 천부 인권 사상과 정치적 평등사상으로 대표되는 유럽 지성의 발전과 사회 발전은 근대적 입법기구 등장을 가능하게 했다. 자유·보통선거에 기반을 둔 대의제 의회는 19~20세기에 민주 정부의 핵심적 기구로 부각하였다. 서유럽에 있어 민주주의는 기회균등, 언론 · 출판의 자유, 법치주의의 이념 등을 포괄하고 있다.

2. 자본주의(Capitalism)

> 자본주의는 생산수단 대부분을 사적으로 소유되며 주로 시장 작동으로 생산이 이루어지고 소득이 분배되는, 봉건제도가 붕괴한 이후 서양에서 지배적인 경제체제로 형성된 것으로 자유 시장경제, 자유기업경제라고도 한다.

자본주의는 이윤의 획득을 가장 큰 목적으로 하는 경제활동이다. 화폐를 투입하여 이윤과 함께 회수하면 화폐는 이윤을 생산하는 자본으로 이용되는 것이라고 할 수 있다. 특정의 재화를 얻기 위해 화폐를 이용할 뿐만 아니라 보다 많은 화폐를 얻기 위한 목적으로 화폐를 사용하는 이윤추구의 활동이 자본주의라고 불리는 이유가 여기에 있다. 이윤의 획득은 각종 기회를 이용하여 이루어진다. 어떤 물건을 싸게 사들여서 비싸게 판다든지, 또는 물품을 직접 제작하여 이윤을 붙여 판다는데 사람에게 돈을 빌려주고 그 이자를 받는다든지 하여 이윤을 획득한다. 어떤 형태를 취하든지 화폐를 시장에 투입하여 시장 내의 거래 결과로서 이윤을 얻는 것이다. 자본주의의 활동은 시장을 대상으로 하는 활동으로서 그저 부를 추구하는 활동과는 다르다. 따라서 자본주의의 활동이 행해지기 위해서는 상품경제가 어느 정도 확대되는 상태를 전제로 한다.

서구의 경우 그리스 · 로마 시대부터 시장교역이 상당히 발달해 있었으며 활발한 상업 활동에 따르는 상품생산과 은행업 · 해운업 등이 자본주의 활동의 대상이 되었다. 이러한 현상은 상품경제가 어느 정도 확대된 지역에서는 일반적인 현상이었다. 근대 이전의 상품경제와 자본주의 활동에는 각종 규제와 통제를 하였고, 또 상품경제 그 자체가 사회의 경제활동에서 차지하는 비중이 그리 높지 않았다. 자본주의가 하나의 체제로서 지속 발전하게 된 것은 16세기부터이지만, 자본주의적 제도의 맹아들은 고대 세계에서도 존재했으며, 자본주의가 번성할 수 있는 토대는 후기 중세 시대에도 나타났다.

자본주의의 발전은 16~18세기에 걸쳐 영국에서 꽃피운 직물 산업의 성장에 의해 주도되었다. 자본주의를 이전의 체제와 구별하는 특성은 소비를 초과하는 생산의 잉여분을 피라미드나 대성당과 같이 비생산적 사업에 투자하기보다 생산능력 확대에 사용했다는 점이다. 이러한 특징은 몇 가지 역사적 사건에 의해 고무되었다. 16세기의 종교개혁을 통하여 고취된 윤리의식으로 소유욕에 대한 전통적인 경시는 사라지고, 반면에 근면과 검소가 종교적인 덕목으로 강력하게 부각 되었다. 경제적 불평등은 부 또한 덕목이라는 이유로 정당화되었다.

자본주의의 발전에 공헌한 또 다른 요인은 유럽으로의 귀금속의 유입과 그에 따른 물가등귀였다. 이 시기에 임금은 물가만큼 빠르게 상승하지 않았으므로 인플레이션의 주된 수혜자는 자본가들이었다. 초기의 자본가들(1500년~1750년)은 중상주의시기에 일어난 강력한 민족국가의 부흥으로 인한 혜택을 누렸다. 민족 국가들이 추구한 국력 증진 정책으로 경제발전에 필수적인 단일통화제도 및 법전과 같은 기본적인 사회적 조건이 충족되었으며, 그 결과 경제적 주도권이 국가로부터 개인에게로 이전되었다.

18세기 초 영국에서는 자본주의적 발전의 중심이 상업에서 산업으로 이동했다. 그동안 꾸준하게 축적된 자본은 산업혁명 시기 기술적 지식을 실제 산업에 적용하는 데 투자되었다. 고전적 자본주의 사상은 1776년 출판된 애덤 스미스의 「국부론」에 잘 표현되어 있다. 이 책에서 스미스는 경제적 결정을 자기 조절적인 시장의 힘의 자유로운 작동에 맡길 것을 주장했다. 프랑스 혁명과 나폴레옹 전쟁이 봉건주의의 잔재를 일소한 뒤에 스미스의 정책은 점차 실행에 옮겨졌다. 19세기의 정치적 자유주의에 입각한 정책은 자유무역, 금본위제, 균형예산, 그리고 최소한의 빈민구제 등으로 표현되었다.

제1차 세계대전은 자본주의의 발전에 전환점이 되었다. 전후에 국제시장은 위축되었으며, 각국에서 관리통화제도가 채택됨으로써 금본위제는 포기되었고, 금융 부문의 주도권은 유럽에서 미국으로 넘어갔다. 아프리카, 아시아의 인민들은 유럽의 식민주의에 대항해 성공적으로 민족해방투쟁을 전개했고, 무역장벽은 점점 높아졌다. 1930년대의 세계 대공황을 계기로 경제적인 문제에 국가가 간섭하지 않는다는 자유방임정책은 대부분의 나라에서 종말을 고했고, 한동안 자본주의 체제 전체에 대한 회의적인 인식이 고조되었다.

자본주의 경제체제에 반대한 러시아(구, 소련)을 시작으로 공산주의 체제가 붕괴하여, 자본주의 경제체제가 진정한 의미에서 전 세계적인 경제체제로 확립되어 나가고 있다. 하지만 일각에서는, 여전히 높은 실업과 빈곤층의 존재, 선진국과 개발도상국 간의 경제 격차의 심화 등 자본주의 경제체제의 문제점을 여전히 주요 쟁점으로 삼고 있다.

3. 사회주의(Socialism)

> 광의의 사회주의는 자본주의의 시장원리를 반대하고 생산수단을 공유함으로써 사회주의 내지 공산주의 사회의 건설을 목적으로 하는 학설 및 정치운동 모두를 포괄한다. 그러나 협의로는 첫째, 공산주의가 주장하는 프롤레타리아 독재의 혁명방식을 부정하고 의회주의를 통하여 사회주의를 실현하려는 사회민주주의의 입장. 둘째, 마르크스주의 혁명이론에서 자본주의 사회구성체 다음에 도래하는 생산수단의 사회적 공유에 입각하는 사회구성체로서, 광의의 공산주의의 전 단계로서의 사회주의. 셋째, 국가의 경제제도에 있어서 생산수단의 사회적 공유와 국가에 의한 계획경제에 의하여 경제적 평등을 실현하려는 제도를 말한다.

사회주의의 뜻은 매우 다양하여 한마디로 정의 내리기는 어렵다. 근대 사회주의 이념의 싹은 플라톤의 「국가론」, 토머스 모어의 「유토피아」와 18세기 계몽주의 시대의 풍부한 유토피아 문학으로 거슬러 올라갈 수 있지만, 실제로 근대 사회주의는 산업혁명으로 사회, 경제 관계와 전통적인 질서의 붕괴에 반대했던 다양한 작가들의 사상에 뿌리를 두고 있다.

그들은 자본주의 생산양식의 부정, 불평등, 피해 및 자유방임적 시장경제 체제에 대해 비판의 화살을 쏘았다. 당시 탐욕의 개인주의를 비판하고 그들은 형제적 결속감으로 결합된 새로운 생산자들의 공동체를 꿈꾸었다. 그들은 미래에는 대중이 자본가로부터 생산수단과 정부를 빼앗을 것으로 생각했다.

19~20세기에 사회주의자로 자칭했던 다수 사람은 이 같은 생각을 공통으로 가지고 있었지만, 사회주의의 특정한 이념에 대해서는 의견을 달리했다. 생산수단의 완전한 국유화만이

그들의 목표를 달성시켜 줄 것이라고 주장한 사회주의자도 있고, 주요 산업의 선택적 국유화와 상속권자의 사유재산권 통제를 제안한 사회주의자도 있다. 또 다른 사회주의자들은 강력한 중앙집권 국가의 지배와 통제경제를 주장하였고, 그 밖의 사회주의자는 사회주의적 입안자가 시장경제를 주도하는 '시장 사회주의'를 주장하기도 했다.

사회주의라는 말이 사용되는 사례는 매우 광범위하다. 일찍이 1845년에 엥겔스는 독일인들이 사용하는 사회주의라는 말이 "모호하고 막연하며 정의할 수 없는 용어"라고 토로했다. 사실 사회주의는 이 용어를 사용하고 싶어 하는 사람은 누구나 가져다 쓸 수 있는 재산과 같은 것이었다. 심지어 사회주의를 지지하는 독일 내의 어떠한 단체도 불법화했던 1870년대 후반 독일의 총리 비스마르크조차도 몇 년 뒤에 "국가는 우리의 제국을 위해 사회주의를 도입해야 한다." 고 선언했다. 파시스트와 전체주의적 독재자 등 현대의 궤변적 보수주의자들도 종종 자신들이 사회주의 건설에 종사하고 있다고 주장한다.

근대적인 의미에서 사회주의 용어는 1830년경에 처음으로 등장했다. 이 용어는 프랑스에서는 푸리에와 생시몽주의자의 저작, 영국에서는 로버트 오언의 저작에 적용되었다. 지성사의 관점에서 볼 때 마르크스 이전의 모든 사회주의 사상가들은 매우 본질적 가치가 있는 이념들을 만들어 냈다. 그러나 마르크스 이후 사회주의 발전의 관점에서 볼 때 그들의 이념은 마르크스에 이르러 사회운동의 강력한 이론적 기반이 되었다고 볼 수 있다.

길드 사회주의 전통은 제1차 세계대전 이전의 몇 년 동안 영국에서 발전했다. 임금제도와 이윤생산에 대해 사회주의자들이 가진 적대감을 공유하면서 길드 사회주의자들은 생디칼리즘에서 국가에 대한 불신과 생산자의 지배에 대한 강조를 빌려왔다. 산업에서의 자치를 목표로 삼으면서 길드 사회주의자들은 산업조직, 교회, 노동조합, 협동 결사, 지방자치단체에 자율성을 보장하라고 촉구했다. 길드 사회주의 운동은 대중의 지지를 널리 얻지는 못했지만, 페이비언 사회주의의 관료적, 집중적 경향과 대비되는 한에서 계속 영국의 노동운동의 근원적 이념으로 자리 잡고 있다.

1917년 러시아 혁명이 달성되자 러시아의 혁명방식과 사회주의 체제에 대한 찬반을 에워싸고 마르크스-레닌주의에 입각한 공산주의와 사회개량주의 및 수정마르크스주의에 입각한 사회민주주의로 분화되어 갔다.

전 세계에서 마르크스 레닌주의에 입각한 공산당은 사회당을 재건하려는 지도자들을 자본주의의 유지를 객관적으로 조장하며, 사회당 지도자들이 자신들의 민족국가를 보호하면서, 전쟁 동안 부르주아와 연합함으로써 마르크스주의를 저버리고 국제 사회주의를 배신했다고 비난했다. 또한 사회민주주의 지도자들은 소비에트 국가의 독재적인 성격을 지적하면서 이에 응수했고, 공산당이 민주적인 사회주의 전통을 배신했다고 비난했다. 이후 이들 양 진영은 제2차 세계 대전 이후 공산주의 세력이 코민포름을 결성하는 한편, 사회민주주의자들은 코스미코를 거쳐 1951년 사회주의 인터내셔널 이라고 개칭하면서, 마르크스주의와 결별하고 사회주의의 인도적, 도덕적 가치를 중시하는 민주사회주의를 제창하기에 이르렀다.

4. 공산주의(Communism)

> 공산주의는 사유재산제 대신에 재산의 공유를 실현 시킴으로써 계급 없는 평등사회를 이룩하려는 사상 및 운동을 말한다.

어원인 '콤무네'(Commune)는 다른 사람과의 나눔, 사귐을 의미하는 라틴어로서 공동체의 재산이 구성원들 모두에게 속하는 사회제도를 일컬었다. 재산의 사유가 빚어내는 도덕성의 흠결을 간파하고 공유재산제를 바탕으로 한 합리적이고 정의로운 사회공동체를 일구려는 소박한 공산주의의 이상은 인간이 정치적, 사회적 사색을 시작한 때부터 싹튼 것으로 볼 수 있다. 공산주의 사상의 기원은 플라톤의 「국가론」, 토머스 모어의 「유토피아」 등에까지 소급된다.

공산주의 개념이 가지는 다양한 용법은 대체로 다음과 같이 분류될 수 있다. 첫째, 19세기 초반 '사회주의' 개념이 등장할 때까지 공산주의는 고대 이래 맥을 이어온 재산 공유제 원칙을 가리켰으며, 이는 곧 사유재산제도의 비판을 의미했다. 둘째, 마르크스주의에 따르면 공산주의란 인류 역사 최후의 단계인데, 민중들은 계급이 소멸하고 생산력이 극도로 확대된 이상사회에서 의욕에 따라 일하고 필요한 만큼 소비할 수 있게 된다. 셋째, 20세기에 새로이 첨가된 의미의 내용으로 수정주의적 마르크스주의 내지 페이비언 사회주의에 대하여 특히 '혁명적'마르크스주의 또는 마르크스-레닌주의를 공산주의라고 한다. 넷째, 마르크스 이전에 프루동주의 처럼 혁명적 성격이 미미한 것을 사회주의라 하고 블랑키주의 등 정치적 · 혁명적 성향이 짙은 사상을 공산주의로 부르기도 한다.

현대의 공산주의는 칼 마르크스와 프리드리히 엥겔스에 의하여 체계화되었다. 마르크스주의는 19세기 중반 서유럽에 만연된 인간소외 현상을 극복하여 인간의 해방을 성취하려는 의도에서 출발했으므로 크게는 사회주의와 같은 범주에 드는 것이었다. 헤겔의 관념론적 변증법과 포이에르바하의 인간학적 유물론을 비판 수용하는 과정에서 공산주의 이론을 발전시킨 마르크스는 공산주의 이론 전반에 대하여 과학성과 체계성을 부여했다.

'공산주의'라는 어휘의 사용법은 일찍부터 혼선을 빚기 시작했다. 1847년 '공산주의자 동맹'을 직접 창설한 바 있는 마르크스는 기존의 정당들이 사회주의라는 명칭을 붙일 자격도 없으면서 그렇게 자처하고 있어 공산주의라는 용어를 채택한 것이라고 설명했다. 그 후 공산주의는 그 궁극적인 목표가 아니라 특정한 강령을 가진 특정 정당을 지칭하게 된다. 공산주의 정당을 통합하고 공산당의 강령을 세우는 데 크게 이바지한 인물은 러시아의 마르크스주의자 블라디미르 일리치 레닌이었다. 공산주의가 마르크스에 의하여 전혀 새로운 해석을 얻게 되자 '공산주의'라는 용어는 다양한 정치조직의 이름으로 널리 유포되었다. 특히, 1917년 레닌의 지도 아래 러시아 제정을 전복시킨 사회 민주노동당 다수파(볼셰비키)는 이듬해 '러시아 공산당'이라는 당 명칭을 채택했다.

이후 볼셰비키 혁명과 소비에트 사회주의 공화국 연방의 활력에 힘입어 마르크스주의와 공산당은 유럽과 아시아에 급속도로 확산하기 시작했지만, 한편으로는 공산권 자체가 점차 내부적으로 분열되기 시작하였다. 공산권의 대분열은 고도의 중앙집권적 지배구조라고 하는 마르크스-레닌주의 체제의 내재적 모순을 반영하는 것이었다. 이후 러시아와 동유럽의 공산당은 1991년에 이르러 정치권력을 모두 상실했다. 현재는 피델 카스트로가 일인 독재체제를 형성하고 있는 쿠바와 김정일이 이끄는 북한, 그리고 베이징과 하노이에서 정권을 유지하고 있는 공산주의자들만이 마르크스주의에 대한 그들 나름의 해석을 고수하게 되었다.

경제문제가 공산권의 몰락을 초래했다는 것은 의심할 여지가 없는 사실이지만 정치적 요인도 이에 못지않은 큰 역할을 담당했다. 「공산당 선언」에서 마르크스가 구사했던 희망에 찬 말들이나 볼셰비키 앞에서 레닌의 열변은 사실상 단 한 번도 실현된 적이 없었다. 결국 공산당 지도부란 정권 유지를 최고의 목표로 삼고 결속한 관료와 정치 엘리트의 새로운 계급에 불과했다. 이데올로기로서의 공산주의는 집권층에 의하여 민족주의, 인종주의 혹은 제국주의적인 것으로 변질되어 왔으며, 정치·경제체제로서의 공산주의 실험은 '금세기 최대의 환상'으로 끝을 맺게 되었다.

Chapter. 04

전쟁의 이해

Chapter. 04

전쟁의 이해

제1절 전쟁의 의미

인류의 역사는 전쟁과 함께 시작하여 약육강식, 생존경쟁 형태로 반복된 전쟁이 연속되며 인류는 변화하여도 전쟁의 개념을 규정하기는 쉽지 않다. 일반인이나 학자가 생각하는 전쟁과 군인이나 국가의 지도자가 생각하는 전쟁의 개념이 같을 수 없을 것이며, 학자들 간에도 전쟁에 대한 견해가 다를 수 있고 개념에 대한 공통적 이해가 쉽지 않기 때문에 보편적 의미를 내포하는 개념을 명확히 밝히는 작업이 수반되어야 한다. 그리고 이를 위해서는 설정한 전쟁의 개념이 실제 존재와 일치하는가를 보아야 하고, 형식적으로도 모순이 없는가를 따져 보아야 하며, 그 개념이 다른 유사한 상황에서 어떤 의미를 갖고 어떻게 쓰이고 있는가도 알아야 한다. 따라서 그 개념이 분명하도록 정의를 내리고 그것을 다른 것과 구분하거나 비교하기도 한다.

일반적으로 전쟁의 의미는 일정한 존재를 지시하는 의미 자체로 관찰된 사실에 대한 추상적 표현으로 이해되며 국가나, 학자 간 아래 의미들처럼 다양하게 정의되고 있다.

전쟁의 의미들

① 「새 우리말 큰사전, 1975」 : 전쟁은 “국가와 국가사이의 무력에 의한 투쟁”이다.

② 「우리 말 큰사전, 1992」 : 전쟁은 “국가 또는 교전단체사이에 무력을 써서 행하는 싸움”이다.

③ 「대영백과사전 The New Encyclopaedia Britannica, 1987」 : 일반적 개념의 War(전쟁)은 “오랜 기간 동안 상당한 규모로 지속되는 적대행위(hostilities)가 수반된 정치적 집단 간의 투쟁(conflict)을 의미한다. 사회학자들(sociologists)은 전쟁을 사회적으로 용인된 일정한 형식에 따라 수행되는 투쟁 즉 관습 또는 법에 의해 인정된 형식을 갖춘 하나의 제도로 파악한다. 군사저술가들(military writers)은 통상 일정기간 동안 결과를 확신할 수 없을 정도로 대등한 힘을 가진 집단 간의 적대행위를 전쟁으로 규정하고 있다. 따라서 강대국과 원시 부족국과의 무력충돌은 평정, 파병 또는 원정이라 칭하고, 약소국과의 무력 분쟁은 간섭 또는 보복으로 본다. 그리고 국내 집단과의 무력충돌은 반란 또는 폭동으로 규정한다. 이러한 사건들이 만약 그 저항을 충분히 강력하고 오래 지속될 경우 ‘전쟁’이라 명명할 정도의 규모로 발전할 수 있다.”

④ 「영어사전 New Webster's Dictionary,1981」 : War(전쟁)은 “국가 간 또는 같은 국가 내에서의 파벌간의 무력충돌이며, 적대상태 또는 군사적 분쟁”이다.

⑤ 「영어사전 Wordfinder, oxford, 1995」 : War(전쟁)은 “국가 간의 무력적대 행위”, “특정한 대립 또는 그런 대립이 존재하고 있는 기간”, “대립 간에 국제법과 법과 같은 것이 일시적으로 효력을 발휘하지 못하는 상태”, “사람이나 집단 간의 적대행위 또는 투쟁”, “범죄, 질병, 가난과 같은 것에 대항하는 지속적이고 조직적인 활동”이다.

⑥ 「군사용어사전」 상호 대립하는 2개 이상의 국가 또는 이에 준하는 집단간에 있어서 군사력을 비롯한 각종수단을 행사하여 자기의 의지를 상대방에게 강요하려는 행위 또는 그러한 상태.
주권을 가진 국가간의 조직적인 무력투쟁 상태로써 선전포고와 더불어 개시되고 강화조약으로 무력투쟁이 종결될 때까지의 상태

마르크스 – 레닌주의의 전쟁 관은 전쟁을 국민국가의 차원이 아닌 국제적 차원 계급투쟁의 투영·표출로 간주하는 것이었다. 1917년 볼세비키 혁명을 일으킨 레닌(Nikolai Lenin: 1870~1924)은 클라우제비츠가 단언한 “전쟁은 다른 수단에 의해 수행되고 정치의 계속이다.”에 대해 “공산주의자들은 항상 이것이 모든 전쟁의 근본원리라고 생각해 왔다.”고 할 정도로 클라우제비츠의 저서를 탐독하고 연구하였다. 레닌은 ‘혁명은 하나의 전

쟁'이며, '내란도 역시 전쟁'으로서 전쟁이 국내에서의 계급투쟁과 불가피한 관련이 있는 것으로 파악하고 있다는 점을 주목하지 않을 수 없다. 소비에트 군사학의 사상적, 이론적 기초는 이러한 레닌의 전쟁 관에서 비롯된 것이다.

북한 지도자(김일성을 포함한 夫子)들의 전쟁에 대한 인식 또한 클라우제비츠의 영향을 받은 레닌의 견해를 대부분 수용하고 있는 것이라 할 수 있다. 김일성은 1952년 12월 24일 고급 군관 회의에서 연설에서 <인민군대를 강화하자> "전쟁은 그 본질에 있어서 특별한 폭력 수단에 의한 어떤 계급 정책의 계속이다. 변증법의 기본명제를 전쟁에 적용한다면 그것은 전쟁이 단순히 폭력적인 다른 수단에 의한 정책의 연장에 있다."라고 하였다.

그리고 비폭력 저항주의 및 평화주의적 전쟁관 즉 평화주의적 관점에서 본 전쟁은 국가가 취하게 되는'불필요한 정책의 수단'에 불과한 것으로써 현실 세계와는 동떨어진 이상세계를 구상하고 있는 것이 특징이라 할 수 있다.

또한 평화연구 및 분쟁 해결의 전쟁 개념인 전쟁관 등을 들었다. 평화연구와 분쟁 해결의 시각에서 전쟁을 생각하는 사람들은 전쟁을 하나의 큰 '사건·이변'으로 간주하고 또한 전쟁은 결코 국가정책수행 수단이 될 수 없다고 본다.

위와 같이 사전에서는 대체로 전쟁을 무력투쟁·무력 충돌 및 군사적 분쟁으로 정의하고 있다. 다시 말하면 군대나 무력이 조직적으로 동원되어 상호 충돌하는 현상을 전쟁으로 인식하는 것이다. 그러나 전쟁의 주체가 국가와 국가의 전쟁인가, 또는 계급을 포함한 여러 집단이나 세력 간 인가에 대하여는 상당한 차이를 나타내고 있다.

우선 전쟁은 국가 간 무력투쟁 또는 군사적 분쟁으로 보는 시각이 있는가 하면, 국가와 국가뿐만 아니라 국가 내에서의 집단이나 파벌 간 무력투쟁도 전쟁으로 생각하고 있는 것이다. 그런가 하면 중국 한어 사전에서와 같이 "전쟁(戰爭)은 민족, 국가, 계급, 집단 간의 무장투쟁"이라고 정의함으로써 전쟁 주체를 좀 광범위하게 설정한 것도 있다.

전쟁의 수단 면에서도 약간의 차이를 발견할 수 있다. 군대나 무장력이 동원되는 군사적 충돌만을 전쟁으로 규정하는가 하면, 미군(야전교범 100-1)은 좁은 의미로는 적대 군사력 간에 발생하는 충돌이며, 넓은 의미로는 자국의 목적을 달성하기 위해서나, 또는 하나나 다수의 적국이 주장하거나 의도하는 바를 저지하기 위해서 정치 · 경제 · 심리 · 기술 및 외교 수단을 선택적으로 혼합 사용하는 것까지를 포함한다."라고 설명하고 있는 것에서 알 수 있듯이, 군사적 수단에 비군사적 수단까지 포함하고 있다. 즉 전쟁이란 형식상으로는 적대적인 정치집단 간 극단적 표현이라 할 수 있으며, 따라서 목적 달성을 위한 수단이라는 측면에서 본다면 전쟁은 군사전(무력전) 뿐만 아니라 정치전, 경제전, 심리전, 기술전, 외교전 등도 그 범주에 속한다고 할 수 있다. 그리고 군사 전쟁은 전면전쟁, 제한전쟁, 비정규전, 혁명전쟁 등으로 구분하고 있다.

여기서 보다 주목할 만한 것은 "전쟁은 국가와 국가 간에 병력을 가지고 하는 싸움"이나 "사람들이 모두 사활을 걸 정도로 몰두하는 사회적인 문제"라고 한 일본 신선국어사전(新選國語辭典)』의 정의이다. 여기서는 "전쟁은 국가 간의 무력 적대행위", "특정한 대립 또는 그런 대립이 존재하고 있는 기간", "대립 간에 국제법과 같은 것이 일시적으로 효력을 발휘하지 못하는 상태", "사람이나 집단 간의 적대행위 또는 투쟁" 그리고 "범죄, 질병, 가난과 같은 것에 대항하는 지속적이고 조직적인 활동"이라고 정의한다. 이는 전쟁을 군사적 충돌만이 아닌 사활을 건 문제나 일상생활에서 적으로 간주하는 모든 대상을 상대로 하는 투쟁이나 싸움까지를 망라하고 있다. 오늘날 '범죄와의 전쟁'이나 '모기와의 전쟁'에서와 같이 우리가 쉽게 접할 수 있는 실제 전쟁이 아닌 전쟁에 해당한다고 할 수 있다.

제2절 전쟁의 변천

1. 선사(동물인간) 시대 전쟁

전쟁의 기원을 선사 시대로 보는 아더훼릴(Arther Ferrill)은 신석기시대 궁수들의 방호옷이 가죽으로 만들어 무릎과 허리를 보호하였던 것 같다고 주장하고, 한스델브릭(Hans Dellbruck) 선사 시대로부터라고 주장하였지만, 문자가 기록된 BC3,500~1,500년경 이집트 투트모세(Thutmosis) 3세가 시리아, 바벨로니아 등 소아시아 원정을 기록한 상형문자로 기록된 시점을 전쟁의 역사 출발로 보기도 한다.

2. 원시(문명 전) 시대 전쟁

가. 원시인의 전쟁 동기(動機)

> 제 1 물결 전쟁
>
> 기본적인 전쟁방식은 수천 년 동안 일 대 일(1 : 1)의 살상이었고, 군인들은 인간의 완력에 의존하여 접근 전을 하도록 고안된 무기인 창, 칼, 도끼, 장창, 공성(攻城)무기 등으로 무장하였다. 제한적으로 투석기, 쇠뇌, 노포, 대포 등 장거리 무기들이 사용되기도 했으며, 각 군대는 대형을 이루어 북소리 등의 신호에 맞추어 이동 및 공격을 실시하거나, 성곽 등의 요새를 구축, 방어하는 방식의 전투 수행방법이 널리 사용되었다. 현대 군대의 퍼레이드는 이 시기에는 전투방법이었으나, 오늘날은 의식행사가 되었다.

(1) 식량의 확보

- 원시 유목민들은 목초와 가축의 먹이가 부족하면 이웃 마을 습격
- 식량 약탈을 위한 전쟁은 드물긴 했으나 종종 발생

(2) 성(性)의 만족

- 이족결혼(exogamous)하는 종족 간 여자를 얻기 위한 싸움이 보편적
- 강간, 간음 등 다른 성원에 의한 성 규범의 침범은 결투와 전쟁의 주요 원인

(3) 영토(거주지의 확보)

- 경작 농업시대 이후에는 전쟁의 주요 원인
- 영토는 생계와 가정의 터전을 제공, 영토획득과 보존은 식량 및 성(sex)과 밀접한 관계

(4) 활동성

- 모험 또는 오락을 위한 전쟁이 원시 인간에게 공통 적으로 가능
- 대결 쌍방 간에 단결이나 경제적 이익에 대한 큰 위험 없이 공격적 본능 만족

(5) 자기보존(육체와 생명의 보호)

- 자기보존은 본능적 행위
- 자기 친척이나 성원의 죽음에 대한 복수전, 자기 집단의 관습이나 존엄성을 지키기 위한 전쟁은 자기보존과 밀접한 관계

(6) 타자의 지배

- 농업, 목축 사회로 발달하면서 자기 지위 강화, 내적 불만 해소를 위한 전쟁 가능성
- 지도자의 특권적 지위 쟁취를 위해 폭력이나 전쟁에 의존

(7) 독립(통제로부터의 해방)

- 노예, 계급, 제국 및 소수민족 따위는 문명 현상이나, 원시인 중에서도 고도로 발달된 종족에 국한하여 독립을 위한 전쟁

(8) 소속 사회의 보존

- 집단에 대한 충성심이 성원의 경쟁심 유발
- 자기 집단의 관습, 전통, 풍속 및 종교에 따라 지시가 있으면 싸움
- 위의 8가지 요소 중 가장 빈도가 높은 전쟁 요인임

나. 원시인의 전쟁 동기 종합

일반적으로 원시인의 전쟁은 인간본능 이기 보다 집단 관습의 기능이 더 강하다. 따라서 전쟁의 기원은 사회적 성격, 즉 문명적 성격에서 찾을 수 있으며 문명과 더불어 발달해 왔다.

***퀸시 라이트: "호전성은 인간의 문명발전 작용이다."**

- 원시인, 신석기인의 폭력 욕과 전쟁이 문명사회에 비해 적었음
- 원시사회는 상하 우열, 계급의식이 존재하지 않은 평등사회
- 전쟁의 자극이 적음(중앙집권적 조직, 지휘자, 무기 등이 없음)
- 지킬만한 재산이 적고 욕망이 소박함
- 모계사회(평화 지향적 사회)

3. 문명시대

제2 물결 전쟁

산업혁명 이후 대량생산체제가 등장하여 이러한 공업생산능력을 기반으로 발달하게 된 전쟁 방식. 기관총, 전차, 대포, 비행기, 폭탄, 군함 등 현재 우리가 일반적으로 볼 수 있는 각종 기계무기에 의존하여 전쟁이 이루어짐. 전투방식은 지상에서 땅을 파 들어가 구축한 진지를 방어하는 적을 상대로 대량의 야포사격 및 항공폭격을 동반한 보병의 공격 모습이며 상호 기동하는 기갑 부대간의 전투 또한 평야지대에서 자주 일어남. 어느 편이 보다 대량의 무기를 생산할 수 있고, 이를 결정적인 지점으로 운송하는 대량 물류 능력을 갖추었는가에 따라서 승리는 좌우됨.

가. 문명시대의 동기

(1) 식량

- 식량문제가 전쟁의 직접 동기가 된 예는 감소(이면적 동기)

(2) 성(性)

– 여자를 얻기 위한 전쟁은 문명사회의 보편화된 사실
– 이집트인, 그리스인, 아랍인 및 중유럽인의 통상적인 전쟁 원인
  예) 트로이 전쟁, 제1차 십자군 원정 등
– 그러나 성의 요소는 복합적인 요소로 이해해야 함.

(3) 영토

– 문명사회의 아주 빈번한 전쟁 원인
– 정치적 조직이 뚜렷할수록 영토방위에 대한 신념이 강함

> *어네스트 바커의 주장
>
> "정복에 의한 영토획득은 자연스럽고 관례적이고 전통적이었다고 하며, 크기(Size)가 중요했고, 영토의 크기는 위대함(Greatness)을 나타내고, 위대함은 권력을 돋보이게 하고, 권력은 공포를 자극하거나 적어도 타에 대한 주의를 환기시킨다."

(4) 활동(모험)

– 모험성은 문명시대 초기에 중요한 역할을 함
– 그리스의 호메로스, 영국의 아더왕, 드레이크, 로리 등이 모험 전쟁의 대가

(5) 자기보존

– 문명사회의 내면적 전쟁 요인
– 전쟁의 정당화, 합법화에 기여(자신 육체와 생명 보존)

(6) 지배

– 문명시대 전쟁의 주요 요인
  * 지배 수단으로 군대가 조직됨

– 문명인에 있어 전쟁은 정치의 도구로 인정(클라우제비츠 「전쟁론」)

* 문명사회에서는 정치권력을 유지하기 위한 도구로 미신, 종교, 법률, 경제조직, 대중교육, 선전, 예술, 문학, 과학 등을 이용하였으며, 전쟁의 동기 면에서 <표 4–1>에서 나타난 바와 같이 원시 시대에 비해 식량의 획득 외에는 성(性)이나 영토 확보, 지배로부터의 해방 등 모두 높은 동기를 갖는 특성을 보이고 있다.

(7) 독립

– 타민족의 지배 시 독립운동은 필연
  예) 노예, 소수민족, 소수 종교, 식민지 등
– 독립의 움직임을 촉진 시키는 매개체는 문자의 보급, 커뮤니케이션의 용이성
– 지배에 대한 독립 의지는 문명인의 특징

(8) 사 회

– 국가 중심의 사회체제를 유지, 발전시키기 위한 목적은 문명인들의 전쟁에 대한 중요한 동기
– 자기가 속한 국가나 집단을 보존하는 문제가 전쟁의 궁극적이고도 가장 큰 동기가 됨: 궁극성과 최고성
– 보존 대상: 국가 이념과 체제, 국가의 부(富), 영토, 고유의 전통, 문화 등
  ■ 식량의 확보는 동기로서 역할 높지 않음
  ■ 지배, 영토, 독립이 역사시대에 전쟁 원인으로 크게 작용
  ■ 성, 활동, 자기보존, 사회성은 전쟁 동기로 원시, 문명시대 공통적 의의

나. 원시 시대와 문명시대의 전쟁 동기와 변천

〈표 4-1 원시시대와 문명시대의 전쟁 동기 비교〉

번호	구분	내용	원시시대	문명시대
①	식량	식량의 획득	낮음	낮음
②	성(性)	성의 만족	높음	높음
③	영토	거주지의 확보	낮음	높음
④	활동	활동성(to be active)	높음	높음
⑤	자기보존	육체와 생명의 보호	높음	높음
⑥	지배	타자의 지배	낮음	높음
⑦	독립	통제로부터의 해방	낮음	높음
⑧	사회	소속사회의 보존	높음	높음

▶ 문명시대의 전쟁 동기는 동물, 원시 시대에 열거한 각 요소의 상대적 중요성 변화

〈표4-2 전쟁기술과 원인의 변천〉

시기	시대	기술	원인
1450～1648	화약발명-종교전쟁 종료	화약무기의 등장	종교
1648～1789	종교전쟁 종료-프랑스 혁명	직업군인제도	왕위 계승
1789～1914	프랑스 혁명-1차 대전	공업무기	민족주의
1914～	1차 대전 이후	항공기 등장	전체주의 전쟁

(근거: 퀸시 라이트, 전쟁의 연구)

제3 물결 전쟁

현대는 정보화 사회라고 함. 눈에 보이지 않는 정보가 유형자원의 사용 효율성을 혁명적으로 증가시킴으로써 정보는 그 절약된 분량만큼의 가치를 가진다. 이러한 사회의 변혁이 전쟁에도 마찬가지로 정보화된 무기체계 및 인원이 재래식 전투력의 효용성을 수십 배 이상으로 높일 수 있게 됨에 따라서 전쟁의 핵심적인 역할이 이러한 정보를 다루는 곳으로 이동하게 되어 누가 먼저 탐지하고, 대량의 정보를 정확히 판단하여 대안을 결정하고, 빠른 시간 안에 세밀하게 조정된 행동을 할 수 있는가가 승리를 좌우하게 된다.

제3절 군사 전쟁과 전쟁법

1. 전쟁(War)

전쟁이란 상호 대립하는 2개 이상의 국가 또는 이와 준한 집단 간에 있어서, 군사력을 비롯한 각종 수단을 행사하여 자기의 의지를 상대방에게 강요하려는 행위(또는 그러한 상태)를 말한다.

가. 전쟁의 개념

전쟁의 개념에는 몇 가지의 특징이 있는데, 그 가운데 주요한 특징을 제시하면 다음과 같다.

첫째, 전쟁수단에는 무력 행사가 수반된다는 것이다. 경제전쟁, 심리전쟁, 또는 냉전 등과 같이 전쟁이라고 불리는 것이 많으나 여기에는 무력 행사가 수반되지 않기 때문에 전쟁과는 구별된다.

둘째, 전쟁은 국가 제 역량의 동시적 투쟁이다. 즉 전쟁은 오로지 무력만으로 그 승패가 좌우되는 것이 아니라 경제, 정신 등 제 요소에 의하여 크게 영향을 받는다. 따라서 전쟁수단에는 반드시 무력 행사가 수반되나 전쟁 그 자체는 무력 행사를 포함한 국가 여러 역량의 동시적 투쟁이라 할 수 있다.

셋째, 현실적으로는 전쟁에 있어서 무력이 행사되지 않는 경우가 있다. 전쟁에 있어서 무력 행사가 끊임없이 계속되는 것이 아니라, 때에 따라서는 중지되는 경우가 있는가 하면, 때에 따라서는 무력이 전혀 행사되지 않더라도 전쟁이 발생하는 경우가 있다. 예컨대 제2차 세계대전 중 일본과 유고슬라비아 사이에 전투 그 자체는 없었으나 유고슬라비아가 연합국의 일원으로서 선전포고에 가담하였기 때문에 양국 간에는 전쟁상태가 성립되고 있었다. 유고슬라비아는 연합국의 한 구성국이었기 때문에 연합국 전체로서는 무력을 행사한 결과가 되는 것이다. 이런 의미에서 보면 전쟁이란 무력 행사 그 자체를 말하는 것이 아니라 국제법적으로는 선전포고로부터 강화에 이르기까지의 일련의 상태 개념으로 간주되고 있다.

넷째, 전쟁은 국가 간의 투쟁만을 뜻하는 것이 아니라 여기에 버금하는 집단 간의 투쟁도 포함된다. 고대의 전쟁은 부족 또는 부락 간의 투쟁이었던 것이 보통이었으며, 오늘에도 내란 등의 경우 반란을 일으킨 정치단체 등이 교전단체로서 여러 나라로부터 승인되면 국제법상 정식으로 전쟁의 주체가 된다. (예: 6.25전쟁, 월남전, 캄보디아 전쟁, 구 유고슬라비아 각 공화국의 분리 전쟁 등)

나. 전쟁의 분류

첫째, 국제법상의 분류이다. 국제법상 전쟁은 합법적인 것과 위법적인 것으로 구분된다. 정당한 이유 없이 타국에 대하여 무력으로 공격하는 것은 위법적인 전쟁이며 일반적으로 침략전쟁이라고 한다. 이러한 침략전쟁에는 예컨대 정복전쟁, 공격 전쟁, 국제분쟁 해결을 위한 전쟁, 국책 수행을 위한 전쟁 및 기타 등이 있다. 이러한 전쟁에 대해서는 어느 국가를 막론하고 자위 행동을 취할 수 있으며, 이것은 합법적인 것으로서 국제법상 자위의 전쟁이라고 불린다. 마찬가지로 합법적인 전쟁의 하나로 제재의 전쟁이 있다. 이것은 자위전쟁을 하는 나라를 도와주기 위하여 제3국이 공동으로 상대국에 제재 행동을 취하는 경우이며, 오늘날의 집단안전 보장 하에서는 집단의 제재로서 가해지는 경우가 있다.

둘째, 국제법 이외의 분류이다. 다음에 제시된 여러 전쟁 분류는 합법과 위법이라는 관점에서 보면 모두 상기한 분류 가운데 어느 한 분류에 포함되기 마련이다. 무릇 단일 기준에 의하여 모든 전쟁을 분류한다는 것은 어려운 일이며 하나의 전쟁은 여러 범주와 관계를 맺는 것이다.

(1) 정치 목적, 이념(理念/Ideologie) 면에서의 분류

- 혁명전쟁, 독립전쟁, 해방전쟁, 식민지 전쟁, 간섭전쟁, 예방전쟁 등
- 제국주의 전쟁, 민족주의 전쟁, 인민 전쟁, 종교전쟁 등

(2) 참가국, 지역적 측면에서의 분류

- 세계 전쟁, 국제전쟁, 연합전쟁, 제한전쟁(한정전쟁), 국지전쟁

(3) 전쟁 주체 면에서의 분류

- 2개 국가 간의 전쟁, 대리전쟁, 내전 등

(4) 전쟁수단, 목적 면에서의 분류

- 전쟁수단 및 목적의 무제한 여부에 따라 전면전쟁, 무제한 전쟁, 절대전쟁, 제한(한정)전쟁 등
- 국가 제 역량과의 관계에서 총합 전쟁, 총력전, 제한(한정)전쟁 등
- 핵과의 관계에서
  - 전(쟁): 전면핵전(쟁), 제한(한정) 핵전(쟁)
  - 비 핵핵전, 무 핵전
  - 재래식 전쟁, 비 재래식 전쟁(비정규전/국지도발)
- 무력과의 관계에서
  - 무력 수단을 주로 사용하는 경우: 무력전
  - 무력의 결전에 의한 전쟁 목적 달성 여부에 따라: 결전 전쟁, 지구전쟁,
  - 무력 중의 각 수단에 따라: 게릴라전, 화학전, 생물학전, 전자전 등
- 시간과의 관계에서
  - 장기전(지구전쟁)
  - 단기전(결전 전쟁)
  - 우발전쟁

다. 전쟁의 구분

(1) 내전(內戰, Civil war)

내전이란 국내의 대립된 세력이 서로 싸우는 국내에서의 무력에 의한 투쟁으로 내란이 전투형태와 같이 된 상태를 말한다.

내전은 형태적으로는 외전(外戰)에 대응되는 것으로서, 최고도의 정치성을 지닌 무력투쟁이며, 그것은 피지배계급의 무장 반란(봉기)에서 정치권력 탈취에 이르는 계급에서 지배

계급에 대하여 행하여지는 것, 그 권력을 장악한 후 구 지배계급의 반혁명적 군사행동을 억압하기 위한 것의 2단계로 나누어진다. 따라서 내전은 정치권력 획득을 둘러싸고 한 국가 내의 한 세력이 타 세력에 대하여 행사하는 무력투쟁을 말한다.

(2) 반란(反亂, Rebellion)

> 반란은 국가의 정치적 기본제도, 조직을 불법적으로 파괴, 변혁할 목적으로 대규모의 폭동을 일으키는 상태를 말한다.

내란은 반란을 목적으로 한 폭동을 말한다. 반란이란, 통상 국가를 대표해서 정치권력을 장악하고 이 권력에 의해서 정치를 하는 자국 정부에 대하여 국민의 특정 세력이 공공연하게 반역하는 것이며, 그 대표적인 것이 정권 탈취를 목적으로 하는 혁명과 쿠데타이다. 내전과 내란은 동의어로 사용되는 경우가 많아 순수하게 구별할 수는 없으나, 일반적으로 말하는 폭동의 범위 내의 것을 내란이라고 하고, 이것이 무력투쟁으로 발전한 전투상태를 내전이라고 하며 양자를 구별하고 있는 예도 있다. 1924년 이후의 중공군과 국부군의 교전은 대표적인 내전이라고 할 수 있다. 냉전 이후 아프리카 각 국가에서 종족을 중심으로 무력을 동원하여 권력투쟁이 발생한 것도 내전에 속한다.

(3) 폭동(暴動, Riot)

> 폭동이란 다수인이 집합하여 폭행 협박 등의 폭력적 불법행위를 행사하는 것으로써, 내란, 소요에서의 집단적 폭력 행사의 사상을 말한다.

폭동에는 반란목적의 내란과 단순히 군중이 다른 대상에 대하여 집단적인 폭력이나 협박하는 경우의 소요가 있다. 즉, 폭동은 내란 및 소요의 수단인 동시에 그 현상 면을 지칭한 것으로서 단적으로 다수 인에 의한 폭력행사이다.

(4) 소요(騷擾, Disturbance)

> 다수인이 집합하여 폭행, 협박 등의 폭력을 행사하여 그 영향이 한 지방의 평온을 해칠 정도가 되는 상태를 말한다.

(가) 소요는 일반적으로 폭동과 동의어처럼 생각되어 다중이 집합하여 시위행위, 폭동 등 일반적으로 법령, 질서를 파괴하는 것과 같은 폭행으로 무장봉기 등 전투적인 것 까지를 포함하는 광의의 개념이지만, 통상적으로는 주로 법적 개념으로 사용된다.

(나) 소요는 그 정치 목적을 명확히 하고 정치단체에 의해서 조직적으로 행할 때는 내란 내지 혁명으로 전환하는 경우가 있다. 이같이 소요는 혁명으로의 한 조건이 될 수 있으나 꼭 전제되는 것은 아니다.

(5) 예방전쟁(豫防戰爭, Preventive War)과 선제공격(先制攻擊, Preemptive Attack)

예방전쟁이란 전쟁의 발발이 당장 급박한 상황에 이르지는 않았으나, 조만간에 일전이 불가피하다고 판단되는 긴장 속에서 적이 유리한 전략 태세 하에서 전쟁을 개시하는 것을 예방하기 위하여 적보다 앞서서 개전하는 전쟁을 말하고, 선제공격이란 적의 공격이 임박했다고 판단될 때, 적에 의해 기습당하거나 공격을 당하기 전에 사전에 적을 먼저 공격하는 행위이다. 선제공격은 적의 공격이 임박했을 때 적을 먼저 공격하는 행위이다.

예방전쟁의 동기는 크게 나누어 두 가지가 있다. 하나는 양국 간의 군사력 균형이 깨지는 것을 두려워하는 나머지 일국이 적에 대해 공격을 시작함으로써 전쟁을 개시하는 것을 의미한다. 이는 종전에는 어느 일방에 유리했던 군사력 균형이 상대방에게 점차 그 이점을 빼앗기게 되고 적에게 우위를 허용하게 된다는 비관적 생각으로 자국이 유리한 상황에서 군사적 주도권을 가지고 전쟁을 발발하는 것으로 해석할 수 있다. 다른 하나는 적과 비교하여 아군의 능력이 어느 시점에서 판단하여 상대적으로 강하다고 느껴질 때 바로 그 시기를 이용하는 것이라고 볼 수 있다. 물론 이 두 가지 경우는 조만간에 전쟁은 불가피하다는 대전제를 달고 있다.

예방전쟁의 시기는 중대한 결정이며 중요한 국제적 중요성을 지닌 행위이다. 예방전쟁이란 그 나라의 지위가 하락하는 국가, 그 나라의 안전이 즉각적인 전쟁에 호소하는 것 이외의 다른 방법으로는 더 이상 보장될 수 없는 나라, 그리고 정치적 행위, 강력한 국가나 동맹국의 보호, 적을 무마시키는 일 등 모든 수단과 방법을 동원하여서 효과를 거두지 못한 나라가 취하는 하나의 정책이라고 볼 수 있다. 그러므로 예방전쟁은 현재의 전망에 대해서는 낙관적이지만 미래는 비관적임을 나타낸다.

선제공격은 적의 공격이 임박했을 때 적을 먼저 공격하는 행위이다. 따라서 예방 공격과 선제공격은 다음과 같이 몇 가지 점에서 차이가 난다. 첫째, 기선을 잡는 주체에서 차이가 난다. 예방 공격은 그 자신의 기선을 취한 행위의 결과이나, 선제공격은 상대방의 공격할 의도에 의해 자신이 반응하는 것이기 때문에 최초의 기선은 상대방에게 있다. 둘째, 시간장경과 관련이 있다. 선제공격은 시간장경이 짧으나 예방 공격은 시간장경이 길다. 셋째, 전쟁의 불가피성에 대한 인식의 문제이다. 선제공격은 양자가 공히 전쟁 불가피성을 인식하고 어느 한쪽이 먼저 선수를 치는 것임에 반해, 예방 공격은 상대방보다는 아측이 전쟁 불가피성을 더 긴박하게 인식하고 개전을 하는 것이 차이점이다. 넷째, 주도권 차원에서 차이가 있다. 선제공격과 예방 공격은 둘 다 미리 응징한다는 개념에서 동일 하나 선제공격은 상대방이 이미 개시한 행동을 기초로 일어난다. 예상되는 침략이 먼 미래에 일어날 수 있는 행위라기보다는 이미 사실상의 문제로 등장하는 경우이다. 따라서 예방 공격은 행위를 하려는 국가가 처음부터 주도권을 가지고 행동한다는 점에서 선제공격과 다르다.

사례를 들자면 1973년의 이집트의 이스라엘공격이 예방전쟁의 전형적인 케이스이다. 당시 이집트는 1967년 6월 전쟁 이후 긴장이 팽배 한 대 이스라엘 관계가 조만간 전쟁의 재발로 치달을 것으로 판단하였고, 또 그간 보복의 기회를 민족주의적 측면에서 찾아오던 중 대 이스라엘 전력이 어느 정도 대등한 시점인 1973년 공격하였다. 그리고 이 시기는 아랍권의 내적 결속을 삼을 수 있는 좋은 계기를 개전이 가져 줄 수 있다고 믿었으며, 실제로 이스라엘 방위 태세의 취약점이 최대한 노출되어 있었다.

1941년 독일의 러시아(소련)침공도 러시아가 장차 서방측의 대 독일전에 참가할 것이라는 우려가 부분적으로 기인했다는 점에서 예방전의 성격을 띠고 있다고 할 수 있다. 물론 이것은 어디까지나 주권적인 관점에서 본 공격 의지의 분석이며 소련이 당시 독일의 예방공격을 유발할만한 객관적인 상황은 아니었다. 다시 말하면 예방 공격이든 선제공격이든 공격의 주관적 동기와 객관적 동기와는 인식적인 차이점이 있다는 것을 파악할 필요가 있다. 독일의 경우 러시아의 방어 태세의 취약이라는 기회보다도 정치, 전략적으로 러시아의 잠재적 위협을 사전에 제거하지 않으면 안 된다는 공격의 동기가 더 커서 개전이 되었던 만큼, 공자의 전쟁 불가피성 인식이 예방전쟁의 결정적인 변수로 보아야 한다. 러시아의 입장은 러시아가 독일로부터 기습공격을 당했다고 볼 것이다.

또한 일본의 진주만 공격은 일본의 입장은 진주만 공격은 예방 공격일 수도 있고, 곧 미국이 일본을 공격할 것이라는 차원의 선제공격에 해당한다고 볼 수도 있다. 반면 미국의 시각에서 보면 미국은 일본으로부터 기습공격을 당했다고 주장한다. 통상적으로 진주만 공격을 진주만 기습이라고 부르는 이유도 여기에 있다. 미국은 일본의 진주만 공격을 일본의 선제공격이라고 보지 않는다는 뜻이다.

핵을 보유한 강대국 간의 전쟁을 이런 차원에서 분석해 본다면 핵의 '공포적 균형'(balance of terror)의 상황에서 양자를 직접 목표로 하는 어떠한 형태의 예방전이나 선제공격도 쉽지 않을 것이다. 다시 말하자면 양자가 상호 대량 파괴력(Mutual Assured Destruction)을 보유하고 있는 한, 객관적인 공격의 기회는 극히 희박하며 설사 그 기회가 포착되었다 하더라도 공격의 주관적 결정은 거의 보복을 각오한 것이므로 자살행위에 가깝다고 하겠다. 그러므로 과거 미·소의 대결처럼 초 강국끼리 전면핵전의 위협을 안고 있는 경우는 재래식 의미의 예방전 발생 가능성은 대단히 희박하며, 단지 간접적 방법으로서 다른 지역에서 대리전을 편다든가, 아니면 직접으로 개입하되 제한적 범위 내에서 예방전을 시도했다고 할 수 있다. 전자의 경우는 미·소의 직접 대결에서 오는 확전의 위험을 피하고자 각자의 우방국끼리 대리전을 펴게 하여 미·소가 이를 간접적으로 통제하면서 대결하는 것이고, 후자는 미·소가 직접 당사국이 되어 본토를 직접 위협당하지 않는 다른 지역 혹은 전역에서 힘의 과시를 함으로써 상대방에게 억제력을 행사하는 것을 말한다.

선제공격 용어 사용을 조심해야 하는 이유는 이 용어를 어떻게 사용하느냐에 따라 전쟁의 정당성 문제가 달라질 수도 있기 때문이다. 예를 들어 서해교전이나 연평 해전 당시에 언론에 보도된 내용을 보면 주로 '북한의 선제공격'이라는 표현이 사용되었다. 심지어 군인들도 북한의 선제공격이란 표현을 깊은 사고(思考) 없이 사용한 경우가 있다. 이는 이론상 한국이 북한에 대해 기습공격을 하려거나 또는 공격할 징후가 있었는데 북한이 이를 간파하고 먼저 공격했다는 뜻으로 해석되기 때문에 한국의 '공격 의도'가 오히려 부각되는 측면이 있다. 한국은 전혀 북한을 공격할 의사가 없음에도 불구하고 우리 스스로가 선제공격이라는 용어를 사용하는 것은 이론상 옳지 않다. 정확한 용어를 사용한다면 북한의 '기습공격'이라고 표현하는 것이 옳다.

(6) 심리전(心理戰, Psychological Warfare)

> 심리전(쟁)은 대상목표(국가, 집단, 개인 등)의 의견, 감정, 태도 및 행동에 영향을 주기 위하여 선전 및 기타의 행위를 계획적으로 행사함으로써, 광의적으로는 국가목적이나 국가정책에, 협의적으로는 군사상의 임무달성에 기여하게 하는 것을 말한다.

심리전쟁을 정의한다는 것은 매우 어려운 일이다. 왜냐하면 심리전의 목적, 대상, 수단, 범위 등이 그 시대에 따라 다르며, 또한 그것을 실행하는 국가나 사람에 따라 상이하기 때문이다. 광의로 정략, 전략적 견지에서 이것을 보는 사람, 협의로 단순히 군사 목적 달성을 위한 보조 수단으로 이를 보는 사람, 국제정치에 있어서 설득의 도구로서 이것을 이용하려고 생각하는 사람, 국내에서 국민 여론 형성으로 이용하려고 의도하는 사람, 일시적으로 심리적 기만하는 것을 가리키는 사람 등이 있다. 이들을 역사적으로 정리해 보면 '전쟁(무력전, 비 무력전을 포함)을 통하여 심리적으로 싸우는 전쟁'으로 발전되고, 다시 '전쟁 부재(평화)를 위하여 이해를 증진 시키기 위한 심리 활동'으로 발전하였다고 할 수 있다.

상술한 정의를 다른 형태로 표현하면 어떤 목적을 달성하기 위하여 상대방이나 3자로 하여금 그 목적에 부합되는 태도 및 행동을 취하도록 하거나, 또는 그 목적에 상반되는 태도 및 행동을 취하지 않도록 적극적으로 작용하는 치밀한 계획적 노력이라고 할 수 있다.

세계의 모든 국가가 이 활동에 주력하고 있으나 일반적으로 평시에는 전쟁이라는 표현을 피하고, 최근에는 심리적 활동(Psychological Operations)이라고 표현하는 경우가 많다. 유사어로서 정치전, 사상전, 선전전, 지혜의 싸움, 기타 여러 가지가 있으나 어느 것이든 심리전쟁의 어떤 부분을 강조하여 표현한 것이라고 볼 수 있다.

(7) 비정규전(非正規戰, Unconventional Warfare)/국지도발 대비전

> 비정규전은 유격전, 도피 및 탈출, 그리고 전복활동 등을 포함하는 작전으로서 적이 확보 또는 지배하는 지역에서 주로 주민에 의하여 수행되며, 통상 외부로부터 여러 가지 면으로 직접적이거나 간접적인 지원과 지시받는다. 즉, 기존 정권이나 점령 세력을 제거 또는 약화시킬 목적으로 수행되는 주로 주민에 의해서 실시되는 총체적인 저항활동을 말한다.

통상적 의미의 전쟁이란 정치적 목적을 달성하기 위한 수단의 하나로 군사력을 동원하여 상대방 적의 군사력과 충돌시킴으로써 승패를 결정하는 행위를 가리키는 협의의 개념으로 사용해 왔고, 이 협의의 전쟁을 논 한 경우 전투의 유형과 특징에 따라 통상 정규전과 비정규전으로 구분하여, 정규군편성을 기초로 한 전투와 비정규군 편성을 기초로 전투 위주 특징지으려 했다. 그러나 오늘날 전쟁개념은 조금 더 광의의 전쟁개념으로 확대, 이해되지 않으면 안 된다. 이는 주지하는 바와 같이 현대전이 총력전의 양상으로 나타나고 있기에 사실상 전쟁이란 유형, 무형의 형태로 나타나므로 전쟁 수행 능력을 계산할 때도 그 사회의 모든 부분에 걸친 총체적 잠재력까지를 포함하게 되었기 때문이다. 따라서 흔히 비정규전을 유격전으로 생각하기 쉬우나 현대전과 같이 총력전인 현대에 있어서는 비정규전을 단지 군사적 측면에서의 유격전을 중심으로 한 전투 위주로만 국한할 수 없으며, 유격전 등 군사적 측면과 아울러 정치적, 경제적, 심리전 등 정규군사력을 기초로 한 전투행위 이외의 모든 저항행위를 비정규전의 범주에 포함하여야 할 것이다.

(8) 특수전(特殊戰, Special Warfare)

> 특수전이란 비정규전, 대비정규전 및 심리전에 관계되는 모든 군사 및 준군사적인 대책과 활동을 말한다.

특수전(쟁)은 전면(핵)전쟁 및 국지전쟁과 함께 미국의 케네디 시대의 유연반응전략 가운데의 한 전쟁개념이며 그 내용을 당시 인도지나(특히 베트남), 아프리카(콩고), 중남미(쿠바) 등에서 전개되고 있던 혁명, 게릴라전, 심리전, 정치공작 등의 비 재래식 전쟁을 총칭하는 의미로 사용되었다.

이 특수전(쟁)을 수행하는 작전 전투 분야를 미군은 특수작전(Special Operation)이라고 하며, 이 작전은 군대가 현지 주민과 협력하여 실시하는 국내 치안유지 작전, 심리작전(사상 · 선전 · 공작), 게릴라전, 전복활동, 정치공작, 적지 또는 적으로부터의 탈출 작전 및 이와 관련이 있는 제 활동을 포함한다.

미국은 1962년~1965년경의 베트남전쟁에 있어서 특수전쟁전략으로 대처하고 테일러 계획에 의한 특수작전을 하였다. 이 특수작전을 지도 하고 실시하는 부대로 미군은 특수부대(Special Forces)라고 말하고, 이 시기에 그린베레(Green Berets) 특수부대의 활동은 유명하다. 오늘날 특수전(쟁)이라는 용어는 그다지 많이 사용되고 있지 않으며 비정규전(쟁)(Unconventional Warfare)이라는 용어가 일반적으로 사용되고 있다.

(9) 자위권과 집단적자위권 및 긴급피난

(가) 자위권 (자신을 보호하기 위한 권리로 무력 사용)

> 자위권이란 국가 또는 국민에 대한 현실적 또는 급박한 불법침해가 있을 경우, 국가 또는 국민을 방위하기 위하여 필요 최소한의 범위 내에서 실력을 행사할 수 있는 권리를 말하며, 광의로는 긴급피난을 포함한다.

'자신을 보호하기 위한 권리로 무력 사용'을 의미하는 자위권의 개념이 국제법상 명확해지게 된 것은 제1차 대전 후, 특히 1928년의 부전(不戰)조약 체결 이후의 일이다. 종래 국가가 국제분쟁을 해결하기 위해서 무력을 행사하는 것이 인정되던 때에는 자위권은 이론적으로나 실제로 크게 주목받지 못했는데, 무력 행사가 위법하여 예외적으로 강력행위를 할 수 있는 권원(權原)으로서 자위권이 주목받게 된 것이다.

일반 국제법상 자위권은 외국으로부터 현실적으로 불법 침해가 가하여진 경우뿐만 아니라, 불법 침해받을 급박한 위협 할 경우에도 발동될 수 있다. 그러나 장차 행하여질지도 모르는 침해에 대한 예방전쟁은 자위행위로 인정되지 않는다. 그러나 자위권의 발동은 침해에 대하여 자기를 방위하는데 필요한 최소한의 한도 내에서 행하지 않으면 안 된다. 그러할 경우도 자위권 명목에 의한 방위 행동이 필요한 한도를 넘어서 행할 때는 과잉방위로서 그 자체가 위법행위가 된다.

과거의 침해 사실에 대해 복수할 경우, 이는 자위권의 차원이 아니라, 국가의 개별적인 무력 행사와 전쟁을 일반적으로 금지한 UN헌장은, 강력행위가 행하여지는 경우를 집단적 강제조치와 자위행위로 한정하였다. 유엔 헌장 제51조에 자위권이 규정되어 있다. 그러나 헌장 제51조가 인정하고 있는 자위권과 일반 국제법상의 자위권은 다음의 몇 가지 점에서 차이가 있다.

첫째, 제51조는 자위권은 UN회원국에 대하여 "무력 공격이 발생한 경우"에만 발동된다고 규정하여 종래의 "침해"를 "무력 공격"으로 한정한 것이다.

둘째, 종래에는 일단 전쟁이 개시되면 적국이 항복할 때까지 공격을 속행할 수 있었으나, 제51조는 국제연합안전보장이사회가 "필요한 조치를 할 때까지"라고 하는 제한을 가하고 있어, 동조의 자위권은 응급적 성질을 갖고 있다.

셋째, 제51조에 자위 조치는 "즉시 안전보장이사회에 보고하여야 한다."라고 규정된 것은 자위 조치가 방위하는 국가만의 판단에 따라 독주함이 없도록 통제를 가하기 위한 것이다. 각국 스스로 판단으로 자위권이 행사되는 것은 자위권의 본질상 변함이 없으나, 그것은 종국적으로는 집단 안전보장 체제에 복속해야 하는 것을 의미한다. 자위행위의 적법성, 타당성은 공적 통제에 따라야 함을 강조한 것이다. 제2차 대전 후의 늬른베르크 및 동경에서의 국제군사재판의 판결이 "자위냐 아니냐는 최종적으로 국제적 심사와 판정에 회부 하여야 한다." 한 것은 자위권이 평화 유지에 역작용하는 것을 막기 위한 것으로 파악된다.

넷째, 제51조는 공격받은 국가 자신이 방위하는 경우를 개별적 자위권으로 인정함과 동시에 집단적자위권도 인정하였다.

그런데 헌장 제51조의 자위권 규정이 일반 국제법상의 자위권을 제한하는 것인가 또는 아닌가에 대해서는 학설 간의 대립이 있다. 한국과 일본의 학자들은 대부분 제한설을 취하고 있으나, 왈도크(Sir Humphrey Waldock)나 보우에트(D.W.Bowett) 등은 헌장이 결코 일반 국제법상의 자위권을 제한하는 것이 아니라고 주장하고 있다. 그리고 실제로 여러 국가의 행동 실태를 보더라도 그와 같은 해석을 취하는 사례가 많다. 이러한 해석은 구체적으로 두 가지 측면을 가지고 있다.

첫째, 헌장은 무력 공격으로 발전하지 않는 형태의 대(對) 침략 자위권을 결코 부정하고 있지 않다는 것이다. 둘째, 헌장 제51조의 규정은 결코 급박한 무력 공격의 위험에 대한 자위권, 즉 "선제적 자위(Anticipatory Self-Defense)"를 배제하지 않고 있다는 것이다. 왈도크에 의하면, 헌장 제51조에서 자위권을 규정하고 있는 것은 집단적자위권을 헌정상 명확히 하기 위한 것으로서, 결코 그것에 의하여 가맹국의 자위권을 인정한다거나 또는 한정한다는 취지가 아니라는 것이다. 또 보우에트는 헌장이 규정하는 가맹국의 의무가 일반 국제법상의 자위권 행사를 부정하는 내용을 포함 여부를 중시하면서 무력 행사 금지에 관한 제2조 4항의 규정은 결코 일반 국제법상의 자위권을 부정하는 내용을 포함하고 있지 않다고 한다. 이밖에도 제51조를 제한적으로 해석할 경우, 상대편의 공격을 기다리는 '제2격의 원칙(Principle of the Second Blow)'을 인정하는 것이 되어 상대편이 자신에게 치명적인 타격을 하는 것을 허용하는 결과가 된다는 실리적 배려에서 이와 같은 해석을 취하는 학자도 있다.

예컨대 왈도크가 강조하는 것은 바로 다음과 같은 점이다. 국제연합이 무력 공격의 위협에 대하여 즉각 행동할 수가 있다면 모르되, 그 활동이 저해된다든지 지연된다든지 혹은 부적당할 경우도 그대로 무력 공격이 현실적으로 행하여질 때까지 기다려야 한다면, 결국 상대편이 자신에게 치명적인 타격을 가하는 것을 허용하는 결과가 될 것이다. 공격무기의 속도와 위력이 크게 증대하고 있는 오늘날에 있어서 이는 극히 위험한 일로서 그것을 인정한다는 것은 UN의 목적과도 모순되는 것으로 보아야 한다고 주장하고 있다.

(나) 집단적자위권

> 집단적자위권은 UN헌장 제51조에 의하여 인정된 권리로서, 자국과 밀접한 관계에 있는 다른 국가가 무력 공격을 처하면 그것이 동시에 자국에 대한 위해를 의미하는 것으로 보고 이에 대항하여 방위행동을 취할 수 있는 권리를 말한다.

UN 헌장 제51조에 따라 회원국은 안전보장이사회가 국제평화와 안전의 인정되는 권리라는 주장 유지에 필요한 조치를 할 때까지 개별적 자위권 또는 집단적자위권을 행사할 수 있게 되었다.

집단적자위권의 개념은 헌장 제53조 제1항이 지역적 협정에 기한 강제 행동에 관하여 안전보장이사회의 허가를 필요하게 되어 있는데, 동 이사회의 기능이 상임이사국의 거부권으로 마비될 경우도 공동으로 방위할 수 있게 하도록 필요한 것이다.

집단적자위권에 관해서는 UN 회원국의 협정, 특히 지역적 협정에 규정되어야 비로소 이루어 질수 있다고 하는데, 이러한 주장은 집단적자위권은 '고유의' 권리로서 UN회원국의 여부와 관계없이 모든 국가에 인정된다는 주장과 대조된다. (후설이 다수설) 또한 집단적자위권을 발동하는 국가와 공격을 당하는 국가 사이에는 '특수한 연대 관계' 또는 '밀접한 관계'가 존재한다는 주장과 이를 부정하는 주장이 있는데, 전자가 유력하다. 다만 그 '관계'가 반드시 협정으로 체결되어 있어야 하는 것은 아니라고 보아야 할 것이다.

(다) 긴급피난("나"를 위하여 "타인"의 영역을 활용하는 것)

> 긴급피난은 국가가 자국에 대한 급박한 위난을 피하여 부득이 타국의 법익을 침해하는 행위를 말하는데 국제법상 위법성이 인정되어 적법행위로 인정된다.

'**나를 위하여 타인의 영역을 활용하는 것**'**이라 할 수 있는 긴급피난** 요건은 첫째, 위난은 국제법상의 권리나 법익에 대한 위험을 구성할 것. 둘째, 위난은 급박한 것일 것. 셋째, 방위는 부득이한 것일 것 등이 있다.

긴급피난은 자국에 대한 위난을 피하여 자기의 법익을 보전하기 위하여 위난의 원인에 대하여 아무런 책임이 없는 타국의 법익을 침해하는 것이므로, 상당성의 요건이 가중된다. 법익 권형(**權衡**)의 요청에 따라 보전되는 법익과 침해되는 법익이 전자의 우위에서 균형을 유지할 필요가 있다. 긴급피난 행위로 인하여 상대국에 발생한 손해에 대하여 이를 배상하여야 한다. 전통 국제법 이론에 의하면 긴급피난과 자위권은 국가에 있어 극히 기본적인 일반 국제법상의 권리로서 조약 규정 유무를 떠나 인정되는 고유의 권리이다.

(10) 테러(Terror)와 테러리즘(Terrorism)

> 테러(Terror)란 라틴어의 Terree에 어원을 두고 있으며 일반적으로 "극도의 공포(Extreme Fear)" 또는 "죽음의 심리적 상태"를 뜻한다. 테러란 발생 원인이 무엇이든지 간에 극도로 불안한 심리적 상태를 말하며, 자연적인 현상이다. 반면에 테러리즘(Terrorism)은 "정치적 목적을 가지고 공포심을 불러일으키기 위해 무고한 3자에게 고의적이며, 조직적으로 살해하고, 불구로 만들며, 협박하는 것"이라는 행위적인 의미가 내포되어 있다.

흔히 테러(Terror)와 테러리즘(Terrorism)이라는 용어들은 자주 혼동되어 사용되고 있다. 특히, 9.11 사건으로 인해 미국 뉴욕의 세계무역센터(World Trade Center)가 폭파된 이후에 테러와 테러리즘에 관한 용어는 너무 친숙해져 있지만, 두 용어의 개념에 대해서 현격한 차이가 있다는 것에 대해서는 잘 인식하지 못하고 대부분이 혼용해서 사용하고 있다.

극단적인 공포나 두려움을 느끼게 되는 테러는 인명과 재산상 피해를 받는 홍수, 폭설, 지진, 화산 폭발 등과 같은 자연재해나 대형 항공기의 추락, 특히 세계무역센터 폭파사건 등과 같은 대형사고, 그리고 빈번하게 발생하고 있는 대형 참사나 교통사고 등을 목격하거나 뉴스를 통해 알게 되는 것처럼 직·간접적인 경험을 통해 인식하게 되는 것이다. 이처럼 테러는 주관적 경험이나, 마음의 상태 또는 사회적 효과를 의미한다. 한편 테러리즘은 조직적인 사회적 활동의 하나로 고려되고 있으며, 계획적이고 의도적으로 테러를 심리전의 한 형태로 사용하고자 하는 테러 집단이나 테러 정권의 조직적 대중 폭력 행위로 인식되고 있다.

첫째, 테러는 주관적 경험이나, 마음의 상태 또는 사회적 효과를 의미하고, 테러리즘은 조직적인 사회 활동의 일환(一環(일환))으로 고려되고 있다. 계획적이고 의도적으로 테러를 심리전의 한 형태로 사용하고자 하는 테러 집단이나 테러 정권의 조직적 대중 폭력 행위로 인식되고 있다.

둘째, 테러는 과거의 직·간접적인 경험을 통해서 극단적인 공포를 느끼면 본능적으로 발생하는 심리적인 패닉(panic)상태를 의미하지만, 테러리즘은 과거의 경험이 없더라도 극단적인 공포를 일으키게 하는 인위적인 현상이나 행위라고 할 수가 있다. 이러한 견지에서 보면 자연적인 재해, 즉 지진이나 홍수 등 천재지변에 해당하는 참사는 테러리즘이라고 할 수가 없다. 테러리즘은 폭력적 행위의 한 형태를 의미하는 것으로 항공기 납치와 폭파, 요인암살, 공공시설 폭파 등을 통해 사람에게 공포심을 느끼는 인위적인 행위 그 자체를 의미하는 것이다.

셋째, 테러는 과거의 직·간접적인 경험을 통해 심리적으로 야기되는 극도의 공포상태이다. 반면에 테러리즘은 특정 목적 달성을 위해 조직된 폭력을 의도적으로 이용하는 폭력적 행위라고 할 수 있다. 이러한 맥락에서 테러와 테러리즘의 의미에 대한 차이를 종합해 보면, 테러(극단적인 공포 혹은 심리적인 패닉현상)는 직·간접적인 과거의 경험으로부터 형성되는 후천적이기 때문에, 경험된 사건이나 행위(테러리즘)가 테러를 유발하는 원인이 된다.

(11) 휴전, 정전, 정화

(가) 휴전(休戰, Armistice)

휴전은 교전 당사국이 쌍방의 합의로 적대행위를 정지시키는 행위 및 그 행위로 발생한 적대행위의 정지상태를 의미한다. 이러한 휴전에는 전반적 휴전(General Armistice)과 부분적 휴전(Partial Armostice)이 있다. 전반적 휴전은 전 군대가 전투 지역 전체에서 전투 행위를 정지하는 것을 의미하는 것으로 전쟁 전체에 영향을 미치는 정치적 중요성을 갖는다. 따라서 전반적 휴전은 사실상 전쟁의 종료와 동일 효력이 있으며 통상 강화된 전제가 된다. 부분적 휴전은 일정한 군대가 전투행위를 중지하든지 혹은 일정한 지역에서 일시적으로 전투 행위를 중지하는 것을 의미한다.

(나) 전투 중지(戰鬪中止)

전투 중지(Suspensions of Arms)는 교전 당사국의 일부 군대가 합의하여 단기간에 부분적, 일시적으로 전투행위를 중지하는 것을 의미한다. 예컨대 부상자의 수용, 사망자의 매장, 항복 등을 위해 전투행위를 해당 지역에서만 일시적으로 중지하거나, 전투 중이던 쌍방의 군대가 크리스마스를 맞아 24시간 전투행위를 중지하는 것 등을 전투 중지(Suspensions of Arms)라고 한다.

(다) 정전(停戰, Truce)

정전(Truce)은 교전 당사국의 전투행위가 평화유지 활동 등 국제연합, 국제기구의 조치에 의하여 일단 중지되는 것을 말한다.

(라) 정화(停火, Cease Fire)

정화(Cease Fire)는 사실관계 확인 등을 위하여 국제연합, 안전보장이사회, 기타 국제기구의 명령이나 요구로 일정 기간 일정 지역에서 전투행위가 중단되는 것을 의미한다.

전반적 휴전(General Armistice)이 전쟁의 종료를 의미하는가에 대하여는 학설이 갈리고 있다. 전통적인 견해를 가진 국제법학자들에 의하면 전쟁은 강화조약에 의해서만 종료될 수 있어 비록 무력 충돌은 중단되었어도 전쟁의 상태는 계속되는 것으로 본다. 그러나 J. Stone 이나 J. G. Starke 등의 학자는 사실상 정치적인 이유로 강화조약이 체결되지 않는 경우가 많아서 전반적인 휴전 자체가 전쟁의 '사실상의 종료'라고 단언하고 있다. 만약에 휴전을 전쟁의 종료로 보지 않고 전쟁상태가 계속되는 것으로 보면, 휴전 체제하에 국민은 전시법 체제하에서 생활을 하여야 할 것이다. 그러나 현실적으로 휴전협정을 체결한 후에는 모든 국민이 평시법 체제로 돌아간다는 점을 고려할 때, 휴전 특히 전반적인 휴전으로 전쟁은 종료되었다고 보는 것이 타당할 것이다.

부분적인 휴전(Partial Armitice)과 전투 중지(Suspensions of Arms)가 다른 점은 예컨대 부분적인 휴전이 본격적인 휴전 협상을 위한 휴전과 같이 정치적인 의미와 효과를 갖는데 반 하여, 전투 중지는 전혀 이러한 정치적인 의미가 없고 단순히 손을 들고 항복하기 위하여 전투를 중지하는 것처럼, 일시적, 국지적인 의미밖에 없다는 점이다.

정전과 정화는 엄밀한 의미에서는 차이가 난다. 즉, 정전이 휴전으로 발전하기 위한 전 단계 정도로 인식하는데 반 하여 정화는 사실관계 확인, 예컨대 어느 쪽에서 먼저 발포 여부를 조사, 확인하기 위하여 일시적, 국지적으로 전투행위 중단을 의미한다. 그러나 이러한 법적인 의미상의 차이에도 불구하고 현대에서는 두 가지가 혼동되어 사용되는 경향이 있으며, 특히 영미의 정치학자들이 동어반복을 회피하기 위하여 정전(Truce)과 정화(Cease Fire)를 교대로 사용한 결과 거의 구분이 되지 않고 있다.

(12) 휴전협정과 불가침 협정

(가) 휴전 협정(休戰協定, Armistice(Truce) Agreement)

> 휴전협정은 전쟁 중 적대행동을 정지하기 위하여 전쟁 당사자 간에 체결되는 협정 형식의 합의를 말한다.

전쟁은 강화로써 종결되며 휴전은 단지 적대행동을 정지시킬 뿐 전쟁은 계속된다는 것이 일반적 견해이다. 이 같은 견해는 전쟁법규의 법전화를 지향한 헤이그 평화회의(1899. 1907년)에서 채택된 "육전의 법규·관례에 관한 조약의 부속 규칙"(헤이그 육전 규칙 제 36~41조)에 채용되었으며, 그 후 각국의 육전법규도 이에 따르고 있다.

휴전에는 부분적 휴전과 전반적 휴전이 있다. 부분적 휴전은 일정한 군사적 필요에 따라 일정한 지역에서 일시적으로 전투행위를 중지하는 것으로, 전쟁의 종결과는 아무런 관계가 없고, 그 협정체결도 일선 군사령관 사이의 합의에 의하며 특별한 규정이 없는 한 비준은 필요하지 않다. 그리고 전반적 휴전은 전 전역에 걸쳐 일체 적대적인 병력에 적용되어 사실상 전쟁의 종료와 같은 정치적 효과이다, 따라서 그 협정도 교전국 정부 또는 정부로부터 수권된 군의 총사령관만이 체결하게 된다.

휴전은 적대행위의 일시적인 휴지이므로 기한이 규정되는 것이 보통이며, 기한이 지나면 적대행동이 재개된다. 휴전협정이 만일 기한을 규정하지 않았을 때는, 예고 후 언제라도 적대행동을 재개할 수 있다. 또한 기한이 규정되어 있어도 당사자 일방의 중대한 휴전협정 위반이 있을 때 상대방은 협정을 폐기할 권리가 있다. 이같이 헤이그 육전 규칙이 정하고 있는 고전적인 휴전에서는 전투재개의 여지가 남아 있다고 할 수 있다. 헤이그 육전 규칙은 휴전협정의 구체적 내용에 관해서는 당사자의 임의에 맡기고 있다. 강화를 전제로 한 전반적 휴전의 법적 성질에 대해서는 휴전에서 강화까지 기간은 전투행위가 중지되나 전쟁상태는 교전자 간 및 교전자와 중립국 간에서 의연히 계속되는 것이며, 전쟁상태의 종료는 강화조약의 체결로써 실현되는 것으로 생각되고 있다.

그러나 2차 세계대전 후의 주요한 휴전협정, 예컨대 1949년의 이스라엘과 아랍 제국 간의 4개 휴전협정, 1953년 UN군과 북한 그리고, 중공군 간의 한국휴전협정, 1954년의 인도차이나 3국과 프랑스 간의 휴전협정, 1972년의 베트남 평화협정 등을 보면, 이들은 고전적인 휴전과 크게 다른 공통적 특징을 갖고 있다. 즉, 고전적 휴전은 전적으로 교전 당사자 간의 관심사였음에 반하여, 최근의 휴전협정은 국가 간의 무력 행사를 억제하려는 국제사회의 일반적 관심을 반영하여, ① 적대행동의 휴전보다는 종결 자체를 목적으로 하여 적대행동 재개를 전혀 예정하지 않고 있다는 점, ② 그것을 방지하려는 조치로써 설치되는 감시기관에 제3자(UN기관 또는 중립적인 제3국) 가 참가하고 있다는 점, ③ 또한 최근의 국제적 무력 충돌은 일반적으로 국제법상 엄격한 의미에서의 "전쟁"의 형식을 취하지 않고, 따라서 그 종결도 강화조약의 체결을 전제로 하지 않는 것이 많아졌다는 점 등의 특징을 보여주고 있다. 그리하여 이같이 무력 충돌의 종결을 목적으로 성립된 휴전의 법적 성질에 대해서, 이를 전쟁상태로 보는 것은 2차 세계대전 이후 강화조약이 형식화되고 그 형식조차 생략되고 있는 국제관행을 간과한 소론이라고 하면서, 오늘날에 있어서는 휴전이 적대행위를 종료시키는 당사자의 합의를 사실상 최종적으로 표시한 것으로 보려는 견해가 대두하고 있다.

<6·25 전쟁과 휴전협정>

6·25 전쟁 휴전(정전)협정은 1953년 7월 27일에 UN군사령관을 일방 체결권자로 하고 북한군 최고사령관 및 중공 인민지원군 사령관을 상대방 체결권자로 하여 체결되었는데, 이로써 6·25전쟁은 사실상 중지되고 대한민국과 북한 간의 관계는 "휴전 상태"에 있게 되었다.

휴전 후 동 협정 제4조 제60항에 의거 한국 문제의 평화적 해결을 위해서 고위정치회담(1954년 4월 27일~6월 15일, 제네바)이 아무런 성과 없이 끝난 후, 한국 문제는 매년 UN 총회에서 토의되어 오다가 1976년부터는 상정되지 않고 당사자 간 협의에 맡겨지고 있다.

북한 측은 평화협정(당초에 한국과의 협정체결을 주장하다가 1974년 이후부터는 미국과의 평화협정체결을 주장)체결로써 전쟁이 종결된다고 주장하고 있으며, 우리는 1974년 1월 8일 남·북 불가침 협정 제의에서 볼 수 있는 바와 같이 남·북한 간에 평화를 정착시키는 제도적 장치를 우선으로 마련하자는 입장을 취하고 있다.

(휴전협정 서명)

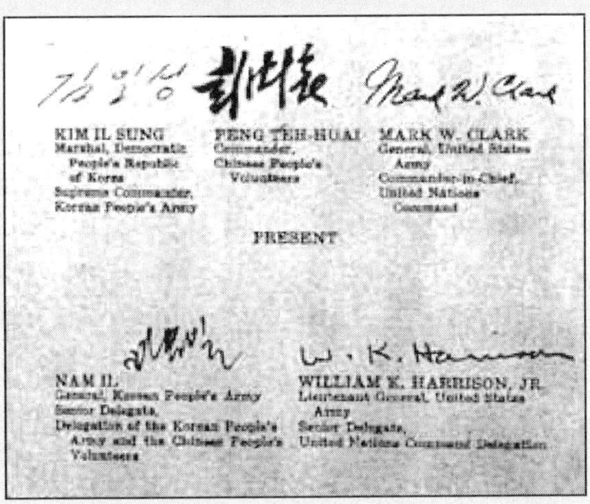
KIM IL SUNG
Marshal, Democratic People's Republic of Korea
Supreme Commander, Korean People's Army

PENG TEH-HUAI
Commander, Chinese People's Volunteers

MARK W. CLARK
General, United States Army
Commander-in-Chief, United Nations Command

PRESENT

NAM IL
General, Korean People's Army
Senior Delegate, Delegation of the Korean People's Army and the Chinese People's Volunteers

WILLIAM K. HARRISON, JR.
Lieutenant General, United States Army
Senior Delegate, United Nations Command Delegation

1953년7월27일10:00시에 한국 판문점에서 영문, 한국어 및 중국어로 작성한다. 이 세 가지 글의 각 협정 본문은 동등한 효력을 가진다.

국제연합군 총사령관 육군대장 클라크

조선인민군 최고사령관 조선민주주의 인민 공화국 원수 김 일 성

중국 인민지원군 사령관 팽 덕 회

참석자

육군중장 헤리슨

조선인민군 및 중국 인민지원군 대표단 수석대표

조선인민군 대장 남 일

(사진)

(나) 불가침 협정(不可侵協定, Non-aggression Pact)

> 불가침 협정은 주권 및 영토보전의 존중과 무력 행사의 금지를 내용으로 하는 국가(정치 체제) 간의 합의를 말한다.

주권 및 영토보전의 존중과 무력 행사의 금지는 국제법상의 원칙이며, 그것은 UN 헌장 제2조에 회원국의 행동 원칙으로 규정되어 있다. 그러나 특정 국가 간에 특히 긴장 관계에 있는 국가 간에서 이러한 내용을 조약으로써 합의하면, 그들 간의 긴장은 크게 완화되고 관계 개선을 기할 수 있다는 특별한 의미가 있다. 불가침 협정(조약)은 형태 면에서 다음과 같이 분류해 볼 수 있다.

1) 상호적 불가침 협정(조약)

일·소 관계 기본원칙에 관한 조약(1925년 1월 20일)과 함께 조인된 의정서 갑(양 체약국의 일방이 제3국과 체결한 군사동맹 조약, 협정, 기타 비밀 협정으로 상대방 체약국의 주권, 영토권 또는 국가적 안전을 침해하거나 위협할 것이 현재 없음을 규정), 1939년 8월 23일의 독 · 러시아(소련) 간 불가침조약(상호 간 일체 실력 행위, 침략 행동, 무력 침략행위를 않고, 만일 체약국 중 어느 일방이 침략 행동을 행하였을 경우의 조치에 관하여 규정), 1941년 4월 13일의 일 · 소 중립 조약(제1조에서 양국 간 우호 관계의 유지, 영토보전, 상호 불가침을 규정하고 제2조에서 체약국 중 어느 일방이 제3국에 의해서 군사행동의 대상이 되었을 때 상대방의 중립 유지를 규정하고, 제3조에서는 5년간의 기한을 정하고 기한 만료 1년 전에 폐기 통고가 없으면 다음 5년간 자동으로 연장됨을 규정하였다. 또한 조인 때에 발표된 공동성명에서 일본은 몽골의, 러시아(소련)는 만주국의 영토보전과 불가침 약속) 서독, 체코 간 불가침조약(1973년 12월 11일): 서독이 체결한 이들 3개 불가침조약은 유럽 국가 간의 국교를 정상화하고 현존 국경선을 존중하며 서로 불가침하여 상호공존을 기한 조약이다.

2) 상호 불가침과 제3국에 의한 보장을 규정한 조약

1926년 9월 14일에 발효한 로카르노상호보장조약(체결국인 독일, 벨기에 간 및 독일, 프랑스 간의 국경을 기초로 하는 영토적 원장 및 동국경의 불가침성 등을 개별적 집단으로 보장함을 약정했다.)

3) 제3국에 의한 불가침 보장 조약

1815년 1월 20일에 오스트리아, 프랑스, 영국, 포르투갈, 프러시아 및 러시아 간에 체결된 스위스의 영세중립, 영토 불가침의 승인 및 보장에 관한 선언이다. 불가침 협정은 엄격히 이론적으로 볼 때, 전쟁이 있었던 것과는 관계없이 무력 불행사를 목적으로 체결되는 것이다. 분규나 전쟁의 가능성이 있는 지역에서 모든 분쟁을 평화적으로 해결하고 무력에 의한 위협이나 행사하지 않는 것을 명시적으로 합의하는 것이다. 평화협정이 기왕에 있었던 전쟁을 법적으로 종결시키려는 것인데 반하여 불가침 협정은 새로이 있을지도 모르는 전쟁에 대비하여 예방하고자 하는 것이다.

(13) 평화유지활동과 평화 활동

평화 활동의 개념이 등장한 것은 비교적 최근의 일이다. 1990년대 중반까지만 하더라도 평화유지활동이라는 용어가 보편적으로 사용되었다.

유엔 헌장에는 무력 분쟁과 관련하여 이를 관리하기 위한 원칙과 수단이 명시되어 있다. 유엔 헌장에는 분쟁의 평화적 해결을 위한 수단을 제6장에, 집단안보를 위한 수단은 제7장에 제시하고 있다.

헌장 제6장의 분쟁의 평화적 해결 수단은 협상(Negotiation), 심사(Inquiry), 중재(Mediation), 조정(Coordination), 중재재판(Arbitration), 사법적 타결(Judicial Settlement), 지역기관 또는 지역협정의 이용(Resort to Regional Agencies or Arrangement) 또는 당사자가 선택하는 다른 평화적 수단(Other Peaceful Means of Their Own Choice) 등이 명시되어 있고, 헌장 제7장은 집단안보를 위한 여러 가지 수단들을 제시하고 있는데, 평화적 수단들에 의해서도 분쟁이 평화적으로 종결 못 할 때는 UN은 '평화에 대한 위협, 파괴 및 침략행위의 존재를 결정하고 어떠한 조치를 할 것인가를 결정한다.'(제39조). 이러한 수단들은 비군사적 강제조치(경제 관계 및 철도, 항해, 항공, 우편, 전신, 무선통신 및 기타 의사소통의 전부 또는 일부의 중단과 외교관계의 단절 등)와 군사적 강제조치(강제로 시위, 봉쇄 및 기타 행동 등) 대별 할 수 있다.

(가) 평화유지활동

> 평화유지활동이란 분쟁이 악화하여 당사자 간의 자체 해결이 곤란한 지역에서, 유엔 안보리 결의안에 의해 권한이 부여되어 유엔 주도 또는 유엔의 위임을 받은 지역 기구나 특정국의 주도하에 각국이 파견한 군사 와 민간 요원에 의하여 행해지는 국제평화 및 안전의 유지와 질서 회복을 돕기 위한 분쟁 해결 활동을 말한다.

1차 세계대전 후 국제연맹은 분쟁 해결 기구로서의 역할이 미미하였으며, 2차 대전 후 국제연합(UN)은 헌장 제6장과 제7장을 근거로 국제평화와 안전의 유지를 도모해 왔으나, 소규모 국지 분쟁의 해결에 한계를 보여 왔다. 이에 유엔 헌장 6장(협상, 중재 등 분쟁의 평화적 해결 /구속력이 미흡한 조항)과, 7장(비군사, 군사적 조치를 포함한 분쟁의 강제적 해결/안보리 상임이사국의 거부권 행사로 적절한 활동에 제약)을 엮어가는 방법을 찾아내게 되면서 헌장 6장보다는 강하고 7장보다는 약한 분쟁 해결 방법으로서 양자를 절충하여 "필요시 제한적 범위 내에서 자위적 무력 사용"을 허용하는 평화유지활동(PKO: Peace Keeping Operation)을 대안으로 강구 하였다.

(나) UN 평화유지활동(PKO: Peace Keeping Operation) 유형

> 유엔 평화유지활동(PKO)은
> ① 유엔 안보리나 총회가 행하는 결의에 대하여
> ② 국제평화를 위협하는 지역분쟁과 사태에 대해서
> ③ 분쟁당사자들이 분쟁 해결에 대한 동의가 있는 경우
> ④ 그 분쟁 지역에 이해관계를 갖지 않는 유엔 회원국 들이
> ⑤ 유엔사무총장의 요청을 받아 자발적으로 군인, 민간인들을 파견하여
> ⑥ 파견 요원들의 정치적 군사적 중립성이 유지되는 가운데
> ⑦ 유엔이 주도하여 평화적으로 수습해 나가는 유엔 활동을 말한다.

유엔의 국제 평화유지활동은 통상 분쟁당사자의 동의를 얻어 유엔 안전보장이사회의 결의로 수행되며, 군, 민간경찰, 선거 감시 요원, 유엔 및 국제기구 각종 비정부기구(NGO) 등 다양한 요소가 참가하고 있다. 군 요원은 통상 평화유지군(PKF)과 군(軍) 감시단의 일원으로 참여한다. 군의 평화유지활동 가운데 부대단위로 파견되는 평화유지군(PKF: Peace Keeping Force)은 유엔으로부터 부여받은 권한 내에서 무장해제, 치안유지, 인도적 지원 등의 평화유지활동을 수행하고, 개인 자격으로 파견되는 군 감시단(MOG:

Military Observer Group)은 비무장으로 정전협정의 위반 여부를 감시하며 순찰, 조사, 중재 등의 임무를 수행한다. 유엔 주도의 평화유지활동 경비는 기본적으로 유엔이 부담함을 원칙으로 하고, 지역 기구가 주도하는 평화유지활동 경비는 대부분을 해당 파견국이 부담하게 된다.

▶ 예방적 전개(Preventive Deployment) 및 평화조성(Peace Making)
현행 또는 잠재적 분규가 무력을 수반한 분쟁으로 확산하지 않도록 사전에 평화유지군 또는 軍 감시단을 해당 지역에 전개하거나 분쟁당사자 간 평화적 해결을 위한 협상을 수락하도록 유도하는 활동을 의미한다. 1995년 마케도니아 국경 지역 안정을 위해 배치된 유엔 사전 전개 군(UNPREDEP)이 그 대표적인 "예"이다.

▶ 인도적 구원(Humanitarian Assistance)
분쟁 상황에서 UN 및 민간기구의 인도적 구호 활동과 난민 귀환을 지원하고 인권이 침해당하지 않도록 감시하는 활동으로, 사태가 심각하여 대규모 재난이 예상될 경우는 당사국의 동의가 없이도 활동을 전개하기도 한다. 1992년에 유고지역에 전개된 보스니아 유엔보호군(UNPROFOR)은 인도적 구원을 목적으로 최초로 전개된 유엔 평화유지 활동이다.

▶ 평화유지(Peace Keeping)
분쟁을 조기에 수습하고자 당사자가 정전협정이나 평화협정을 준수토록 휴전 및 정전감시, 완충지대 통제, 군대해산, 무장해제 등의 임무를 수행하며 유엔 평화유지 활동의 대부분 여기에 해당한다.

▶ 평화 강제(Peace Enforcement)
휴전 합의 후 분쟁당사자가 협정을 일방적으로 파기하거나 군사행동을 감행하는 경우 유엔이 헌장 제7장에 근거하여 평화유지군을 투입하여 강제적으로 분쟁을 해결하는 활동이다. 1960년 이후 콩고지역 내전 종식을 위해 활동한 유엔 콩고활동단(ONUC)이 최초로 평화 강제 임무를 수행하였다.

▶ 평화건설(Peace Building)
분쟁이 종식된 이후 평화와 안정이 항구적으로 정착될 수 있도록 인도적 구호 활동, 군대해산과 창설, 경제재건, 선거 지원 등의 활동을 전개한다. 서부 사하라에서 활동중인 선거감시단(MINURSO) 등이다.

(다) 유엔 평화유지 활동의 기본원칙

▶ 동의성

대부분의 유엔 평화유지 활동은 분쟁 당사국(자)의 동의하에 설치되며, 이를 근거로 UN은 원활한 임무 수행을 위해 주둔국과 주둔군협정(SOFA)을 체결한다. 예외적으로 UN헌장 7장(강제 해결)을 적용할 경우는 동의(同意) 절차가 생략될 수 있다.

▶ 중립성

유엔 평화유지 활동은 분쟁 당사국(자)의 어느 편에도 치우치지 않는 객관성과 공정성 유지가 성공적 임무 수행의 관건이므로 통상 분쟁국과 이해관계가 있는 국가의 참여는 배제된다.

▶ 비강제성 (非 强制性)

전통적 유엔 평화유지 활동은 자위를 위한 최소한의 무력 사용만 허용하며, 분쟁당사자의 의사에 반(反)한 강제적 해결은 최대한 지양한다. 그러나 예외적으로 UN 헌장 7장에 근거하여 설치되는 유엔 평화유지 활동은 가능한 모든 수단의 사용을 허용하기도 한다.

▶ 대표성

유엔 평화유지 활동은 UN 주도 하의 활동이므로 특정 참여국이 이를 간섭하거나 파견 중 해당 정부의 정책반영을 강요 하지 않아야 한다.

▶ 자발성

모든 파견 요원은 해당 참여국의 자발적 결정으로 파견하고 철수할 수 있다.

(라) 평화 활동

> 평화 활동이란 분쟁 당사국(집단) 간의 적대행위를 예방(Prevention)하고, 평화를 조성(Peace-Making) 및 유지(Peace-Keeping)하며, 평화를 재건(Peace-Building)하고, 필요한 경우에는 평화를 강제(Peace-Enforcement)하는 제반 활동을 말한다. 따라서 평화 활동의 범주 안에 평화유지활동이 하나의 유형으로 자리 잡고 있다.

(14) 한국군 평화유지 활동

(가) 평화유지활동 경과

1991년 유엔 회원국으로 가입한 우리나라는 1993년 최초로 소말리아에 건설공병 대대를 파견한 이래 2024년 기준 13개국 600여 명이 파견되어 유엔의 평화유지활동에 적극 참여로 지역 재건, 의료 지원 등 인도적 활동은 물론, 치안유지와 평화 정착의 임무를 수행하고 있다.

한국군 해외파병 근거

1. 헌법

- 제5조 1항 : 대한민국은 국제평화의 유지에 노력하고 침략적 전쟁을 부인한다.
- 제60조 2항 : 국회는 선전포고, 국군의 외국에의 파견 또는 외국군대의 대한민국 영역 안에서의 주둔(駐留)에 대한 동의권을 가진다.

* 국제연합 평화유지활동 참여에 관한 법률 13123호(2010.7)
(동 시행령 대통령령 25751호(2014.11))

2. 한 · 미 상호방위조약 제2조

당사국 중 어느 일국의 정치적 독립 또는 안전이 외부로부터의 무력 공격으로 위협을 받고 있다고 어느 당사국이든지 인정할 때는 언제든지 당사국은 서로 협의한다. 당사국은 단독으로나 공동으로나 자조와 상호원조에 따라 무력 공격을 방지하기 위한 적절한 수단을 지속하고 강화할 것이며 조약의 실행과 조치를 합의로 취할 것이다.

3. UN 안보리 결의 (제1368호, 1373호, 1511호, 1546호)

- UN 헌장에 의거 모든 수단을 통해 테러 행위로 야기된 국제평화와 안전에 대한 위협을 응징할 것을 결의 한다. (제1368호 / 아프간)
- 대미(對美) 테러 공격이 국제평화와 안전을 위협한다는 점을 재확인하고, UN이 인정하고 안보리 결의 제1368호에서 강조된 바와 같이 개별적 또는 집단적 자위의 고유한 권리를 재확인한다. (제1373호 / 아프간)
- 이라크의 치안 및 안정 유지를 위해 통합사령부 예하의 다국적군 파견을 승인하며, 유엔 회원국은 군대 파견을 포함한 다국적군에 대한 지원을 제공한다. (제1511호 / 이라크)
- 이라크 내의 다국적군 주둔은 이라크 임시정부의 요청에 따른 것임을 주목하고, UN 안보리 결의 제1511호 하에 설치된 통합사령부 예하 다국적군의 승인을 재확인한다. (제1546호 / 이라크)

(나) 파병 성과

■ **국제 평화유지와 한·미 동맹관계 발전 등 국익에 기여**

자이툰부대의 이라크 파병은 UN 안보리 결의에 따라 이라크의 평화 정착과 재건지원 및 미국의 대테러작전을 지원함으로써 한·미 안보 현안 해결과 발전적인 동맹관계 유지, 우리 기업의 이라크 진출 여건 조성 등 국익을 함양하였다.

■ **대한민국 외교력의 상승효과**

자이툰부대는 소외계층에 대한 의료 지원 및 각종 물자지원 등 인도적 지원활동과 현지인 자활을 위한 기술 교육센터 운영, 사회·경제개발의 토대 마련을 위한 기반 설비 건설 지원 등의 적극적인 파병 활동으로 쿠르드 지역의 안정에 기여하고 국제사회에서 대한민국의 위상 제고와 동시에 우리 군(軍)의 자긍심을 높였다.

■ **동맹군의 벤치마킹 대상**

자이툰부대의 적극적이고 헌신적인 활동은 이라크 쿠르드 주민들에게 우리 군(軍)에 대한 절대적인 호감을 하게 하였음은 물론 동맹군 사이에서 가장 모범적인 민사활동으로 평가받고 있으며, 이는 '민사작전의 모델'로 인식되어 벤치마킹의 대상이 되고 있다.

(다) 파병 활동 기대

■ **유엔 평화유지활동 참여 확대**

주지하는 바와 같이 대한민국은 세계 10위권의 경제, 세계 스포츠 4대 대회(하계 및 동계올림픽, 월드컵, 축구, 세계육상대회) 유치, 유엔사무총장 배출 등을 통하여 경제, 스포츠, 정보통신, 외교 등 여러 분야에서의 국제적 위상을 자랑하고 있다. 따라서 이처럼 막강한 국력과 높은 자긍심으로 무장한 한국군에게 유엔 평화유지활동 참여는 장년 국군의 기본사명을 한 단계 상승시키고, 세계 평화유지와 인류공영에 이바지할 수 있는 좋은 기회임과 동시에 성숙한 국제사회의 일원으로서 당연히 부담해야 할 공동의 안보 책임이다. 또한 한국은 6·25 전쟁 당시 국제사회의 지원과 희생을 통하여 자유민주주의를 수호할 수 있었으며, 이를 바탕으로 현재의 번영을 이룩하였다는 점에서 국제 평화유지활동에 주도적으로 참여해야만 하는 도덕적 당위성이 있다.

■ **유엔 평화유지활동 상비체제 준비**

한국군의 능동적인 국제 평화유지활동 참여를 보장하고 참여지역을 선별적으로 다양화하며, 군뿐만 아니라 민관군을 포괄하는 종합적인 평화유지활동을 지원하는 제도적인 발전이 필요하다. 이를 위한 정책 방향 및 구체적 실천 과제가 유엔 상비체제(UN Stand-by Arrangements System)의 격상과 유엔 평화유지활동 상비부대 편성 및 국가급 유엔 평화유지활동 센터 설립구상이다. 특히 유엔 평화유지활동에 적시 참여를 위해서는 평시에 특정 부대와 장비 등을 지정하고 대기 태세를 유지하다가 UN 요청 시 신속히 파병하는 제도를 준비해야 할 것이다.

2. 전쟁법(Law of War)

> 전쟁법이란 전쟁이 발생하여 전쟁상태가 계속되는 동안 교전 당사국 간 또는 교전 당사국과 비 교전 당사국 간의 관계를 규율하는 법으로, 전쟁 금지를 효율적으로 실현하기 위한 전쟁 방지법과 구별된다.
>
> 전쟁법은 적법한 전쟁뿐 아니라 위법전쟁의 주체에게도 적용된다. 그 이유는 첫째, 전쟁법 대부분은 실질적 규정이 인도적 규정이므로 이에 대한 교전 당사국의 준수가 요청되며, 둘째, 적법전쟁 또는 위법전쟁 여부에 대한 유권적 판정 주체가 국제사회에 존재하지 않으므로, 전쟁법은 교전 당사국 쌍방에게 공평히 적용되어야 하며, 셋째, 설사 위법전쟁의 판정이 가능한 경우에도 적법전쟁 수행 주체가 전쟁 수행과정에서 전쟁법의 규제를 받도록 하는 것이 전쟁의 참화를 감소시킬 수 있기 때문이다.

가. 분류

전쟁법규는 육전·해전·공전에 대한 공통의 전쟁법규도 있지만, 분야별로 발달 된 특별 전쟁법규도 많다. 전쟁법규 중 육전법규는 해전 및 공전법규의 기본이 되며, 특히 육전·해전에 관한 법규는 국제법상의 전쟁은 물론 국제성을 띤 무력 분쟁, 예컨대 국제적 내란 등에도 적용될 수 있다는 점에 유의해야 한다.

전쟁법규 중 특히 중요한 것은 다음과 같다.

(1) 전쟁 일반에 관한 법규

① 개전에 관한 협약(1907)

② 개전 시 적(敵) 상선의 취급에 관한 협약(1907)

(2) 육전에 관한 법규

① 육전의 법규·관례에 관한 협약(1907)

② 질식가스 또는 유독가스의 살포를 유일 목적으로 하는 투사물의 사용을 금지하는 선언(1899)

③ 질식성 · 독성 또는 기타 가스 및 세균학적 전쟁수단의 전시사용금지에 관한 의정서(1925)

④ 화학무기의 개발 · 생산 · 비축 및 비축의 금지와 그 폐기에 관한 협약(1992)

⑤ 세균 및 독소 무기의 개발·생산 및 비축의 금지 및 그 폐기에 관한 협약(1972)

⑥ 환경 변경 기술의 군사적 또는 적대적 사용금지협약(1976)

⑦ 특정 재래식 무기 사용금지·제한 협약(1980)

⑧ 대인지뢰의 사용과 비축·생산 및 이전의 금지 및 폐기에 관한 협약(1997)

⑨ 덤덤탄의(팽창하거나 납 사용으로 고통 야기) 사용금지에 관한 선언(1899)

(3) 해전에 관한 법규

① 해상법의 요소를 확정하는 파리선언(1856)

② 해전법규에 관한 런던선언(1909)

③ 상선의 군함으로의 변경에 관한 협약(1907)

④ 전시 해군의 포격에 관한 협약(1907)

⑤ 자동 촉발 해저수뢰의 부설에 관한 협약(1907)

⑥ 잠수함의 상선에 대한 전투행위에 관한 의정서(1936)

(4) 공전에 관한 법규

① 공전에 관한 규칙안(1922)

나. 기본원칙

(1) 군사 필요의 원칙

교전 당사국은 전쟁목적의 실현, 즉 적을 정복하는데 필요한 병력과 무기를 사용할 수 있다는 원칙이다. 그러나 교전 당사국은 무기의 선택에 관하여 무제한의 권리를 갖는 것은 아니다.

(2) 인도주의의 원칙

적을 정복하는데 필요하지 않은 양과 종류의 무력이 허용될 수 없다는 원칙으로 교전 당사국들은 점차로 전쟁의 수행과 관련하여 상병자·포로 및 전쟁에 참여하지 않은 민간인에게 일정한 보호를 부여해야 한다고 생각하게 되었다.

(3) 기사도의 원칙

교전 당사국들은 공격과 방어에 있어서 불명예스러운 수단·방법 및 행위를 금지하여 공명정대성을 유지하고 서로 존경해야 한다는 원칙이다.

제4절 군사 무기

1. 재래식 무기(Conventional Weapon)

재래무기는 핵무기, 화학무기 및 생물학 무기를 제외한 무기의 총칭으로 통상무기 또는 비핵무기라고도 한다.

재래식 무기 또는 통상무기에 관해서는 국제, 국내를 막론하고 정설이라고 할 수 있는 것이 없지만 2차 세계대전 중에 출현한 핵무기에 반대되는 범위로 분류되어 불리고 있다.

전쟁 역사를 통해서 볼 때 무기체계의 변천 과정을 4기(期)로 구분할 수 있는데, 무기 제1기는 고대 전쟁에서 집단전투와 종대 대형 전술에서 사용된 주로 인간의 손과 팔이나 우마와 같은 동물의 힘, 즉 물리적 에너지를 이용하던 창, 칼, 화살 그리고 방패 등이 사용되던 시기이며, 무기 제2기는 중세전쟁의 화승총과 화포를 포함하고 있으며, 무기 제3기는 현대 전쟁에서 사용하던 기관총, 야포, 전차, 항공기 그리고 잠수함까지를 포함하여 주로 화약 출현 이후에 고도의 화학적 에너지가 전술적으로 사용된 시기이다. 무기 제4기에는 2차대전 이후, 핵의 발명과 더불어 큰 위력을 갖는 핵에너지를 사용하면서 현대전의 냉전과 비정규전에 사용되는 핵무기, 전자무기, 그리고 유도무기 등을 포함한다. 이같이 무기 발달과정을 통하여 볼 때 재래식 무기는 무기 제3기까지의 무기로서 주로 물리적, 화학적 에너지를 사용하는 무기를 총칭한다고 볼 수 있다.

쏠트(전략무기 제한 협상 : SALT/Strategic Arms Limitation Talks)-II 이후 전략무기감축협상에 따라서 재래식 무기를 최근 고도의 과학기술로 집약된 질적 무기로 대치함으로써 재래식 전술 무기의 개발에 박차를 가하고 있다. 더욱이 고성능 추진제를 개발하여 소화기 탄약을 비롯하여 화포, 전차, 미사일, 항공무기 및 잠수함에 이르기까지 종말 위력과 사거리 등을 연장하여 핵무기에 버금가는 무기들이 등장하고 있다.

2. 화학 무기(Chemical Weapon)

화학무기란 유독성 화학작용제 및 이를 충전한 포탄, 폭탄 등을 말한다.

화학무기는 인체에 여러 형태로의 상해를 발생시켜 전투력을 약화할 목적으로 사용하는 무기로서, 소량의 농도에 의한 효과와 사용 및 저장에서의 안정성과 간편성 및 전시생산의 용이성 그리고 대응조치의 곤란성에서 그 운용이 관심의 대상이 되고 있다.

3. 생물학 무기(Biological Weapon)

생물학 무기란 생물학 작용제, 기타 질병 매개물 그리고 이를 충전한 포탄, 폭탄 등을 말한다.

생물학 무기는 적에게 질병을 유발할 수 있는 생물학적인 가용물질을 총칭하는 것이며, 어떤 특정한 분류기준의 규정이 없어 그들에 관한 체계적인 분석은 곤란하다. 사실 기지의 160여 종의 질병에 대하여 각각 분석할 수도 있으나, 무기화라는 관점에서 그 병의 전염성의 강도와 병 자체의 치명도가 분류의 합리적 기준이라고 볼 수 있다.

생물학 무기 운용에서는 화학무기 효과의 시간적, 공간적 제한성과는 달리 그 효과가 사전계획 또는 예측된 것 보다는 시간적 지속성이나 공간적 확산성이 클 수 있다는 문제점이 내포된다. 그러므로 다량의 생물학 무기에 의한 공격이 공격자 자체에 대한 위해가 될 수 있다는 점에서 운용이 쉽지 않고, 적의 후방에서 국한된 지역 급수원의 오염과 같은 수단으로의 비정규전에 적당하다고 할 수 있다.

생물학 무기의 장점은 그에 해당하는 병의 잠복기 이후까지의 탐지, 측정의 곤란과 발병 이후 전염 급속성 이다. 이 같은 본질적인 특성은 어떤 지역의 무력화에 유용한 전략적 수단으로 관심의 대상이 된다.

4. 핵무기(Nuclear Weapon)

> 핵무기란 핵분열 또는 핵융합 반응 시에 방출되는 핵에너지를 이용하여 인원과 물자를 살상 및 파괴하는 무기를 말한다.

원자핵의 분열 반응 또는 융합반응으로 일어나는 막대한 에너지를 살상 및 파괴력으로 이용하는 무기를 말하기 때문에 핵에너지를 동력으로 사용하는 원자력 잠수함이나, 방사성 동위원소를 이용하는 원자력발전소 등은 핵무기라 할 수 없다. 따라서 일반적으로 파괴력을 가진 투하탄이나 포탄 형태로 되어 있는 것을 핵무기라 하며, 미사일이나 어뢰(Torpedo) 등과 같이 운반수단이 분리 분할되는 경우는 포함되지 않는다.

핵무기는 핵반응 형식, 사용하는 목적, 위력의 대소에 따라 다음과 같은 여러 가지로 분류할 수 있다.

가. 핵무기는 핵반응 형식에 의하여 핵분열 무기(예, 원폭)와 핵융합무기(예, 수폭, 중성자탄)로 분류된다.

나. 핵무기는 사용하는 목적에 따라 전략핵무기와 전술핵무기, 전구핵무기로 분류된다.

(1) 전략(Strategic)핵무기

보통 전략핵전력이라고 하면 전략무기 또는 공격 전략핵전력을 뜻하며, 대륙간탄도미사일, 잠수함 발사 미사일 및 장거리 폭격기 등을 이용하여 운반된다. 전략핵무기는 핵폭탄의 운반수단, 지휘통신 및 통제시설과 운용 요원을 포함 완전한 무기체계를 총칭하는데, 전략핵무기는 이와 같은 전략핵전력에 사용될 수 있는 핵탄두만을 말한다.

(2) 전술(Tactical)핵무기

전장 내의 전투에 사용키 위한 소 위력(통상 10단위의 KT 급), 단거리 사정(500마일 이하)의 운반수단에 의해 투발 되는 핵무기이다.

(3) 전구(Theter)핵무기

유럽이나 아시아 등 전구에 대비한 핵무기로서, 전술핵무기를 위주로 하여 일부의 전략핵무기도 포함될 수 있다.(통상 준중거리 탄도미사일: 1,500~500마일, 중거리 탄도미사일: 4,000~1,500마일 등이며 폭격기의 경우는 항속거리 3,500~6,000마일이 중거리 폭격기가 여기에 속한다.)

다. 위력의 크기에 따른 분류로서는 20KT 급을 표준원폭(Nominal Bomb)이라고 하고, 이보다 큰 20~50KT급을 대형원폭, 20KT급 이하를 소형원폭이라고도 한다. 핵무기가 폭발함으로써 나타나는 핵무기의 효과는 폭풍파와 열복사선, 핵 방사선으로 나타난다.

5. 정보전(Information Warfare)

전통적으로 정보전이란 "적에 대한 정확한 정보를 파악하고 활용하는" 의미로 인식되어 왔다. 손자병법의 「**知彼知己**면 **百戰百勝**」이라는 표현처럼 과거 정보전의 개념은 적을 알기 위한 간첩 활동·도청·위성촬영 등이 그 대표적 수단이었지만, 작금의 정보전은 "가상공간에서 벌어지는 전쟁 형태"로 그 목표와 대상 그리고 접근방법에서 매우 확대된 개념을 의미한다.

"가상 세계 또는 가상공간"으로 번역되는 사이버 공간(Cyber Space)은 실제로 존재하는 공간이 아니라 컴퓨터 네트워크상에 존재하는 장(場)[21] 즉, 전 세계 거의 모든 통신망을 접속하고 있는 인터넷 같은 컴퓨터 네트워크상에서 존재하는 전자공동체(ON-Line Community)를 말한다. 이러한 사이버 공간은 그 특성은, 첫째 비대면성 곧 사람들이 사회생활이나 경제생활을 영위하면서 일일이 서로 만나지 않아도 된다는 것이고, 둘째 사이버 공간에 출입하는 주체들의 익명성이 보장된다는 것이며, 셋째 시간과 공간의 개념이 무의미하며, 넷째 컴퓨터와 통신이 발달하면서 각종 정보는 집중관리 되며 신속히 전달된다는 것, 다섯째 사이버 공간은 동시에 다수의 이용자와 접속하여 이용 장소의 제한을 받지 않는다는 것이다.

---

21) "가상세계 또는 가상공간"은 사이버 스페이스(CyberSpace)와 네트워크(Network)라는 두가지 매체가 있다. 사이버 스페이스는 전 세계의 거의 모든 통신망들을 접속하고 있는 인터넷처럼 컴퓨터 네트워크상에서 존재하는 전자공동체(On-Line Community)를 말하고, 네트워크는 인터넷 같은 사이버 스페이스를 이용하지 않고 단지 조직안에서 구성원들 상호간이나 복수 조직들 사이에 독립적으로 형성된 연결망을 가르킨다.

정보전 이론 및 개념 정립과 관련 미 국방대학의 리비키(Martin C Libicki) 교수는 정보전을 군과 민간을 모두 포함하는 관점에서 그 특징과 목적별로 구분하여 7가지의 개념을 제시하였다.

(1) 상대국 지휘부를 공격하는 「지휘통제전」(Command & Control Warfare)

(2) 전장 장악을 위한 충분한 지식 확보에 필수적인 시스템의 구성과 보호, 거부 요소를 포함하는 「첩보전」(Intelligence Warfare)

(3) 무선·전자 혹은 암호 기술과 관련한 「전자전」(Electronic Warfare)

(4) 상대국 인식을 바꾸기 위한 「심리전」(Psychological Warfare)

(5) 컴퓨터 시스템 공격 및 정보수집을 위한 「해커전」(Hacker Warfare)

(6) 경제적 우위 확보를 위해 정보를 수집하거나 차단하는 「경제정보전」(Economic Information Warfare)

(7) 미래형 전쟁으로 평가받고 있는「사이버전」(Cyber Warfare)

6. 사이버전(Cyber warfare)

'사이버전(Cyber Warfare)'은 관점에 따라 정부 및 군의 조직, 학문영역 그리고 개인마다 매우 다른 의미로 사용한다.

군(軍)의 사이버전 개념은 "사이버 공간을 전장(戰場)으로 삼아 사이버 체계의 탐색, 공격 및 방어를 수행하는 새로운 형태의 전쟁"이라 정의 하고 사이버전과 혼용하여 사용'사이버 테러'는 컴퓨터 통신망 상 구축되는 가상공간인 사이버 공간을 이용한 폭력 행위를 가리키는 용어로, 컴퓨터 통신망을 이용하여 정부 및 민간 기관의 정보 시스템에 침입, 중대한 장애를 발생시키거나 파괴하는 등의 범죄 행위를 뜻한다.

따라서 사이버전과 사이버 테러를 구분한다면, 사이버전은 전·평시 사이버 공간을 전장(戰場)으로 삼아 사이버 체계의 탐색, 공격 및 방어를 수행하는 새로운 형태의 전쟁으로 그 주체가 국가(평시의 경우는 테러 집단이나 개인도 될 수 있음) 대 국가임에 비추어,

사이버 테러는 테러 행위를 수행하는 주체가 특정 국가·테러 집단 또는 개인에 의한 행위로 한정할 수 있을 것이다.

정보통신산업 기술의 발달을 이용하여 군사·행정·금융 등 한 국가의 주요 정보를 파괴하는 사이버 테러는 21세기로 들어서면서 갈수록 심각해질 것으로 예상한다. 사이버 테러 수법에는 강한 전자기를 내뿜어 국가통신 시스템, 전력, 물류, 에너지 등의 사회 기반 시설을 일순간에 무력화시키는 전자기 폭탄, 데이터양이 큰 메일 수백만 통을 동시에 보내 대형 컴퓨터 시스템을 다운시키는 온라인 폭탄, 세계 유명 금융기관이나 증권거래소에 침입, 보안망을 뚫고 거액을 훔쳐내는 사이버 갱 등이 있다. 이러한 사이버 테러의 특징은 시간이나 공간을 초월하여 세계 곳곳에서 동시다발적으로 진행될 수 있다는 점에서 그 규모가 가공할 만하게 커질 수 있고, 우회적인 경로를 사용하기 때문에 범죄자를 적발하기 어렵다는 것이다.

"사이버공격"은 해킹·컴퓨터바이러스·논리폭탄·메일폭탄·서비스 방해 등 전자적 수단에 의하여 국가정보통신망을 불법침입·교란마비·파괴하거나 정보를 절취·훼손하는 일체 공격행위 등을 말하며 그 유형은, 사이버심리전(Cyber Psychological Warfare)으로 '정보통신 기술 기반의 사이버 공간에서 국가정책의 효과적 달성을 목적으로 주체 이외 모든 국가 및 집단의 견해, 감정, 태도, 행동에 영향을 주는 선전 및 기타 모든 활동의 계획적 사용'이라 정의 할 수 있으며 '사이버 공간에서 수행되는 심리전' 통신망 등을 통해 다른 사람의 컴퓨터에 불법 침입해 자료를 훔치는 방법인 해커(Hacker) 및 해커 전(Hacker Warfare/악성 바이러스, 논리폭탄, 트로이목마, 스니퍼 등의 전문적인 프로그램을 활용하여 적대세력의 컴퓨터 네트워크 자체에 대해 기술적인 공격) 등이 있다.

한편 네트워크 중심전(Network Centric Warfare)은 전장에 참여하는 여러 전력 요소에 관해 정보통신 기술의 발전을 이용한 네트워크를 구축하면 전장 상황인식의 공유와 전력의 통합화가 가능해지고 이에 따라 작전의 수행 효과를 획기적으로 높일 수 있다는 이론을 말하고 전·평시 전반에 걸쳐 네트워크 중심전(Network Centric Warfare)의 이론과 원리를 실제 전장에서 구현하는 행위적 관점에서의 표현을 네트워크 중심 작전(Network Centric Operations)이라고 한다.

7. 인지전(Cognitive Warfare)

'인지전(Cognitive Warfare)'은 상대방의 인식, 사고방식, 신념, 가치관 등에 영향을 미쳐 행동을 변화시키려는 전쟁의 방식으로 전통적인 군사적 충돌이 아닌 심리적, 정보적, 문화적 방법을 통해 상대를 조종하거나 약화하는 전략이다.

인지전은 단순한 선전이나, 정보전, 심리전을 한 단계 발전한 개념으로 개인이나 집단의 인식을 조작하여 원하는 행동을 유도하는 것으로, ①적국(적군)의 사고방식과 감정에 영향을 주거나, ②사회적 혼란을 유발하여 내부 분열을 촉진, ③의사결정과정을 교란하여 상대방의 전략적 판단을 흐리게 하는 것, ④장기적으로 정치적·군사적 우위를 점하는 것에 그 목적이 있다.

인지전 은 ①가짜뉴스, 소셜 미디어를 활용한 정보 왜곡 등 "정보 조작 및 심리전", ②특정 이슈를 과장하여 공포심을 조장하거나 갈등을 유발하는 프레임 설정 등 "감성적 자극" ③정치적, 종교적, 이념적 대립을 심화하거나 가짜 계정을 이용한 여론 조작 등 "사회적 분열 조장" ④모바일 기기를 활용하여 개인의 취향과 신념에 따라 맞춤형 심리전 제공, AI 챗봇 및 자동화된 소셜미디어 계정을 통한 여론 조작 등 "인공지능 및 빅데이터 활용" 하는 다양한 방법으로 수행한다.

현대전에서 대표적인 인지전의 사례로, 러시아–우크라이나 전쟁에서 러시아는 허위 정보와 선전을 활용해 혼란을 유발하고 우크라이나 정부가 자국민을 탄압하고 있다는 허위 주장을 통해 개입을 정당화하고, 딥페이크로 조작된 우크라이나 대통령이 항복선언 영상 등을 방송해 국민을 혼란에 빠뜨리려고 하였다.

Chapter. 05

병역제도 및 동원

Chapter. **05**

병역제도 및 동원

제1절 병역의무 제도와 변천

1. 헌법상 국민의 의무

대한민국 국민의 권리와 의무(헌법 제2장)/병역의 의무(제39조)

1. 모든 국민은 법률이 정하는 바에 의하여 국방의 의무를 진다.
2. 누구든지 병역의무의 이행으로 인하여 불이익한 처우를 받지 아니한다.

병역의무(병역법 제3조)

1. 대한민국 국민인 남성은 헌법과 병역법에서 정하는 바에 따라 병역의무를 성실히 수행하여야 한다. 여성은 지원에 의하여 현역 및 예비역으로만 복무할 수 있다.

자유민주주의는 주권이 국민에게 있고 국민에 의해서 나라가 통치된다는 뜻이다. 자유민주주의 국가에서 모든 국민이 나라를 지키고 자신의 주권을 찾기 위해서 국방의 의무를 지는 것은 어떻게 보면 당연한 일로서 자신의 권리와 자신의 나라는 자기가 지키겠다는 의식이 없으면 아무도 지켜주지 않는다.

세계적으로 일부(선진) 국가들은 모병제(지원제)를 채택하고 있지만 우리나라는 남북 간의 군사(체제)적 대립과 아직 정전체제(휴전/정전상태) 등의 안보 환경으로 인해 국민 개병 징병제를 시행하고 있다.

2. 국군 징병제도의 변천(1945년부터 모병제, 1949년 8월 징병제 시작)

우리나라에서는 '모든 국민은 국토방위의 의무를 진다'라는 헌법 제39조에 입각한 '병역법'이 1949년 8월 6일 법률 제41호로 공포됨에 따라 국민개병 징병제도가 시작됐다. 이후 1950년 2월 1일에 '병역법 시행령'이 대통령령 제28호로 공포돼 병역의무에 따른 징집, 소집 등 병무 행정상의 구체적 규정들이 마련됐다.

한때, 아주 잠시 '모병제'를 시행한 시기가 있었다. 창군 초기 미군정청이 1945년 11월 20일 최초로 60명을 모집한 이래 1949년 8월까지 모병제를 지속하였고, 1949년 1월에는 대통령령 제25호로 '병역 임시조치령'을 선포해 지원에 의한 의무병제'라는 과도기적 형태를 띠기도 하다가 1949년 8월부터 징병제[22]가 실시된 것이다.

22) 징병제(conscirtion)와 유사 용어로 의무제(compulsory military service system)가 있으며, 징병제는 다시 모든 병역대상자가 군 또는 국가가 정하는 공공분야에 근무하는 전면징병제(universal military service system)와 병역대상자 중 일부만 징집되고 나머지는 특별법에 의거 병역의무가 해제되는 부분 징병제(selective service draft)로 세분화한다. 병역제도의 세부 분류에 대해서는 권회면·정주성·이원배의 병역제도 개선 방향 연구, 한국국방연구원, 1993. 6. p23. 김경엽·이건재·정종식의 병역제도 선택에 관한 이론연구, 신정현 편. 선진국방의 비전과 과제. 나남. 1996. p397 참조.

제2절 병역제도

1. 징병제와 모병제

병역제도는 일반적으로 외부 위협의 강도와 경제적 수준, 정치체제, 국민의 가치관과 역사적 경험 등 다양한 여건을 고려하여 채택되며, 채택된 제도의 형태에 따라 국가의 권력이 작용하는 징병제(의무제)와 자유 선택에 의한 모병제(지원제)로 대별 한다.

〈표 5-1 병역제도의 유형〉

병역제도는 일반적으로 외부 위협의 강도와 경제적 수준, 정치체제, 국민의 가치관과 역사적 경험 등 다양한 여건을 고려하여 채택되며, 채택된 제도의 형태에 따라 국가의 권력이 작용하는 징집제와 자유 선택에 의한 모병제로 대별된다.[2]

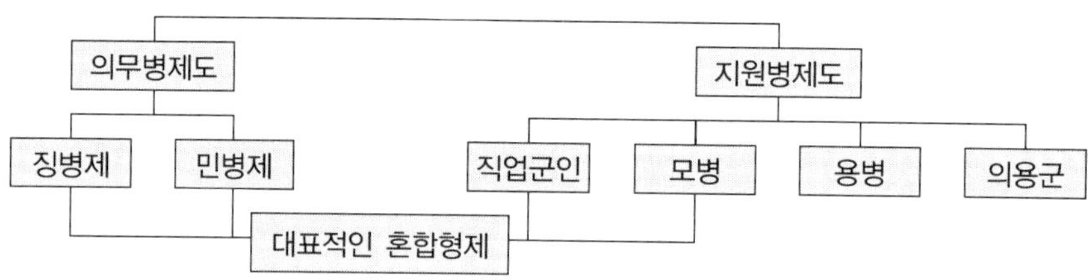

가. 징병제(徵兵制)

징병(徵兵)은 국가가 병역 의무자에 대하여 현역에 복무할 의무를 부과하는 것으로 대한민국은 병역의무 대상자에게 징병검사(徵兵檢査/ 본적지 병무청에서 실시하는 장병을 위한 신체검사)를 통하여 병역의무 대상자 적격 및 분류한다.

징병제(徵兵制)는 국가가 법령으로써 병역 의무자에게 일정한 기간 군무에 복무하게 하는 제도로써 평시에는 국방에 필요한 최소한의 병원을 징집 후 일정 기간 교육과 전기를 습득시켜 국방에 임하게 하며 신진자원과 교대 후 예비군으로 확보하고 전시에 예비군을 소집 충원함으로써 군 인력의 소요 증가에 부응하는 제도이다.

징병제는 의무병역제도의 대표적인 제도로써 민주사회에서 국민에게 부여된 참정권에 상응하는 급부로써 병역을 인식하게 하며, 군의 사회적 대표성을 보장하고, 병역의 양적, 질적 소요를 충족시킬 수 있을 뿐만 아니라, 예비전력을 확보하고, 징집인력에 대한 낮은 보수로 방위비를 경감시킬 수 있는 제도이다.

징병제에서는 군복무 의무가 특정 생산성을 지닌 집단이 아니라, 노동생산성이 상대적으로 높은 복무 대상자들 모두에게 강제적으로 부여되기 때문에, 그 결과로 나타나는 비가시적 사회적 비용은 강제 징집되어 군역을 담당하는 인력이 군 복무기간 동안 민간부문에서 경제활동을 하는 경우 지급되는 부수와 국가에서 책정한 낮은 보수의 차액을 묵시적 과세(implicit tax) 또는 현물세(natural tax)의 형태로 국가에 납부한 것과 일치하고, 징집인력 개인에게는 이면적 기회비용(hidde opportunity costs)으로 작용한다는 지적이다.

특히, 병역대상자보다 군 소요에 기초한 징집인력이 적을 때 부분 징집제의 채택이 불가피한데 이러한 부분 징집제에서는 군 복무를 담당하는 현역병과 특례보충역, 소집 면제자들 사이에 조세부담의 형평성 문제가 발생하는데, 군 복무 면제자는 군 복무자들이 창출하는 국가 안전보장이라는 긍정적 외부 효과(positive external effect)의 혜택을 받게 되어 병역의 형평 문제뿐만 아니라 국가 인적 자원의 비효율적 운용이라는 문제를 동시에 발생시킨다. 더하여 징병제에서 군 복무 인력이 군 복무기간 받는 임금이 민간 경제부문에 종사하는 인력의 임금과 비교해 현저히 낮고 자본재는 시장가격에 구매하여 전력유지에 필요한 투입 요소의 상대가격에 대한 왜곡 현상이 발생하고 그로 인한 군 인력의 과잉현상 은 전력 증강에 상당한 부정적 영향 요소로 작용할 수 있다는 지적도 있다.

나. 모병제(募兵制)

모병(募兵)이라는 것은 국토방위의 국민의무에서가 아니라 직업으로 군을 선택해서 봉급을 받는 군을 말한다. 미국의 경우 베트남전쟁이 오늘날과 같은 블루칼라의 직업군대를 만든 기폭제가 되어 나온 것이 지금의 모병제이다. 즉 미국의 모병제는 1973년 닉슨 행정부가 반전 기운을 약화하기 위해 징병제를 폐지한 결과이다. 당시 베트남전쟁은 인기가 없었고, 대학생에게는 군대 입대를 유보하였기 결국 전쟁의 짐은 덜 배우고 더 가난한 자들에게 매워졌다. 군은 엘리트들에게 기피의 대상이 되었으며, 명예에는 의무가 따른다(노블레스오블리지/noblesse oblige)는 건국 초기의 미덕들도 함께 사라졌다)

지금 미국군은 신병에서 장군에 이르기까지 모두 직업군인이다. 그 결과 군에는 시민사회의 다양성을 반영하는 정치 문화적 태도가 죽어버리고 대신 하나의 거대한 군사 이익집단이 들어서고 있다. 따라서 전쟁과 전쟁의 위기감 조성과 끊임없는 군비확대가 그들의 비즈니스처럼 되고 있다는 지적도 있다(돈 받고 싸우는 모병제는 군과 분노와 광신으로 무장한 특정 종교의 '순교자'들이 지금 생사를 거는 전쟁이라고 표현하기도 한다.)

이에 반하여 모병제는 인간의 자발성과 동기유발, 고도산업사회의 분업원칙에 기초한 제도로써 병역의 형평 문제를 해소하고 인력의 효율적 배분을 성취할 수 있는 장점이 있다고 주장하기도 한다.

다. 민병제(民兵制)

민병제는 국민개병주의로 전 국민이 의협심과 용기로써 병역의무를 수행함으로써 군대를 경제적으로 양성 유지하는 제도이다. 평시에는 군의 기간 간부만 조직하고 전 국민은 반드시 단기간 기초 군사 교육 후 생업에 종사하며 매년 일정한 기간 군사 교육으로 전술을 연마하며 전시 동원 소집체제로 편성하는 제도를 말한다.

2. 징집유형별 국가 분류(CIA WORLDFACT BOOK 참조)

가. 분류기준

선택적 징병제나 민병제, 비전투병 복무 모두 징병제를 시행하는 국가로 간주. (헌법에 국민개병제를 명시할 뿐 평시에는 누구도 징병하지 않을 경우, 모병제로 간주, 중국은 징병제, 벨기에는 모병제로 간주)

나. 민병제 시행 국가(단기 현역 복무 이후 예비군)

노르웨이. 스위스 민병제는 국민에게 (성인 남성 대부분. 98% 이상) 1년 미만의 기초 군사 교육 및 후반기교육만을 시키고 예비역의 임무만을 부과하는 제도.

다. 징병제와 모병제 동시 시행 국가

대한민국·러시아·말리·모리타니·버뮤다·베네수엘라·수단·싱가포르·파라과이·잉글랜드

* 징병. 모병 혼합제는 징집병으로만 병의 전부를 충당하지 않고(일반 하사 등 준 부사관 포함), 모병제를 부분적으로 시행하여 본인의 지원에 의한 직업군인도 징집병의 일부로 대체하여 입대하도록 하는 제도이다. 민병제와 비슷하게, 장차 모병제로 전환하는 중간단계이다.

라. 징병제를 시행하나 선택적으로 징집하는 국가

기니비사우(18~25세 대상 선택적 징병제. 16세 이하는 보호자의 승인 조건부로 자원입대 가능). 니제르(2년. 선택적 징병 제실시. 17~21세 대상, 니제르 시민권자이며 미혼인 자만 징병하고 있다. 여성은 간호 분야에만 직업군인으로 근무 가능, 기혼자나 외국인은 입대 금지). 멕시코(12개월. 선택적 징병제. 18세부터 징병한다. 단, 징집병은 육군에만 복무하며, 해군과 공군은 모두 직업군인으로 구성, 16세는 타인의 승인이 있어야 입대한다. 여성도 직업군인으로 근무). 모잠비크(2년. 선택적 징병제. 18~35세 대상. 직업군인도 18세부터 가능하며, 동시에 18세 이상 모든 남녀는 병적에 등록). 버뮤다 (3년 2개월. 복권식 선택적 징병제로 파트 타임 복무. 징병을 거부할 때는 해당 심사를 거칠 수 있음, 영국령이어서 군대가 없으므로 영국군에 징집), 베냉 (남녀 모두 1년 6개월), 세네갈 (2년. 18세부터 입대함. 선택적 징병제), 엘살바도르(징병 경우 병은 1년, 장교와 부사관은 11개월. 18세부터 선택적 징병. 직업군인은 16~22세 대상, 여성도 가능), 인도네시아(2년, 선택적 징병제. 18세 이상 징병. 시민권자만 입대 가능. 장교는 45세까지 예비역으로 복무, 외국인 입대 금지), 중앙아프리카 공화국(2년. 선택적 징병제), 중화민국(2010년부터 모병제 전환을 시작하며, 매년 10%씩 징병 인원을 줄임. 대체복무를 희망하는 경우 남성의 경우 36개월 동안 대체복무제를 시행하며, 여성의 경우 공공근로를 하면서 국방세를 납부). 중화인민공화국(2년. 인구가 2009년 기준 약 13억 5천만 명으로, 선택적 징병제, 대학생의 경우 남녀 모두 10일가량 기초 군사 교육만 시행, 18~22세를 대상으로 징병, 장교는 지원자만 가능, 직업군인은 최소 제한 나이가 없다. 여성은 18~19세에 한하여 고등학교 졸업자 중 특정 병과 기술 보유자에 대하여 모병). 차드(남성 3년, 여성 1년. 단 여성은 선택적 징병제로서 향토 방위에 종사 가능). 카보베르데(1년 2개월. 선택적 징병제). 토고(2년. 18세부터 입대) 선택적 징병제는 '징모 혼합제'와 상관없이 병역대상자 전부를 입대시키지 않고, 대체복무, 평시 대기(제2국민역)나 병역 면제 처분을 하는 것

마. 본인 지원에 따라 징병(비전투병, 대체복무)하는 국가

그리스(1년. 양심적 병역 거부에 대한 대체복무제도 동일. 예비군 소집은 없다. 17세부터 자원입대 가능, 19세~45세 대상 징병. 여성도 자원입대 가능). 노르웨이(1년. 실제로는 8~9개월까지만 복무, 예비군은 30세 이후 비 소집. 향토예비군(Home Guard)으로도 입대 가능, 6개월만 복무하면 되며, 16세부터 입대 가능. 양심적 병역 거부에 대한 대체복무제도 허용한다. 18~44세가 대상이지만, 전시에는 16세부터 징집한다. 직업군인으로서의 입대는 남성은 17세, 여성은 18세부터 가능하다). 덴마크(4개월~1년. 주특기에 따라 기초 군사 교육의 기간이 다르기 때문, 18세부터 입대, 복무를 마친 후 동원예비군으로 지정된다. 여성은 본인 지원에 의한 직업군인으로서 복무 가능). 벨라루스(1년 6개월). 알제리(1년 6개월/기초 군사 교육 6개월 후 향토 방위 1년). 앙골라(2년. 시민권자만 징병, 외국인 입대 금지). 오스트리아(군 복무는 기초 군사 교육으로서 6개월, 사회복무는 9개월. 예비군은 8년, 징집병은 해외로 파병될 수 없다). 키프로스 (남성 2년 1개월. 여성은 본인의 지원에 의한 직업군인으로서 3년. 직업군인으로는 17세에만 한함) 핀란드(전투병 6, 9, 12개월, 비전투병 11개월, 사회복무 1년(기초 군사 교육 1개월 포함. 이후 예비군과 민방위대 등으로 60세까지 복무)

바. 남 · 여 징병 국가

모잠비크(2년. 선택적 징병제. 18~35세 대상. 18세 이상 모든 남녀는 병적에 등록). 몽골(남녀 모두 1년, 여성 해외로 파병될 수 없다). 베냉(남녀 모두 1년 6개월). 수단(1~2년. 18~33세의 남녀 모두 징병 된다. 징모 혼합제). 에리트레아(1년 4개월. 남녀징병. 18~40세 대상). 이스라엘 (남성 3년, 여성 2년, 여성은 비전투병으로만 복무. 전투병은 2년으로서 더 길다. 전역 후 예비군 남성은 41~51세, 여성은 24세까지 복무). 북한(남성 7년, 여성 5년. 17세부터 징병, 사회 불안정으로 인해 일정하지 않다) 중화민국(여성은 공군에서는 비전투병에게 복무 가능. 대체복무 희망 경우 남성의 경우 3년 동안 대체복무제를 시행하며, 여성의 경우 공공근로를 하면서 국방세 납부). 차드(남성 3년, 여성 1년. 단 여성은 선택적 징병제로서 향토 방위 종사 가능). 코트디부아르(15~29세의 남녀 모두 징병). 쿠바(2년. 남녀 모두 징병)

제3절 병역(兵役)

1. 병역의무

병역은 국가의 국방력 구성을 위한 국민의 인적 부담을 말하는 것으로 그 인적 부담에는 충성의 정신을 바탕으로 하고 있다.

국방력이란 국토를 방위하고 나라의 주권과 번영을 유지 보호하기 위한 힘이며, 국방을 위한 국가 활동은 적극적인 면(적의 공격에 대항하여 자국의 영토나 자국민의 권익, 생명, 재산을 보호하는 행동)과 소극적인 면(군비를 충실히 하여 외적의 침략을 사전에 방지하는 것)으로 구분한다.

국방력은 군사력을 핵심으로 한 국가의 위험배제의 작용이라 할 수 있다. 따라서 국방력의 핵심이 되는 군사력은 적의 전투력 분쇄를 전제 요건으로 하고 있으므로 직접 전투행위에 투입되는 군비가 그 골간이 되는 것이며, 이 군비는 병력과 화력, 장비 등으로 구성되는데 그 병력을 획득하고 유지하기 위하여 국민에게 부과하는 인적 부담이 병역의무다.

그리고 이러한 병역은 충성의 정신을 그 바탕으로 한 국민의 인적 부담이라는 점에서 개인이 지닌 모든 정신적, 육체적 능력을 발휘하여 국가에 봉사하는 숭고한 이념을 실현하는 것을 그 사명으로 하는 것이다.

헌법 제39조 제1항	모든 국민은 법률이 정하는 바에 의하여 국방의 의무를 진다.
병역법 제3조	대한민국 국민인 남자는 헌법과 병역법이 정하는 바에 따라 병역의무를 성실히 수행하여야 한다. 여자는 지원하여 현역으로만 복무할 수 있다. 병역법 이외의 병역의무에 대한 특례를 규정할 수 없다. 병역 의무자로서 6년 이상의 징역 또는 금고의 형을 선고받은 사람은 병역에 복무할 수 없으며 병적에서 제적된다.

2. 병역의 종류

병역의 종류는 다음 도표에 제시한 바와 같이 현역, 예비역, 보충역, 병역 준비역, 전시근로역으로 구분한다.

현 역	징집 또는 지원하여 입영한 병사와 병역법, 군인사법에서 현역으로 편입된 사람
예비역	현역 복무를 마친 사람과 기타 병역법에 따라 예비역으로 편입된 사람
보충역	징병검사를 받아 현역 복무를 할 수 있다고 판정된 사람 중에서 병력 수급 현상에 의하여 현역 입영대상자로 결정되지 않은 사람과 공익 근무 요원, 산업 기능 요원, 전문연구요원 등으로 복무 또는 의무종사를 마친 사람, 기타 병역법에 따라 보충역에 편입된 사람
병역 준비역	병역 의무자로서 현역, 예비역, 보충역 및 전시근로역이 아닌 사람
전시근로역	병역판정검사 또는 신체검사 결과 현역 또는 보충역 복무는 할 수 없으나 전시 근로 소집으로 군사 지원업무를 감당할 수 있다고 결정된 사람. 기타 병역법에 따라 전시근로역에 편입된 사람.

현역으로 입대하여 기초 군사 교육 이후 예비역으로 전환 복무하는 상근예비역과 보충역인 사회복무요원을 비교하면 도표와 같다.

구분	상근예비역	사회복무요원(보충역)
역종	기초 군사 교육 때만 현역. 이후 남은 기간은 예비역으로 전역하여 복무	보충역으로서 기초군사교육과 소집해제 이후 예비군에서도 동일
신분	←	민간인
복무기간	육군, 해병, 해군 모두 1년 9개월	사회복무요원 기준 2년
복무 만료 시 예비군 계급	←	이등병
복무 형태	매일 자택 출·퇴근	매일 자택 출·퇴근 또는 합숙 (주당 2일은 휴가)
비고	1995년 1월 1일 시행	←(2014년부터 명칭 변경)

3. 징병

가. 대상자 와 연기자

징병 대상자와 연기자는 다음 도표와 같다.

대　상	연기 대상자
• 대한민국 국적의 남자 • 만 19세가 되는 사람 • 20세 이상인 징병검사 연기자 중 그 사유가 소멸된 사람 • 기타 법령에 따라 징병검사를 받아야 할 사람	• 질병 또는 심신장애로 징병검사장에 나올 수 없는 사람 • 국외에 체제 또는 거주하고 있는 사람 • 국외를 왕래하는 선박의 선원

나. 우선 병역판정검사

우선 병역판정검사는 해당 시, 군, 구 징병검사 일자 이전에 우선 병역판정검사를 받을 수 있게 하는 제도이며 세부 내용은 도표와 같다.

대　상	출원시기/출원기관	구비서류
• 국외여행을 하고자 하는 사람 • 산업기능요원 편입을 원하는 사람 • 육군병 지원입영을 원하는 사람 • 지방병무청장이 필요하다고 인정하는 사람	• 본인이 희망하는 징병검사 기일 전 일까지 • 지방병무청(사무소)	• 병역이행 일자 변경 신청서 • 국외왕래 선박선원 및 국외여행을 하고자 하는 사람(국외여행 허가사항 확인으로 갈음) • 산업기능요원 편입 예정인 사람(지정업체의 장이 발행한 재직 증명) • 기타 지방병무청장이 인정할 수 있는 증빙서류

다. 병역판정검사 과정

병역판정검사는 징병검사 통지서에 기재된 일시 및 장소에서 받게 되며 과정은 다음 도표와 같다.

구분	내용
신상/질병상태 진술서 제출	• 학력, 자질 및 본인의 질병 상태/입영 희망 시기 기록
신체검사	• 각 부위별 건강 정도 검사, 신체등위 판정 • 신체등위 5, 6급 대상자는 신체등위 판정 심의 위원회의 심의를 거쳐 신체등위 확정
인성검사/적성분류	• 정신질환 등 이상성격자 검사 • 자격, 면허, 전공학과 등을 감안한 군 복무 분야 분류
병역 처분	• 현역병 : 고학력 신체건강자 우선 선발 • 보충역 : 현역병 미 선발자 중 전시 동원대상자 • 제2국민역 : 신검 불합격 및 저학력자(중졸이하) • 7급 : 치료 가능 질병 있는자.

라. 신체등위 판정 기준

신체등위는 「장병 신체검사 등 검사규칙」에 의거 신체 각 검사 과목별 전문의인 담당 군의관의 검진 확인과 의학적 소견에 따라 결정하며 다음 도표와 같다.

1급~3급(현역)	• 신체에 이상이 없거나 있더라도 정도가 가벼워 현역 복무에 적합한 경우 (가용자원에 따라 4급 판정자도 현역 입영 가능)
4급(보충역)	• 질병이나 심신장애가 있어서 현역 복무에 지장이 있는 경우
5급(전시근로역)	• 질병, 심신장애 정도가 심해 현역은 물론 보충역(공익근무) 복무도 부적격한 경우
6급(병역 면제)	• 질병, 심신장애 정도가 아주 심해 모든 병역의무를 감당할 수 없는 경우
7급(1년 이내 종결)	• 현재 질병을 치료 중 이어서 일정 기간 경과 후 재검사가 필요한 경우

4. 여성과 병역

여성 병역의무와 관련한 세계적인 추세는 양성평등과 병력 충원의 측면에서 여성인력의 군 조직으로의 유입은 계속 확대되고 있다. 세계에서 여성 징병제를 채택하고 있는 국가는 1948년 독립 시부터 남녀징병제를 채택한 이스라엘을 비롯하여 쿠바, 볼리비아, 모잠비크 등 10여 개의 나라가 있는데, 그중에서 선진국인 노르웨이와 스웨덴은 남녀평등 차원에서 여성 징병제를 주도적으로 추진하고 있다.

대한민국의 헌법 39조 1항에는 "모든 국민은 법률이 정하는 바에 의하여 국방의 의무를 진다."라고 규정함에 따라 남성은 의무병제를 기본으로 하고 여성은 지원병제를 채택하고 있으며 사관학교, 대학의 학군단에도 지원을 허용하고 있다. 병과 또한 지원병과를 탈피하고 전 전투병과로 분류하여 우수한 여성 인력확보를 통한 전투력 증강에 기여하고 양성평등의 기회균등을 확대하는 한편 여성 예비군 부대까지 편성하여 향토 방위작전 및 지원에 적극적으로 참여하는 추세이다.

제4절 동원(動員/Mobilization)

동원은 전시 또는 여기 준하는 국가비상사태가 발생할 경우, 인력·물자·재화·용역 등의 국가자원을 효율적으로 관리하고 통제하는 국가의 국가권력 작용(국가 총동원)과 군대의 전부 또는 일부를 전쟁 혹은 기타의 비상사태에 대비할 수 있는 태세로 전환 시키는 과정(군사동원)이 있다.

동원 능력은 전쟁의 목표를 달성하기 위해 국가가 이용한 인적 · 물적 · 기타 제반 자원을 효율적으로 조직하고 결집하는 것으로서, 전쟁 소요를 충족시키고 전쟁 지속능력을 보장하는 핵심 요소이다. 따라서 정부는 국가 가용자원을 전시에 효율적으로 동원하기 위한 즉응태세를 유지하고 있다.

1. 동원령과 동원기획

가. 동원령(動員令)

'국가동원'이란 전시, 사변과 이에 준 한 국가비상사태하에서 국가의 이용 가능한 인적, 물적 자원을 국가안보에 공헌할 수 있도록 통제, 관리하는 국가권력 작용을 말하며, 이러한 국가동원을 시행하기 위한 일종의 국가 긴급명령으로써 동원령은 국민의 재산권을 제한 내지는 침해하는 조치이기 때문에 상당한 충족요건이 되어야 한다. 전시자원관리에 관한 법률(대통령 긴급명령) 제13조에 '대통령은 중대한 교전 상태에서 국무회의 심의를 거쳐 국가동원령을 선포할 수 있다'라고 근거를 제시하고 있다.[23)]

나. 동원기획/계획

동원기획(動員企劃)은 평시 준비 태세에서 적절한 전투 태세로의 체계적이고 선택적인 이동에 관한 절차이다. 대응해야 할 위협에 따라, 동원은 활동 중인 부대에 대한 인력증원으로부터 국가의 정치, 경제, 산업자원의 폭넓은 참여에 이르기까지 넓은 범위를 가질 수 있으며, 동원을 기획하고 시행하는 활동은 각 군에 의해 우선하여 이루어진다. 동원계획

23) 동원령 선포 절차 : 국가 비상사태 발생 → 국방부장관 제안 → 국무회의 심의 → 대통령 선포(법적 근거 : 헌법 제76조 2항 "대통령 긴급명령권" 전시 자원동원에 관한 법률(긴급명령) 제9조(동원령 선포)

(動員計劃)은 한 국가의 인력과 물자, 자원을 소집하여 전쟁 준비 태세를 배치하기 위한 계획이다.

2. 동원 방법

동원계획을 시행하는 동원 방법에는 동원령 선포 시 동원과 동원령 선포 이전 동원으로 구분된다.

동원령 선포 시 동원은 전시, 사변 또는 동원령이 선포 경우 병무청장이 병역법에 따라 병력동원 소집 대상자를 동원하는 방법이며, 동원령 선포 이전 동원은 동원령 선포 이전에 초전 대응능력 확보 및 동원집행 보장을 위해 사전 동원하는 방법이다.

사전 동원 시기는 주민 철수 지역의 주민 철수 시 또는 충무 3종 사태 이상 시(명에 의하여)이며, 그 시행 절차는 합참의장의 건의로 국방부 장관이 시행하고, 사전 병력동원 방법에는 병력 동원훈련소집과 작전동원(소집)이 있다.

3. 동원 절차

동원 절차는 정상동원과 긴급동원으로 구분된다. 정상동원은 사전계획에 따라 실시하는 동원으로, 시·도지사 와 특별지방행정관서장이 평시 지정된 동원 대상에게 동원 영장(또는 임무 고지서)을 발부하여, 구·시·군수를 경유 중점관리업체 및 물자 장비의 소유주에게 발부하여 관리하다가, 국가동원령이 선포되면 주무부 장관의 동원 명령에 의거 동원을 집행하는 것이다.

긴급동원은 정상동원에 차질이 발생하거나 우발상황 발생으로 긴급한 동원소요가 발생 시 실시하는 동원이다. 지역 사령관이 시·도지사 와 특별지방행정관서장에게 긴급한 동원소요를 요청하면, 시·도지사 와 특별지방행정관서장은 동원 영장을 발부하여 지역 내 가용한 자원으로 우선 동원을 집행하고 사후 해당 자원을 관장하는 주무부 장관에게 긴급동원 운영 보고하므로 종료된다.

4. 인원동원

인원동원이란 전시 · 사변 또는 동원령 선포 시 군부대 확정(증설 또는 창설) 이나 손실 보충에 소요하는 병력을 병역법에 따라 동원하는 것으로(병역법 제46조), 유사시 군부대의 소요 병력을 충원하는 병력동원, 군사작전 지원에 필요한 인력을 확보하는 전시근로 소집 동원과 기술 인력 동원으로 구분된다.

'병력동원'은 전시 또는 여기 준한 국가비상사태 시 군부대 확장(증편 또는 창설)이나 손실 보충에 필요한 예비군 자원을 동원하여 군부대 전투 요원으로 활용하는 것을 말한다.

'전시근로소집 동원'은 진지구축, 도로 · 교량 · 항만 · 공항시설 보수 및 피해복구와 보급품, 탄약 운반 등 노무를 담당하는 인원을 동원하는 것이다. (보급물자의 적재 및 하역. 환자후송, 병실 관리 와 영현 처리. 전시 급유 취사 지원. 기타 소속 부대장이 지시하는 노무에 관한 사항)

'기술 인력 동원'은 현역과 동원 병력이 임무를 수행할 수 없거나 가용자원이 부족한 전문기술 분야의 기술 면허 취득자와 기술 자격취득자를 동원하는 것을 말한다. 동원된 인원은 전투지원 및 전투근무지원 장비를 운용하거나 정비 업무 등을 수행한다. (법적 근거 비상 대비 자원관리법 · 령 및 전시자원 동원에 관한 법률)

5. 물자동원(법적 근거 비상 대비자원관리법 · 령 및 전시자원 동원에 관한 법률)

물자동원은 유사시 물자, 장비, 시설, 업체 등의 자원을 적시 적소에 동원하여 군사작전 소요를 충족시키고, 전쟁 지속능력을 극대화하기 위한 것이며 산업 · 수송 · 건설 · 통신동원으로 구분된다.

산업동원은 전시 수요를 충족시키기 위해 전시 산업 체제로 전환하고, 물자와 업체를 동원하여 생산 · 수리 · 가공 · 유통 과정의 일부를 통제하여 운영하는 것이다.

수송동원은 군사작전 지원에 필요한 육상, 해상, 항공의 수송 장비들을 일정 기간 동원하거나 업체 운영의 일부를 통제하여 운영하는 것이다. 수송동원 자원이 부족한 지역은 인근 시·도 지역의 남은 자원을 동원 지정하여 동원소요를 충족시키고 있다.

건설동원은 건물, 토지, 건설기계, 건설·정비업체 등을 동원하는 것이다.

통신동원은 군사작전에 필요한 통신회선 및 정보통신업체, 소프트웨어 사업자, 지식정보보안 컨설팅 전문 업체 등을 동원하는 것이다.

사용동원은 물자를 동원하면서 소유권을 원소유주에게 두고 사용권만을 동원하여 사용하고, 동원 해제 후 원소유자에게 복원시켜주는 것을 말하며 일반적으로 자동차, 선박, 건설기계 등 장비와 토지, 건물과 업체를 동원 시 적용한다.

수용 동원은 물자를 동원함에 따라 동원과 동시에 그 물자의 소유권이 인수기관에 인수되는 것을 말하며, 주로 소모성 물자를 동원 시 적용한다.

통제 운영은 동원목적을 달성할 수 있도록 동원물자의 생산, 수리, 가공·유통 과정을 통제하는 것을 말하며, 통제 부분 외에는 소유주의 자율권이 인정되며, 주로 업체를 동원 시 적용한다.

제5절 예비군(豫備軍, ROKRF, ROK Reserve Forces/1961.4.1. 창설)

1. 예비군의 창설

예비군은 평상시에는 사회생활을 하다가 유사시 향토를 방위하기 위하여 전역(轉役 : 현재 근무하는 역종에서 다른 역종으로 바뀌는 것으로 주로 현역에서 예비역으로 편입되는 것을 의미함)장병을 주축으로 징집되는 대한민국의 예비전력이다. 향토예비군 설치법령에 근거한 주요 임무는 ① 전시 · 사변 · 기타 여기에 유사한 국가비상사태하에서 현역 군부대의 편성이나 군사작전에 필요한 지원을 위한 동원의 대비 ② 적 또는 반국가단체의 지령을 받고 무기를 소지한 자(무장 공비)의 침투가 있거나 그 우려가 있는 지역 안에서의 적과 무장 공비의 소멸 ③ 무장 소요가 있거나 그 우려가 있는 지역 안에서의 무장 소요의 진압(경찰력만으로 그 소요를 진압 또는 대처할 수 없는 경우에 한함) ④ 책임 지역 안에 있는 중요시설 · 무기고 및 병참선 (군수, 보급품 지원통로나 보급체계) 등의 경비 ⑤ 민방위기본법에 따른 민방위 업무의 지원이다.

2. 변천

대한민국 국군은 1949년 육군에서 보조전력으로서 상설 예비군 조직인 호국 군을 잠시 운용한 경우가 있다. 이 호국 군은 같은 해 8월 해체되기 시작하였고 6·25 한국전쟁 도중에 정규군과 통합한 후 1961년 12월 향토예비군 설치법이 제정되었지만 예산 등의 문제로 당시에는 부대 편성까지 이르지 못하였다. 북한은 해방 후 줄곧 한반도를 무력으로 적화통일하기 위한 대남혁명 전략에 따라 전쟁 준비를 강행하는 한편 무장 공비를 침투하는 등 여러 형태의 대남도발을 자행해 왔다. 북한은 이 과정에서 러시아의 군사 지원에만 의존하여 남한을 적화할 수 없다는 판단에 북한 자체의 혁명전략 강화의 일환으로서 1962년 조선노동당 중앙위원회 제4기 5차 전원회의에서 국방력 강화를 위한 전군의 간부화, 전군의 현대화, 전 인민의 무장화, 전 국토의 요새화를 내세운 이른바 '4대 군사노선'을 채택하고 대남 군사도발을 더욱 강화하였다.

북한은 특히 1968년 1월 21일 31명의 무장 공비를 남파하여 청와대(대통령 관저) 습격을 시도하였고, 2일 후인 1월 23일에는 미 해군의 푸에블로호를 납치하고 울진, 삼척에 대규모 무장 공비를 남파하는 등 군사도발을 자행하였다. 대한민국은 1·21 청와대 무장 공비 침투사건 같은 북한의 무력도발에 대하여 어떤 군사적 보복이나 응징하지 않으면 이것이 선례가 되어 무장 공비의 남파가 계속될 것이고, 수동적으로만 대처한다면 전략·전술상 불리한 처지에 놓이게 될 것이므로 강경 제재 방법으로 북한의 도발을 억제할 필요성이 절실히 요구되었다. 이에 따라 대한민국 정부는 ①종래의 유엔 중심의 국방 태세에서 자주적 국방 태세로의 전환, ②향토예비군 250만 명의 무장화, ③무기 생산 공장의 연내 건설 등 자주국방의 필요성과 결의를 천명하기에 이르렀다. 그리고 이러한 결의의 후속 조치로 정부는 1968년 3월 향토예비군 설치법 시행령을 제정, 공포하였고 1968년 4월 1일 향토예비군이 창설되었다.

3. 예비군

가. 예비군 설치목적

위와 같이 예비군은 적 또는 무장 공비의 공세와 대남유격에 대처, 방위체제를 확립하기 위하여 설치된 것이다.

나. 예비군의 이념

예비군은 호국의 투사로서, 군경의 동지로서, 국민의 자제로서 "일하면서 싸우고, 싸우면서 일하는" 범국민적인 자유 방위의 역군이다.

다. 예비군의 사명

예비군은 동원체제의 확립으로 국가 유사시 현역군 부대의 확장을 위하여 참여하고 적의 간접침략과 파괴에서 향토를 방위하며 자주국방 의식의 배양을 위하여 선봉이 된다.

라. 예비군의 임무(예비군법 제2조)

예비군의 임무는, ① 전시·사변 기타 여기 준한 국가비상사태하에 현역 군부대 편성이나 작전수요를 위한 동원에 대비하며, ② 적 또는 반국가단체의 지령을 받아 무기를 가지고 있는 사람(무장 공비)이 침투하거나 침투할 우려가 있는 지역에서 적이나 무장 공비의 소멸, ③ 무장 소요가 있거나 소요의 우려가 있는 지역에서 경찰력만으로 그 소요를 진압하거나 대처할 수 없는 경우 무장 소요 진압, ④ 위 ②, ③의 지역에 있는 중요시설, 무기고 및 병참선 등의 경비, ⑤ 민방위기본법에 따른 민방위 업무의 지원을 수행한다.

4. 예비군 조직편성

가. 편성 대상

예비군 편성 대상은 군인사법 제8조 1항의 규정에 따라 현역군 연령 정년이 될 때까지의 예비역 장교와 준사관 및 부사관, 현역과 상근예비역의 복무를 마친 예비역병, 공익근무요원과 전문 연구위원 등 보충역의 병(병역법의 규정에 따라 현역, 공익근무요원 등 소집복무를 마친 것으로 보는 경우를 포함)이 복무를 마친 다음 날부터 만 8년이 되는 날이 속하는 해의 12월 31일까지 해당한다. 일반 하사는 병에 기준 하여 편성되며 장교, 준사관, 부사관, 병, 여성 등의 신분 관계없이 지원자도 편성할 수 있다.

나. 조직 제외 대상

(1) 1현역, 공익근무요원, 산업기능요원으로 복무 중인 사람(군 복무 미필자는 '94.1.1일부터 편성 제외)

(2) 상근예비역으로 소집되어 복무 중인 사람

(3) 병역법의 규정에 따라 생계유지 곤란한 사람

(4) 병역법 제65조(병역처분 변경 등) 제1항 및 같은 시행령 제136조의 규정에 해당하는 사람(전상·공상, 질병 또는 심신장애로 그 병역을 감당할 수 없는 사람, 수형과 고령

등 대통령령이 정하는 사유로 그 병역에 적합하지 않다고 인정되는 사람, 1년 6월 이상 징역 또는 금고 이상 실형을 선고받은 사람, 외관상 식별이 명백한 혼혈인, 호적상 부모를 알 수 없는 사람, 13세 이전에 부모가 사망하고 부양할 가족이 없는 사람이나 아동복지법 시행령에 따라 아동양육시설에 5년 이상 수용된 사실이 있는 사람, 귀화하여 대한민국 국적을 취득한 사람, 중학교를 졸업하지 아니한 사람(일반 하사와 병에 한함)

(5) 군인사법 제41조에 해당하여 퇴역한 사람

(6) 군인사법의 규정에 따라 임용 결격사유로 제적 또는 신분 상실된 보충역의 장교, 준사관, 부사관

(7) 병역법 제66조 제2항의 규정에 의거 보충역에 편입된 의무, 법무, 군종, 수의의 장교

(8) 41세 이상의 병

Chapter. 06

전쟁 관리 및 지원

제1절 군사력 건설

제2절 군대 조직

제3절 지휘관, 참모

Chapter. 06

전쟁 관리 및 지원

제1절 군사력 건설

1. 군사력 구성

군사력의 개념은 강압을 가하기 위한 역량이라고 말할 수 있으며, 힘에는 현재의 눈에 보이는 힘과 행동유형의 변화인 실제적 영향력과 영향을 미치기 위해서 강압하는 능력인 추정의 힘(행동 변화의 잠재적 원인)으로 구분할 수 있고, 이러한 힘의 요소는 국력, 전투력, 군사력, 무력으로 구분할 수 있다.

현대전에 있어서 승리는 적의 전력을 직접적으로 파괴하는 무력 수단 이외에도 수많은 요소가 직접, 간접으로 적절한 시기와 장소에서 적에게 가함으로써 이루어진다. 이 같은 의미에서 군사력에 관련되는 여러 요소와 군사 이론가들의 여러 이론 중 퀸시라이트(Q.Wright)의 군사력 구성요소[24)]는 <표6-1>과 같다.

24) 국방대학원 안보 기초이론 434-441p 군사력의 구성요소

〈표 6-1 군사력 구성요소〉

군사력(軍事力)	군비(軍費)	현재 무기 무기의 비축정도(武器의 備蓄程度) 기지(基地) 전략공군(戰略空軍) 군비능력(軍費能力)
	잠재력(潛在力)	지세(地勢), 자연자원(自然資源), 인구(食糧), 식량(食糧) 교육정도(敎育程度), 과학기술(科學技術) 경제체제(經濟體制), 산업시설(産業施設)
	국민사기(國民士氣)	애국심(愛國心)
	국제관계(國際關係)	동맹관계(同盟關係)

2. 군사력의 변천

가. 고대 군사력건설 및 운용

그리스인들은 도시국가(Polis)를 중심으로 형성된 공동체 수호를 위한 자위 정신을 견지하고 있었는데 이는 일종의 자기보존 수단이었고 병력은 시민의 최고 의무이자 시민만이 갖는 특권으로 인정되어 전시에는 항상 전열의 맨 앞장서서 싸우는 것을 명예롭게 생각하였다. 따라서 전쟁은 국민개병주의에 바탕을 둔 시민전쟁의 성격을 띠고 있었다.

전투는 주로 칼, 창, 활 등의 공격용 무기와 갑주, 방패 등 방어용 무기를 가지고 수행하였으며 기동력과 타격력이 극히 취약하고 무기의 살상 효과나 지휘 범위가 좁아서 전장 영역은 자연히 일정한 지역에 제한될 수밖에 없었다. 육상전투 못지않게 해상전투도 활발하였으나 육군과 해군이 별도로 독립된 것은 아니어서 해전은 단순히 지상전을 지원하기 위한 보조기능에 지나지 않았다.

고대의 전쟁 형태는 밀집된 보병의 중량과 지구력에 의한 힘의 직접 대결로써 승패를 판가름하는 결전의 양상을 보였다. 따라서 인간의 체력과 완력이 전쟁의 에너지원으로 등장하게 되었고, 철저한 훈련에 따라 강인한 지구력과 왕성한 체력, 고도의 사기와 군기를 유지할 수 있는 정예 시민군이야말로 당시 전쟁의 주역이자 군사력 건설의 이상적 목표가 되었다.

또한 전쟁에 패하면 집단 전원이 잡혀 죽거나 아니면 노예가 되기 때문에 전쟁에서 살아남기 위해서는 집단 전원이 참전하여야 하고, 집단이 보유하고 있는 전 역량을 집중하여 적을 타도, 격멸해야 하는 공격전의 형태를 취하였다.

전쟁이 지상전을 중심으로 한 유형적 군사력의 정면 대결이고 보니 자연히 군사력의 지향 방향도 적 전력의 근원인 유형적 군사력의 격파에 두지 않을 수 없었고, 이를 달성하기 위해 적의 취약점인 측방이나 후방을 기습해 전열을 와해하는 방법이 주로 사용되었다. 그러나 단순한 무기체계와 기동력의 제한 등으로 인해 전력의 배분은 적과 직접 대치하고 있는 일정한 장소인 전선에 국한될 수밖에 없었다.

나. 중세 군사력건설 및 운용

중세 봉건제도 시대 기사들의 전투는 대부분 중기병의 돌격력과 중량의 우세로 승패를 결정지으려 했기 때문에 자연히 무기와 장비의 중량을 가중할 수밖에 없었고, 보병보다는 주로 기병에 의존하게 되어 전투 양상은 보병 위주에서 중기병 위주로 전환되었다.

그런데 중기병 위주의 전투방식은 기동력의 제한을 초래해 성곽을 중심으로 양군이 대치하여 개인에 의존하는 국지전의 양상을 보이게 되었으며, 전쟁 형태에서도 칼이나 창보다는 석궁이나 장궁 등 성곽 방어용 무기와 공성용 장병 무기를 가진 군사력의 직접 대결에 의한 단순 전투가 주류를 이루었다.

중세 후기에는 종교적 정열과 신념에 바탕을 둔 성지(聖地)회복의 열렬한 염원은 가능한 수단과 방법을 총동원해 회교도를 격퇴하고자 했기 때문에 중세적 총력전의 양상을 보이기도 하였다.

다. 근대 군사력건설 및 운용

(1) 전기(前期)

중세의 군사력건설 핵심은 중기병 위주의 기병사단이었으나 왕조 전쟁기에 접어들자 군

주는 정기적인 급료지불의 약속 아래 소시민이나 농민과 하층계급을 군대에 끌어들임으로써 전쟁의 주체는 차츰 용병의 성격을 띤 직업적 상비군으로 대체되었다.

이에 따라 군대는 용병들이 주류를 이루게 되었으며 군은 입대한 자들의 신분도 사회의 하층계급 출신이 많았다. 그리고 군주가 필요로 하는 군대의 성격 자체가 옳고 그르게 관계없이 어떠한 명령에도 복종하고 모든 고난을 이겨내며, 아무런 이해관계도 없는 목적을 위해 죽음도 불사하는 군인을 만들므로 군인의 자질 저하로 내면적인 단체정신이나 희생정신, 그리고 독창적 사고력을 기대할 수 없었다. 그리하여 외형적으로나마 명령만 내리면 기계적으로 움직이는 인간 로봇을 만들기 위해서는 경례 동작이나 제식훈련이 가장 중요한 요소가 되었다. 따라서 이 시대는 절대군주의 바람에 부흥할 수 있는 외형적으로나마 군대의 틀을 갖춘 상비 왕 군 건설이 군사력건설의 목표가 되었다.

전쟁목적도 봉건제후나 군주의 사소한 야심 충족에 급급하여 전쟁은 극히 제한된 목적을 위해 제한된 수단과 방법으로 싸우는 제한전쟁의 양상을 띠었으며 전쟁도 자연히 수세적인 경향에서 벗어나지 못하였다.

또한 이 시대에는 횡대 전술이 유행하였는데 종래의 밀집종대 대형은 도망병 방지에 가장 효과적이었지만 화포의 발달로 피해반경이 넓어짐에 따라 종심을 줄여야 할 필요성이 대두되었고, 당시의 소총은 발사속도가 늦고(분당 2발), 유효사거리가 짧으며(100m) 명중률이 낮아 각 개인의 사격보다는 일제사격을 선호하였다.

그러나 전쟁 수행 신념이 빈약해 횡대 대형은 도망병 발생이 가장 큰 문제점으로 대두되기도 했고 이에 따라 산개대형을 취해야 하는 기습이나 수색 정찰, 그리고 과감한 추격작전 등은 대부분 수행할 수 없었다.

(2) 후기(後期)

18세기 말에 일어난 산업혁명으로 무기의 질적 향상과 양적 팽창이 가능해졌고, 이에 따라 전쟁은 더욱 격렬해지고 전장이 확대되어 인원과 물자의 대량 소모를 초래하게 되자 국민경제의 더 많은 부분이 전쟁 수행을 위해 동원되어야 하였다. 더구나 산업혁명의 급속한 확산은 각국의 사회구조뿐만 아니라 군사구조에도 막대한 영향을 미쳐 지상전에 있어서는 철도와 차량이 부대 기동과 병참 지원의 혁신적인 수단이 되었고 소총·대포·지뢰·TNT 등의 개선과 발명으로 타격 수단이 급속히 향상되었으며, 전신·전화의 등장은 지휘 범위를 확대해 전략과 전술 변화의 중요한 계기를 제공하였다. 한편 해상에서도 급격한 발전이 이루어져 목선은 철선으로 대체되고 철갑선에 포탑을 장착한 근대적인 군함이 출현했으며, 잠수정과 어뢰 등 치명적인 살상 무기가 등장하였다.

특히 제1차 세계대전 말기에는 전차와 항공기가 전장에서 사용되기도 했으나 당시에는 그 중요성에 대한 인식이 부족해 널리 이용되지는 못했으며, 기동과 타격을 위한 공간 이용 개념도 지상과 해상의 2차원적인 성격을 벗어나지 못하였다. 이같이 근대전쟁은 전쟁 수행을 위해 국민의 경제력을 총동원해야 했고, 경제력을 동원하기 위해서는 합리적인 정치력이 필요했으며, 정치력 강화를 위해서는 국민의 사상통일이 선행되지 않으면 안 되었다. 다시 말해서 전쟁 수행을 위해서는 현존 군사력 외에도 국가가 보유하고 있는 정치력, 경제력 및 사상력 등 잠재 전력을 총동원해야 할 필요성이 절실하게 되어 전쟁은 자연히 총동원에 의한 총력전의 양상으로 변해갔던 것이다.

이에 따라 장기 소모전의 양상을 보이던 종래의 제한전으로부터 적의 병력을 전면 섬멸하여 일거에 승패를 판가름하는 단기 섬멸전이 등장하였다. 나아가 클라우제비츠는 나폴레옹 전쟁을 계기로 싹튼 섬멸전 사상을 면밀하게 연구 분석하여 적을 전멸하느냐, 아니면 무조건 항복을 받느냐의 양자택일을 강요하는 절대 전 개념으로 발전시켰다.

이에 따라 전쟁은 군주들의 단순한 이해다툼의 영역을 벗어나 국민 간의 생사를 건 투쟁으로 변해 강렬한 적개심과 증오심이 전쟁 분위기를 휩쓸었고, 전쟁 양상은 더욱 가열화되어 갔다. 이런 상황에서 승리하기 위해서는 애국심에 바탕을 둔 강인한 전쟁 의지에 따라 무제한의 폭력행사와 전쟁 노력의 무제한 발휘를 통해 적을 완전 타도 섬멸하는 절대전에 의한 공세 전의 양상으로 변모할 수밖에 없었다.

이같이 전쟁이 대규모화되고 인원과 물자 소모가 대량화되는 동시에 전장 영역이 확대됨에 따라 병참선이 가장 큰 취약점으로 노출되었으며, 군사력 지향 방향도 보병의 빠른 기동과 포병의 화력을 적절히 배합해 적의 병참선을 차단, 분쇄에 집중되었다. 따라서 전력 배분도 군사력의 직접 대결장인 전선 지역뿐만 아니라 적의 인적·물적 자원의 지원기지인 중심 지역까지 깊숙이 확대할 필요성이 대두되었다.

라. 현대 군사력건설 및 운용

현대 전쟁은 공격무기의 타격 능력과 기동성 향상을 위한 화력·동력·기계화 현상이 두드러지고, 방어 면에서도 장갑화가 촉진되고 경계 및 정보 능력이 눈부시게 향상되었으며, 특히 원자무기의 출현에 따라 종래의 화약 에너지가 원자에너지로 대체됨으로써 무기의 파괴력은 가공할 만큼 증대되었다. 이에 따라 전술 면에서도 기계화 부대와 항공기의 결합에 의한 전격전이 출현했고 육지와 바다, 공중공간을 이용한 3차원적인 입체전의 양상을 보이는 한편, 항공기와 비행술의 진보로 적과의 상대적 마찰을 줄일 수 있는 공중 간 무기체계가 전쟁의 주력으로 등장하게 되었다.

또한 무기체계의 발전에 따라 전장 영역이 확대되어 육 · 해 · 공 전역에 미치게 됨으로써 전·후방 구별 없이 전 국민의 경제 및 생활을 직접 공격하여 생산력을 파괴하고 적의 전투의지와 함께 전투력을 동시에 격파할 수 있게 되었다. 따라서 일단 전쟁에 빠져들면 죽느냐 사느냐의 싸움이 되어 국가와 민족의 생존권을 유지하기 위해서는 현존 군사력은 물론, 정치 · 경제 · 사상 등 국가와 국민이 보유하고 있는 유 · 무형의 전력을 총집중하여 무제한으로 행사하지 않을 수 없게 됨으로써 그야말로 '전쟁 노력의 전국민화, 전 국민의 개병화, 군대의 대규모화, 전쟁의 기계화, 군사작전의 강화'라는 완전한 의미의 총력전 시대를 열게 되어 전쟁목적이나 전쟁수단에 있어서 진정한 무제한 전쟁으로 변화하였다.

제1차 세계대전 초기만 해도 전쟁은 독일의 섬멸전 개념과 프랑스의 공세 사상과 투쟁이라 할 만큼 절대 전 개념에 심취되어 있었고 모두 유혈의 단기전을 통해 승리를 확보하려는 전투의지에 전쟁 인식의 기초를 두었기 때문에 전투의 승패는 전적으로 쌍방의 정신력과 사기에 따라 결정되며, '공격이야말로 어떠한 수단에 의해 수행되든 필연적으로 승리한다.'는 절대적인 공세 지상주의가 군사사상의 기초가 되었다. 따라서 이 세계 대전이 오래가리라고 믿었던 사람은 아무도 없었다.

그러나 각종 신무기가 등장하고 무기의 대량 생산이 가능해짐에 따라 전쟁은 화력전의 양상으로 전환되었다. 즉, 종래의 포병 화력에 기관총을 중심으로 한 보병 화력이 새로이 가세하여 기동력에 비해 타격력이 월등히 우세해짐으로써 전쟁 양상은 지형을 이용한 진지 중심의 수세 전으로 바뀌게 된 것이다. 그 후 2차 세계대전을 고비로 보 · 포 · 공병 · 무선전신 등의 무기체계와 이들의 화력과 기동성의 특성을 충분히 살리고 집중의 원리를 이용한 전격전에 의해 공세 전 시대가 열렸다. 나아가 항공기의 눈부신 발전에 따라 기동성, 소송력과 화력 효과를 더함으로써 공중공간을 이용한 전략폭격을 하여 적의 군사력은 물론 도시, 산업시설, 그리고 병참선을 유효적절하게 격파할 수 있게 되었다.

현대의 군사력건설은 육지와 바다, 공중을 무대로 한 유형적 군사력 외에도 정치·경제·사회·심리 등 비군사적 제 수단까지 동원하여 일시에 적을 격멸하는 총력전 수행을 위한 군사력건설에 주력하고 있다. 더하여 양차 대전을 통해 이념과 체제 간의 대결구조라는 국제적 대립 양상에 따라 한 국가 또는 민족의 전력만으로 전생을 수행하기보다는 이념과 체제를 같이하는 국가들 블록(Bloc)을 형성하는 체제별 연합전력을 갖추게 되었다.

군사력 운용에 있어서 적의 전투의지를 일시에 붕괴 또는 마비시킬 수 있다는 측면에서 공세적 경향을 띠고 있다. 그리하여 군사력 운용의 방향을 속전속결에 의한 공세 전을 통해 시간과 공간상의 우위성을 유지하면서 적의 군사적 핵심 능력인 유·무형 전력을 신속하게 파괴하고, 적의 취약점인 도시나 산업시설을 붕괴시켜 전투의지를 일시에 붕괴함으로써 결전을 촉진할 것이 요청되고 있다.

결국 현대전에서 군사력의 배분은 적의 강점은 될수록 회피하면서 적의 약점을 강타하는 강수약타개념 전쟁의 양면성을 최대한 활용하는 동시에 전선이나 적 후방 그리고 아(我) 후방 등 전장 3역에서 주도권을 장악할 수 있도록 전투의지를 충분히 발휘하는데 주안을 두었다.

제2절 군대 조직

1. 군대 조직의 이념

군대 조직(組織)이란, 국방 행정을 위하여 적정한 기구를 설정하고, 기능을 배분하며 정원을 책정하여 부대 또는 기관을 설치하거나 체계적 구조를 구성하는 것으로 계획된 목표를 달성하는데 필요한 제반 요소를 배정하고 각 구성 요원들이 해야 할 직무와 상호관계를 규정하는 과정이다. 따라서 군 조직은 특수한 목적을 위해 특수한 임무를 특수한 상황에서 특수한 방법으로 수행해 가는 조직이고 전통적인 집단이며, 계급과 직책 및 권위를 바탕으로 하는 위계적 전투 집단이다.(국군조직법 : 국방의 의무를 수행하기 위한 국군의 조직과 편성의 대강(大綱)을 규정함을 목적으로 한다.

2. 군대 조직의 특성

군대 조직은 특수한 목적과 임무를 부여받아 특수한 상황에서 이를 수행하는 집단이라는 점에서 다음과 같은 특징을 갖고 있다. 첫째, 기능적 측면에서 국토방위라는 의무를 수행하는 조직이다. 둘째, 조직적 측면에서 강력한 질서유지와 수직적 상하관계가 성립되는 계급 조직이다. 셋째, 정신적 측면에서 고도의 충성심과 애국심을 전제로 한 왕성한 사기의 유지를 필요로 하는 조직이다.

군은 전쟁에서 반드시 승리(임무 달성)를 위해 일반조직과 차별화된 군조직만의 특성을 보유하고 있다. 어떠한 희생을 감수하고서라도 '임무 완수를 최우선으로 하는 조직', '명령에 대한 절대적인 복종을 강조하는 조직'이 그 대표적인 특징이다. 사회조직과 가장 큰 차이는 바로 조국을 위해 목숨을 걸고 임무를 수행하는 숭고한 가치를 가진 조직이라는 것이다.

일반 사회조직에서도 임무 완수를 중요하게 생각하고 상급자에게 복종하는 것을 바탕으로 한다. 하지만, 자신에게 주어진 임무가 힘들거나 자신이 원하지 않을 때는 포기할 수 있다. 또한 그 임무 수행이 회사나 개인을 위한 것이다. 그렇지만 군인은 어떤 상황 속에서도 자신에게 주어진 조국 수호의 임무를 완수해야 한다. 특별히 군인은 총탄이 빗발치는 최악의 악조건에서도 반드시 임무를 완수해야 하는 것이 사명이라는 사실이 여타 조직과 본질적으로 차별화되는 특성이다.

다음은 명령에 대한 복종이다. 민주사회의 일반조직처럼 명령에 대한 적절성 여부에 대한 '절차와 과정'을 중요시했다면 어떻게 됐을까? 군대에서 지휘관의 명령에 복종하기보다는 절차와 과정을 중시한다면 그 군대의 성패는 자명하다. 즉, 상관이 진지 사수나 돌격을 명령했을 때 구성원들이 타당한 명령인가에 대해 토론이나 투표 절차를 거치는 군대라면 결론에 도달하기 전에 적의 공격을 받고 패배하게 될 것이다.

이처럼 군대는 명령에 대한 복종을 강조하는 조직이며, 이는 전쟁에서 이기기 위한 것이다. 이러한 특성 때문에 아무리 개인의 의사를 존중하는 민주주의 국가라 할지라도 군대만은 엄격한 상명하복의 명령체계를 강조하는 것이며, 이를 뒷받침하기 위해 직책과 계급으로 대표되는 위계적 권위로 군의 질서를 유지 시키는 것이다.

3. 군대 조직의 변화

가. 고대(과거)

우리나라는 고조선(古朝鮮) 시대부터 국가의 안전을 보장하기 위해 군에서 전쟁에 대비하여 훈련을 쌓고 주로 지상에서 복무하는 대규모 무장병력을 중심으로 조직되어 왔다.

최초 육군(지상군)은 독자적인 행동을 위해 조직된 1개의 대단위 부대 또는 지상전을 위해 조직된 한 나라의 군대 조직 전체를 육군이라고 할 수도 있다. 육군의 기원은 메소포타미아와 이집트에 도시국가가 등장하고, 그들이 경작지와 물을 얻기 위해 끊임없는 투쟁을 벌이고, 요새와 성벽을 쌓고, 도시국가가 왕국과 제국으로 팽창한 것과 시기를 같이 하여 고대 세계의 중심이었던 이들 지역에서 육군 조직이 나타나 성장했을 것으로 추정된다. 고대 역사에서는 육군을 4가지 유형으로 나눌 수 있다.

1) **근위대** : 치자를 호위하며 '왕 앞에서 식사한' 전사 계급이었다.
여러 고대 국가에 존재했던 이 계급제도의 기원을 둘러싸고 지금도 많은 학문적 논쟁이

벌어지고 있다. 어떤 경우에는 전사 계급이 단순히 어떤 지역을 정복하여 그 지역 원주민들을 무장해제하고 노예로 삼은 뒤에 무기를 계속 보유하고 있는 정복자들을 의미했다. 또 다른 경우에는 전사 계급이 단순히 출신이나 민족에 따라 결정되었던 것처럼 보인다.

2) **총독, 지방군** : 왕을 호위하는 근위대 다음으로 중요한 집단은 수도 바깥 지역에서 왕이 임명한 총독이나 대공을 모신 지방군이었다.

3) **용병** : 고대에 흔히 볼 수 있었던 중요한 집단은 용병이었다. 이들은 이집트의 초기 파라오들을 섬겼던 누비아족처럼 노예인 경우도 있었고, 로마 제국을 위해 싸운 팔레스타인인이나 게르만족처럼 해적인 경우도 있었다.

4) **부역** : 부역제도는 백성들을 강제로 징집하여 병역을 부과하는 유형으로 오래전부터 모든 사회에 존재했던 것으로 보인다. 부역자들은 공공사업에 동원되기도 했으나, 전쟁이 일어나면 가볍게 무장을 갖추고 보조부대로 전투에 참여하거나 도로를 건설하여 정규군을 지원할 수도 있었다.

나. 근대

20세기에 민주주의 정부와 사회주의 정부가 수립되자, 재산이나 세습에 바탕을 둔 직업 장교 계급은 더욱 빨리 사라지는 경향을 보였다.

장교들은 하사관에서 진급하거나 사관학교에서 양성된다. 오늘날 대부분의 육군에서는 전투병과 장교와 참모장교가 각기 구분된다. 전투병과 장교는 순수한 전투부대를 지휘하는 사람들이고, 참모장교는 군대 사령관을 보좌하는 장성이다.

참모 장교들은 평시와 전시에 육군 활동을 계획하고 조정한다. 최초의 참모장교단은 1806년에 프로이센의 게르하르트 폰 샤른호르스트 장군이 창설했다. 제1차 세계대전이 일어날 무렵에는 모든 주요 군대에 참모사령부가 설치되어 있었고, 제2차 세계대전 이후 육군과 해군, 공군 참모부가 '합동참모본부'로 통합되었으며 그밖에 영국과 프랑스 및 러시아 같은 주요 군사 강대국도 미국과 비슷한 군 지휘체계를 갖고 있다.

다. 근대 한국의 육군

한국의 육군은 1945년 12월 5일 서울에 설치된 군사 영어 학교에서 비롯되었다. 이 학교는 1946년 4월 30일까지 110명의 장교를 배출했는데, 이들이 남조선국방경비대의 주역을 담당했다. 1946년 6월 15일 남조선국방경비대는 조선경비대로 개칭되었고, 1948년 8월 15일 대한민국 정부가 수립되자 9월 1일 조선경비대가 대한민국 육군으로 개칭되었다.

대한민국의 육군은 6·25전쟁을 거치면서 10만 명에서 60만의 대군으로 성장했고 1960년대 중반부터 1970년대 초반까지 월남전에 참전하면서 정예군으로 단련되었으며, 1970년대 중반부터 자주국방 정책을 시작하여 1980년대의 818 계획을 거쳐 2000년대 이후 꾸준한 군 현대화 계획 이행에 따라 강력하고 선진 군의 새로운 체제로 발전하고 있다.

4. 군대 편성과 장비

가. 편성(編成)

군대 편성은 어떤 집단의 공동목적을 달성에 필요한 인원, 물자, 시설, 예산 등을 유기적으로 결합하여 조화시켜 부대와 기관을 조직하는 것. 즉, 목적 달성을 위하여 소정의 편제를 취하게 하는 것을 말하며, 통상 고정된 임무와 병력을 가진 부대와 적용되는 편성 종별은 완전편성, 감소편성, 기간 편성, 해외 파견부대 편성 등으로 구분한다.

1) **감소(減少)편성 :** 장기간 비전투기간 및 전투 중 한정 기간 최소인원과 장비로 주어진 기본임무를 수행할 수 있도록 계획된 편성하는 것.

2) **완전(完全)편성 :** 편성 및 장비 표에 주어진 기본임무를 완전하게 수행 가능토록 편성하는 것.

3) **기간(基幹)편성 :** 감소편성 일부로 전시부대 증·창설 요원에 대한 편성 및 교육훈련과 평시 부대 존속에 필요한 핵심 인원 편성하는 것.

4) **해외 파견부대편성 :** 자국의 군대가 해외에 원정 중에 취하는 편성. 자국의 병력 절약과 군사 이익을 위하여 편성한다. (핵심부서에 근무 요원을 제외하고 주둔국 요원을 최대한 활용)

나. 편성·장비 표(編成 · 裝備表)

편성·장비 표는 대 단위부대의 정상 임무, 편제기구, 인원과 장비 수량을 규정하고, 군부대 또는 해당 예하 부대에서 사용하는 인사 배치에 관한 지시에 따라 각기 소요 수의 인원을 신청 및 제공하는 근거가 되며, 군 본부로부터 별도 지시가 없는 한 각기 이에 규정된 일체 장비를 청구 및 지급할 때의 근거가 되는 표로서 부대의 임무 및 기능이 추가되어도 편제표상의 변동을 초래하지 않는 부대에 적용하며, 병력편성은 부대와 분배 표 부대의 실제 인가된 병력이나 계획된 병력으로 편제표상에 편성된 병력이다. 여기서 각 군은 정원에서 부수병력을 감한 인원이며, 각 군 예하의 부대 또는 기관의 경우는 정원 그 자체를 말한다.

부대 편성은 2개 또는 그 이상의 단위부대로 구성된 군 조직체로써 편성 및 장비 표에 의한 편제 부대와 분배 및 배당표에 의거 편성된 특정 기능부대 등 부대단위이다.

편제(編制)는 부대 또는 기관의 임무 수행에 적합하도록 하부조직에 대하여 임무 및 기능을 부여하고 부서 또는 부대를 편성하며 정원 및 장비의 책정과 지휘관계 등을 정하는 것으로써 평시편제 (평시 부대 임무 수행에 필요한 인원·장비로 규정된 상비군 편제로 국가의 경제 능력과 전시 대응 태세 고려 작성)와 전시 편제(전쟁 지속능력과 가상적국의 군사 상황 등을 고려한 전시 대비 편제. 전시 군사력을 유지하기 위한 편제로 국가정책을 기초로 하여 작성)로 구분된다. 편제표(**編制表**)는 임무 수행에 적합하게 편성된 병력 및 장비 표를 총괄적으로 부르는 명칭이다. 편제표는 부대 성격에 따라 편성 및 장비표와 분배 및 지급표 2가지 중 한 가지가 적용된다.[25)]

편조(編組)는 지휘관이 전투편성을 실시에 있어서 한 특정 임무 또는 과업을 달성하기 위해 특수하게 계획된 부대의 구성. 전투부대, 전투지원부대, 전투근무지원 부대를 본래의 예속부대와 관계없이 상급 및 인접 부대 일부를 배속, 작전통제 또는 직접지원 형태로 지휘관계를 설정해 주는 것이다.

단위부대(單位部隊)란 편제표에 의거 편성된 편성부대 일부를 구성하는 부대로써 편성부대의 재산을 관리하고 개인 지급을 분배받아 개인에게 지급하는 군수품 관리상의 최소부

---

25) 편성 및 장비표는 주로 전투부대에 적용되며(군단사령부, 사단급 이하부대), 분배 및 배당표는 부대의 특정 임무에 적합하도록 임무 및 기능, 편성기구, 병력 및 장비를 규정한 표(육군본부, 군사령부, 군수사, 교육기관

대로 법령(국군조직법 및 대통령령 또는 국방부 훈령)에 의거 육군본부 일반명령으로 창설된 모든 독립된 군사부대로서 군급에서 분대급까지의 부대를 말한다.

다. 부대계획

부대계획은 군 통제계획의 하나로써, 현역 군 병력 및 구조에 대한 목표와 지침을 확립하고 군 전략 목표계획 및 제한된 전투를 위하여 제 계획의 소요를 충족해 주기 위한 창설, 해체, 개편, 군인, 군무원에 관한 부대 기준 전개 및 광범위한 준비 태세 목표를 설정하는 계획 또는 병력의 획득 분배, 교육, 이동, 관리 및 보급과 복지에 관한 지침서를 제공하며 부대나 기관을 설치하기 위한 계획을 말한다. 이는 군사 전략목표와 전력소요를 충족시키기 위하여 부대 또는 기관이 창설, 해체, 개편 등을 가용자원 (병력, 장비, 예산) 범위내에서 수립하여 시행하는 계획이다.

부대단위(部隊單位)란 분대, 반, 소대, 중대, 대대, 연대(단), 여단, 사단, 군단, 군사령부 및 비표준화 부대로 구분한다.

부대명칭(部隊名稱)은 일정한 규모로 편성된 부대의 통념적인 명칭을 말하며, 부대명칭에는 통상명칭과 고유명칭으로 구분 사용된다.

통상명칭(通常名稱)이란 대외적으로 사용되는 명칭으로써 부대의 성격, 편성, 규모, 작전 및 장비, 기타 모든 면을 비닉하여 군사기밀을 보호함을 목적으로 사용되는 명칭이다. (예 : 육군 1234부대)

고유명칭(固有名稱)이란 대내에서 사용되는 명칭으로써 부대의 성격, 편성, 규모 등을 노출 시키며 단순한 서열로 된 오직 한 개만을 나타내는 부대명칭을 말한다 (예 : 제1보병사단)

제병협동부대(諸兵協同部隊)란 2개 혹은 그 이상의 병과로 구성된 결합체로써 임무 수행을 위해 상호 지원할 수 있는 부대로 구성된다. 부대는 통상 전차, 보병, 공격헬기, 야전포병, 방공포병, 공병으로 편성되고 구성된다.

라. 창설, 해체, 개편

- **창설(創設)** : 단위부대 또는 기관에 대하여 설치목적에 따라 법적 근거를 부여하고, 기구, 정원 등을 편성하여 임무 및 기능을 수행할 수 있도록 하는 것이다.
- **해체(解體)** : 기존의 단위부대 또는 기관의 설치목적이 상실되고 법적 근거가 종료되어 기구 및 정원이 없어지는 것이다.
- **개편(改編)** : 기존의 단위부대 또는 기관의 기구, 기능, 정원이 조정되는 것을 말하며, 증편과 감편으로 구분한다.
- **연합군(聯合軍)** : 연합은 2개국 이상 국가의 군대가 공동의 목표를 달성하기 위하여 협조체계로, 연합군에는 단일 지휘조직을 마련하는 경우와 협동성 경우이다.

5. 군사 권한 및 군대 조직

가. 군사 권한

1) 대통령은 국가의 원수이며, 외국에 대하여 국가를 대표한다. (헌법 제66-1)

> **대통령 취임 선서** (헌법 제69조)
>
> "나는 헌법을 수호하고 국가를 보위하며 조국의 평화적 통일과 국민의 자유와 복리의 증진 및 민족문화의 창달에 노력하여 대통령으로서의 직책을 성실히 수행할 것을 국민 앞에 엄숙히 선서합니다."

가) 대통령은 국가의 독립·영토의 보전·국가의 계속성과 헌법을 수호할 책무를 진다. (헌법 제66-2)

나) 대통령은 헌법과 법률이 정하는 바에 의하여 국군을 통수(統帥 : 군대를 통솔하고 지휘 · 운용하는 것. (헌법 제74-1)

다) 국군의 조직과 편성은 법률로 정한다. (헌법 제74-2)

2) 국방부장관은 대통령의 명을 받아 군사에 관한 사항을 관장하고 합동참모의장과 각군 참모총장을 지휘 · 감독한다. (국군조직법 제8조)

3) 합동참모의장은 군령(**軍令**)에 관하여 국방부장관을 보좌하며, 국방부 장관의 명을 받아 전투를 주 임무로 하는 각 군의 작전부대를 작전지휘·감독하고, 합동작전 수행을 위하여 설치된 합동부대를 지휘·감독한다. 다만, 평시 독립전투여단급(**獨立戰鬪 團級**) 이상의 부대이동 등 주요 군사 사항은 국방부 장관의 사전승인을 받아야 한다. (국군조직법 제9조)

4) 각 군 참모총장. (국군조직법 제10조)

가) 육군참모총장, 해군참모총장, 공군참모총장을 둔다.

나) 각 군 참모총장은 국방부 장관의 명을 받아 각각 해당 군을 지휘 · 감독한다. 다만, 전투를 주 임무로 하는 작전부대에 대한 작전지휘 · 감독은 제외한다.

다) 해병대에 해병대사령관을 두며, 해병대사령관은 해군참모총장의 명을 받아 해병대를 지휘 · 감독한다.

5) 소속 부서의 장의 권한은 각 군의 부대 또는 기관의 장은 편제(**編制**) 또는 작전지휘 · 감독 계통상의 상급 부대 또는 상급 기관의 장의 명을 받아 그 소속 부대 또는 소관 기관을 지휘·감독한다. (국군조직법 제11조)

나. 군대 조직

1) 합동참모본부

합참은 각 군의 작전부대를 작전지휘 및 감독하고 합동부대를 지휘하여 합동 및 연합작전을 수행한다.

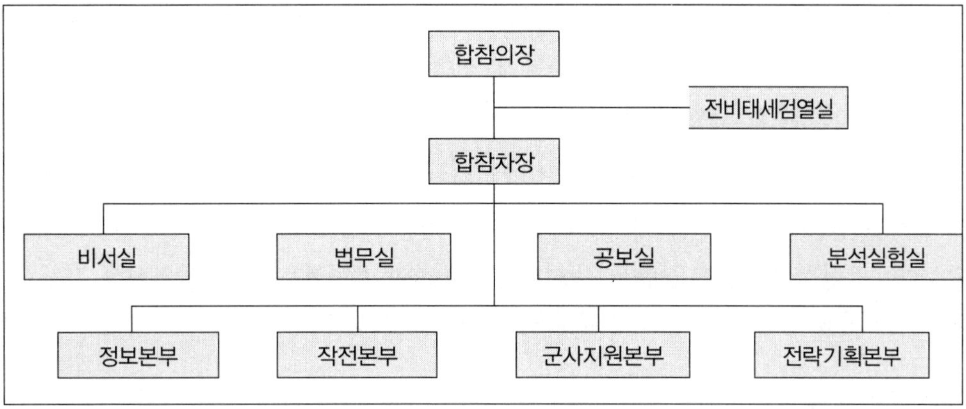

2) 육군

육군은 육군본부와 2개의 작전사령부, 수도방위사령부, 특수전사령부, 항공사령부, 미사일전략사령부, 기타 지원부대(군수사령부, 인사사령부, 동원전력사 등)로 편성되어 있다.

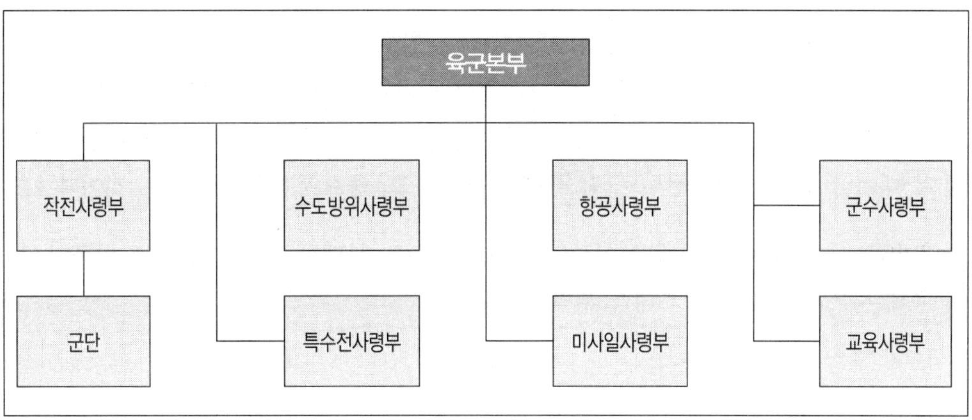

육군(軍)은 지상(地上)에서의 전투를 임무로 하는 군대로 국방목표 달성을 위한 군사력의 핵심으로서 타군 및 타 국군과 협조하여 임무를 수행한다. 육군의 임무는 "육군은 지상작전을 주 임무로 하고 이를 위하여 편성·장비를 갖추며 필요한 교육·훈련을 한다." (국군조직법 제3조 1항) 육군의 역할은 국가안보의 중추, 전쟁 수행의 주체, 국가이익 및 국가발전 지원하는 것이다.

작전사령부는 전투를 주 임무로 하는 작전부대를 말하며, 합참의장의 작전지휘를 받아 군사 전략목표를 달성하도록 작전을 계획 및 시행하는 작전적 수준의 부대이며 참모총장으로부터 작전지휘를 결한 지휘 ·감독을 받는다.

군단(軍團)은 통상 지상작전사령부에 예속 되의 전술적 목표를 달성함으로써 작전적 목표 달성을 위한 최상위 전술 제대이나 임무와 부여된 역할에 따라 작전적 수준의 부대로 편성하여 운용할 수 있다. 군단은 사·여단을 지휘하여 제병협동작전을 수행하고 적지 종심 지역작전을 통해 사·여단 작전에 유리한 여건을 조성한다.

사단(師團)은 상급 부대의 작전적· 전술적 목표 달성을 하도록 제병협동작전을 수행하는 기본 전술 제대이다. 일반적으로 군단의 일부 작전을 수행하고 적지 종심 지역작전을 통해 여단 작전에 유리한 여건을 조성한다.

여단 사단에 편성된 여단은 사단의 건제부대로서 전투단을 구성하여 제병협동작전을 수행하는 부대이다. 여단은 사단의 결정적작전 및 다양한 여건 조성 작전을 수행하고 적지 종심 지역작전 등을 통해 대대작전에 유리한 여건을 조성한다.

대대(大隊)는 통합전투력을 발휘하는 전술의 기본 단위 부대이다. 대대는 여단 일부로 근접전투(가까운 거리에서 소화기와 총검 및 기타 중화기를 사용하여 실시하는 전투) 위주의 작전을 수행한다. 상황에 따라서는 제한된 범위 내에서 단독으로 작전을 수행할 수도 있다. 대대의 임무는 근접전투로 적 부대를 격멸하고, 중요지형을 확보하는 것이다.

중대(中隊)는 자체 본부 및 2개 이상의 소대로 구성된 부대로 통상 대위가 지휘하며, 보병 중대는 기본 전투단위 부대가 된다.

3) 해군

해군은 해군본부와 해군작전사령부, 해병대사령부/서북도서방위사령부, 잠수함사령부, 기타 지원부대로 편성되어 있다.

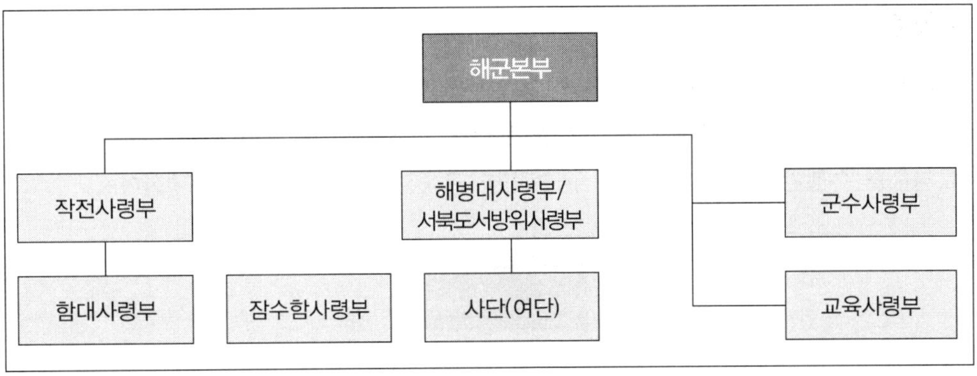

해군작전사령부는 전반적인 해군작전을 지휘하고 대함작전, 대잠작전, 기뢰 작전, 상륙작전 등을 수행한다. 함대사령부는 구축함, 호위함, 초계함, 고속정 등의 전투함을 운용하여 책임 해역방어 임무를 수행한다.

4) 공군

공군은 공군본부와 공군작전사령부, 기타 지원부대로 편성되어 있다. 공군작전사령부는 항공작전 수행과정을 중앙집권적으로 통제하고, 제공작전, 전략 공격작전, 항공차단작전, 근접항공지원작전 등을 수행한다.

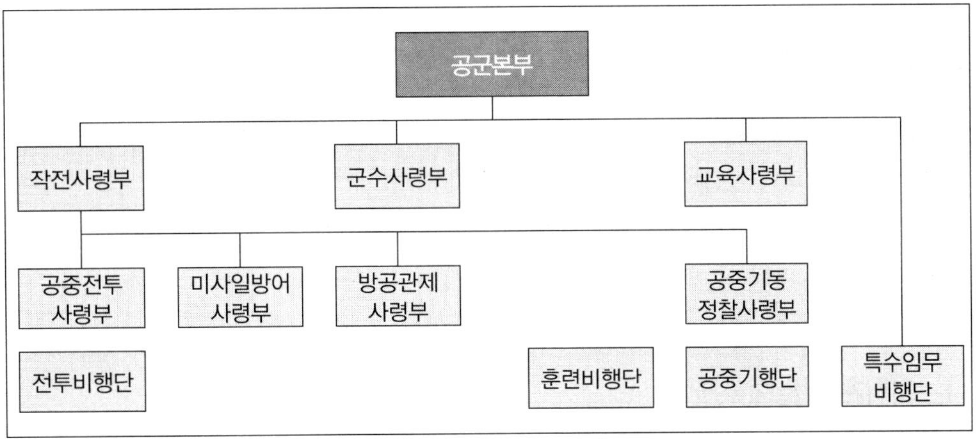

5) 해병대

해병대는 해군에 소속되어 상륙작전을 주 임무로 하고 이를 위해 편성, 장비되며 필요한 교육훈련을 한다. 주요 부대는 수도 서울 서측방 및 서북 도서 방어 임무, 그리고 전략예비 임무를 수행한다. 그 외 부대는 군수지원, 교육훈련 등의 임무를 수행한다.

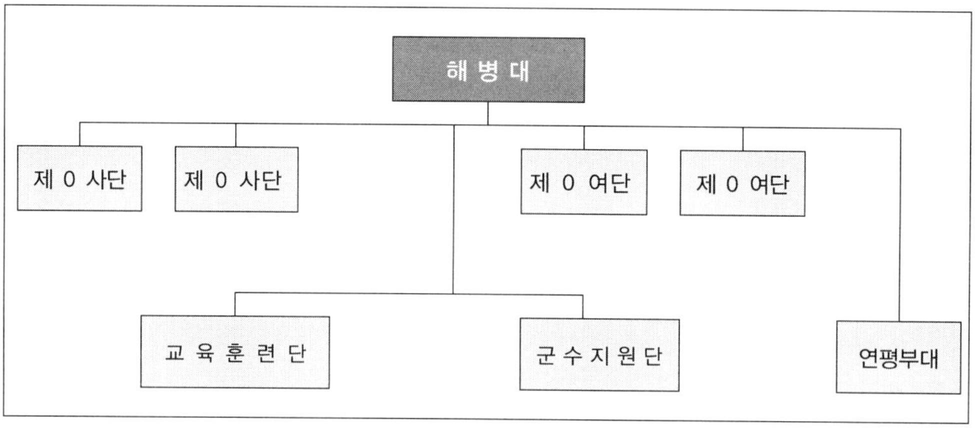

6. 조직 임무 수행을 위한 통제

가. 지휘관(指揮官)

지휘권을 가지고 군대를 지휘 통솔하는 관직 또는 그 사람에 대한 일반적인 칭호로써, 지휘관은 자기 부대의 성패에 모든 책임이 부여되어 있다.[26] 군인의 지위 및 복무에 관한 기본법(법률 제13631호) 제2조에는 '중대급 이상의 단위부대의 장, 함선부대의 장 또는 함정, 항공기를 지휘하는 자'로 정의되어 있다.

나. 지휘계통(指揮系統)

최상급 지휘관으로부터 말단 지휘관까지 지휘가 집행되는 지휘 상의 계열을 말한다.

26) 지휘관의 주요 기능 : 결심수립(상황판단, 임부무여, 전투력 할당), 전투준비태세 유지, 관리, 지휘통솔, 지도 및 감독

다. 지휘관계(指揮關係)

부여된 임무 달성을 위하여 부대를 지휘 통솔하는 권한의 정도를 합법적으로 규정한 것.

라. 예속(隷屬)

편제상의 지휘관계의 일종으로, 부대 또는 기관이 특정한 상급 부대 또는 기관에 비교적 영구적으로 소속된 편제상의 지휘관계를 말한다.

마. 배속(配屬)

작전 수행 간 지휘관계의 일종으로, 하나의 편성 체에 부대를 일시적으로 배치하는 것을 말한다.

바. 작전지휘

합동군사령부 차원에서 사용하는 지휘관계로서 작전통제보다는 포괄적인 개념이며 작전 임무 수행에 필요한 명령과 지시를 수행하는 것이다.

사. 작전통제

어떤 부대가 특정한 임무나 과업을 수행할 수 있도록 일시적으로 지휘관계를 설정해 주는 것이다

아. 전술통제

동일 전투지대 내에서 작전하는 양 개 부대의 협조 된 작전 수행이 요구될 때 일시적인 지휘관계를 설정해 주는 것이다

자. 전투부대(戰鬪部隊)

전투를 주 임무로 하는 부대를 말하며 보병부대, 기갑부대, 항공부대 등이 있다.[27)]

차. 지원부대(支援部隊)

지원부대는 타 부대와 같이 행동하며 그 부대를 지원 또는 보호하는 부대로써 피 지원부대의 편제상 부대가 아니며 피 지원부대 지휘관의 명령에 따라 행동하지 않는 부대를 말한다.

카. 전투지원 부대

전투지원부대는 전투부대에 전투지원을 제공하는 부대이며, 이는 편제표상에 명시된다. 육군의 전투지원부대는 화력 지원부대(야전포병, 항공, 화학), 방공 지원부대, 정보지원부대, 공병 지원부대, 통신 지원부대 및 심리전 부대 등이 있다. 이와 같은 부대의 참모편성 및 책임과 주요 기능은 전투부대의 참모편성에 준 한다.

타. 전투근무지원부대

전투근무지원부대는 인사, 군수, 동원업무를 주로 수행하며, 전투지원부대에 지속적인 전투근무지원을 제공하기 위하여 편성된 부대로서 전투근무지원부대의 정보 및 작전 참모 기능은 통상 통합한다.

---

27) 지상군 기본교리, P.1-3

제3절 지휘관, 참모

1. 지휘관, 참모

가. 지휘관의 역할 및 기능

지휘관의 책무

지휘관은 부대의 핵심으로 부대를 지휘·관리 및 훈련하며, 부대의 성패에 대하여 책임을 진다. 그러므로 지휘관은 부대의 모든 역량을 통합하여 부여된 임무를 완수하여야 한다. 부대의 엄정한 군기와 왕성한 사기 그리고 굳은 단결은 지휘관에게 달려 있음을 명심하여 지휘권을 엄정하게 행사하고, 부하를 지도·감독하며, 부하의 복지향상과 자원의 효율적 관리에 힘써야 한다.

〈 지휘관의 역할 및 기능 〉

(가) 지휘관(Commander)의 역할

지휘관은 부대 지휘의 핵심이며 원동력이다. 부대의 성공과 실패는 주로 지휘관의 능력과 의지에 따라 좌우되므로 지휘관은 다재다능하여야 하며 어떠한 상황에서도 난관을 극복하여 자발적이고 적극적으로 임무를 완수하여야 한다.

(나) 지휘관의 주요 기능

- 결심수립
- 지휘통솔
- 전투준비태세 유지
- 지도, 감독
- 관리

1) 결심수립(decision making)

① 상황 파악: 부대 임무에 필요한 제반 상황을 신속하게 파악하여야 한다.

② 임무부여: 부여된 임무를 완수하기 위하여 계획을 수립하고 예하 부대가 수행해야 할 임무를 부여한다.

③ 전투력 할당: 예하 부대가 부여된 임무 수행이 가능하도록 전투부대, 전투지원부대, 전투근무지원부대 (combat service support troops) 등의 전투력을 예하 부대에 할당한다.

2) 전투준비태세 유지

보급, 정비, 병력 및 장비의 보충 그리고 훈련 등을 통하여 항시 부대가 고도의 전투준비태세를 유지할 수 있도록 자신의 지식과 참모들이 제공한 첩보를 기초로 하여 적절한 조치를 강구 하여야 한다.

3) 관리(management)

부대의 임무 또는 과업을 경제적이고 효율적으로 완수하기 위하여 인원, 금전, 물자, 시설 및 시간을 활용하는 과정이다. 관리의 기능에는 기획, 조직, 지시, 통제 및 조정의 기능이 포함되며, 관리는 그 기능이 지속하여 적용되어 임무를 완수하게 하는 지휘의 한 수단이다. 관리목적은 가용한 자원을 경제적이고 능률적으로 사용하는 것으로서, 부대 지휘에 도움 된 필수적인 분야이며 부대 관리에 대한 권한과 책임은 지휘관에게 있다.

4) 지휘통솔(military leardership)

지휘관이 고도의 전술적 식견을 바탕으로 부대 를 운용하고 부하들의 전투의지를 고취하여 부대의 임무를 효율적으로 완수하는 술(術)로써 전투력 발휘의 중요한 요소이다. 지휘관은 지휘통솔을 통해 유·무형 전투력을 극대화하여 전승을 보장하여야 하며, 성공적인 지휘통솔을 위해서 도덕성, 필승의 신념, 전문적 능력을 구비하여야 한다.

5) 지도, 감독

지휘관은 예하 부대의 임무 수행상태를 부단하게 파악하여 성공적으로 임무를 완수하도록 각종 지원과 동기를 부여하고 작전을 지도, 감독한다.

나. 참모의 역할 및 기능

(1) 참모편성 원칙 및 고려사항

참모편성 원칙은, 임무와 관련 법규 및 규정에 따라 참모를 편성한다. 지휘관은 효과적인 참모편성을 위해서 각 참모의 책임을 명확히 규정하며, 책임에 상응하는 권한을 참모에게 위임하고, 효과적인 통제 한계를 설정한다. 특히 부대 임무의 성공적인 수행을 보장하기 위해서는 참모들 상호 간에 긴밀한 협조체제의 유지와 노력의 통합 및 즉각적인 첩보 전파 체계를 구축하여야 한다.

참모편성 시 고려사항은 다음과 같다.

- **임무(Mission):** 부대의 임무는 지휘관, 참모가 수행해야 할 업무를 결정하여 준다.
- **업무 분야:** 참모업무는 부대의 임무와 관계없이 통상 인사, 정보, 작전, 군수, 동원, 관리 분야로 구분된다. 이러한 참모업무 분야의 상대적인 중요성은 부대의 임무와 제대의 규모 및 전장 환경에 따라 상이하며, 자원을 절약하고 부대의 노력을 촉진 시키기 위하여 둘 이상의 참모들을 통합시킬 수도 있다.
- **법률 및 규정:** 국군조직법, 대통령령 및 육군 규정에는 지휘관과 특정 참모들과의 관계가 규정되어 있다.
- **특정 분야에 대한 직접적인 통제:** 지휘관은 특별히 중요하다고 생각되는 분야에 대해서는 직접 통제할 수 있다. 이러한 경우에 그 분야에 책임을 지는 참모는 직접 지휘관에게 보고한다.
- **기타:** 이상의 고려 요소 이외에도 수행 업무의 양, 가용자원, 지휘소 편성 시 요구사항 등을 추가 적으로 고려한다.

(2) 참모편성 형태 및 구분

가) 참모편성의 형태

참모편성의 형태에는 부대의 임무와 기능, 그리고 부대의 성격에 따라 일반형, 부장 형 참모 형태로 구분할 수 있다.

1) 일반형 참모 형태

일반형 참모편성 형태는 각기 참모들이 참모장(Chief of staff)의 보좌관으로서 기능과 권한을 가진 참모편성 형태로써 일반참모, 특별참모 및 개인참모로 구성된다. 일반참모의 권한은 각 참모의 책임 분야 범위 내에서 관련된 특별참모의 활동을 조정 및 통합하는 것을 포함, 지휘관에게 조언하고 계획을 수립하며 협조하는 활동으로 국한된다. 각 참모의 수는 제대의 규모에 따라 상이하나 각 참모 활동을 통합하는 참모장은 반드시 편성된다.

2) 부장 형 참모 형태

부장 형 참모편성 형태는 각기 참모들이 부서의 참모장으로서 기능과 권한을 가진 참모편성 형태로써 전문적인 분야의 업무를 수행하는 부대에서 주로 편성, 운용한다. 이러한 참모편성 형태에서의 참모는 일반형 참모편성 형태보다 많은 권한이 위임되며, 각기 부(部)의장을 부장(部長)으로 호칭한다(예: 병원부대 급, 학교 기관).

3) 참모의 구분 및 활동 범위

육군의 부대는 전투, 전투지원, 작전 지속 지원(전투근무지원)부대 들로 편성되어 있고 이를 지휘 및 통제하는 지휘통제부대로 구성되어 있다. 따라서 이러한 부대들은 제대별, 기능별 기본임무가 각각 상이하고 규모가 다양하게 구성되어 이에 필요한 참모의 편성이 요구된다. 이러한 참모는 통상 일반참모, 특별참모, 개인참모로 구분하며, 부대 임무와 기능 그리고 제대 규모에 따라 적절하게 편성 운용한다.

(나) 일반참모(Coordinating Staff)

일반참모(**一般參謀**)는 부여받은 업무 분야에 대한 지휘관의 주무 참모다. 각 참모는 참모 업무 분야 중 부대의 형태에 따라 1개 또는 2개 이상의 분야를 담당한다. 일반참모는 부대의 활동을 계획, 조정, 통제 및 감독함으로써 지휘관을 보좌하며, 또한 부대가 효율적으로 운용될 수 있도록 노력을 통합하여야 하며, 관계 특별참모의 활동을 감독하고 조정 및 통합한다. 일반참모는 참모장의 통제하에 업무를 수행하지만, 지휘관과 직접 접촉할 수 있다. 이경우 참모는 지휘관에게 보고한 사항과 지휘관으로부터의 수명 사항을 참모장에게 보고한다.

(다) 특별참모(Special Staff)

특별참모(**特別參謀**)는 일반참모(**一般 謀**)의 업무 분야보다는 좁지만, 그 분야에 포함된 기술적인 분야, 행정적인 분야 및 특정 병과에 관한 업무에 관하여 지휘관을 보좌하는 참모로서 의무, 수송, 통신, 화학 병기 장교 등이 있으며 다음과 같은 업무를 수행한다.

- 해당 기술 및 기능 분야에 대한 업무 수행
- 지휘관이나 일반 참모에게 자신이 수행하는 특수분야에 관한 첩보 및 판단을 제공하고 조언
- 계획, 명령 및 보고서 작성 시 일반참모를 보좌
- 해당 기술 분야에 관한 부대 활동을 감독
- 해당 부처 훈련을 계획하고 감독하며, 해당 기능 분야에 관한 부대훈련을 감독
- 부대의 지휘관을 겸직하고 있는 특별참모는 참모와 지휘관의 이중기능을 수행

(라) 개인참모(Personal Staff)

개인참모(**個人參謀**)는 지휘관이 직접 조정, 통제하는 업무 또는 특정 분야에 관하여 지휘관을 보좌하는 참모로서 사단급 이상 부대에 편성되며, 사단의 개인참모는 감찰참모(**監察參謀**), 법무참모(**法務參謀**) 정훈공보참모(**政訓公報參謀**) 등이 있다. 이러한 개인참모는 부여받은 업무에 대해 정상적인 참모계통을 통하지 않고 지휘관에게 직접 보고 할 수 있다.

(3) 제대 별 참모편성

(가) 작전사령부

작전사사령부는 일반참모, 특별참모, 개인참모가 편성되어 부여된 임무를 수행한다. 작전사령부는 편제 부대와 예속 및 배속부대를 통합 지휘하여 책임 지역 내에서 작전, 교육훈련, 행정 및 군수지원 제공, 지역 내 민사 및 예비군 업무 등을 수행한다.

(나) 군단

군단사령부는 일반참모, 특별참모, 개인참모가 편성되어 부여된 임무를 수행하며 군단은 임무에 따라 야전군으로부터 전투부대 및 전투지원부대를 배속받아 편조된다. 따라서 군단 참모들은 전투, 전투지원 그리고 전투근무지원(combat service support) 분야의 업무를 동시에 수행한다.

(다) 사단

사단사령부의 참모편성에는 일반참모, 특별참모 및 개인참모가 포함된다. 사단 참모는 전

투, 전투지원, 전투근무지원 업무에 관련된 각종 계획을 수립하고 이의 실시를 감독하는 데 중점을 두고 업무를 수행한다.

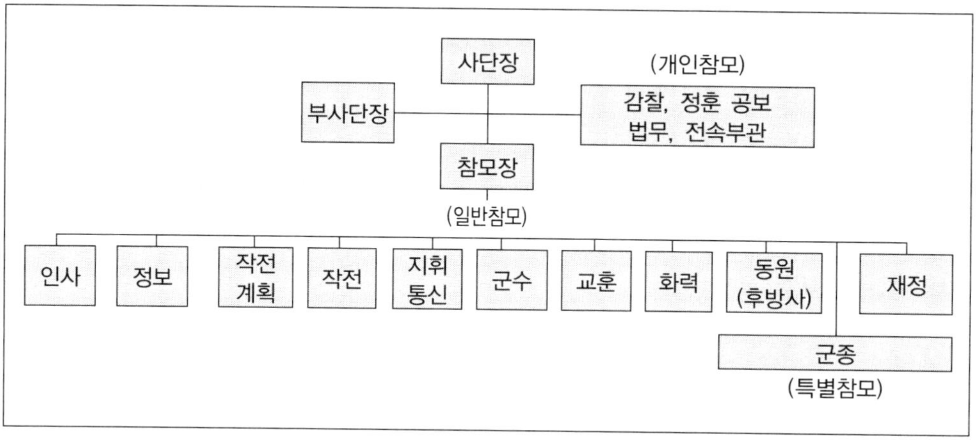

(라) 여단 및 대대

여단 및 대대의 참모에는 일반참모와 특별참모가 포함되며, 필요시 개인참모가 추가된다. 부지휘관이나 선임 참모가 사단급 이상 부대에 편성되어 있는 참모장의 업무를 수행한다.

1) 여단

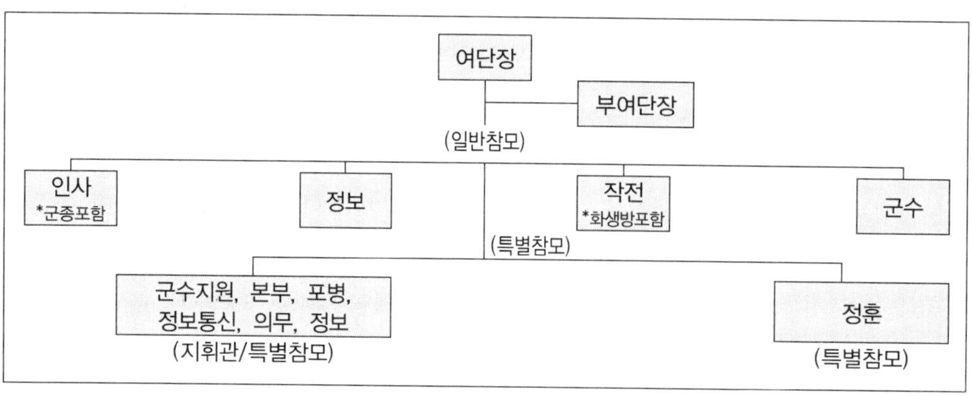

2) 대대(大隊)/참모부 편성

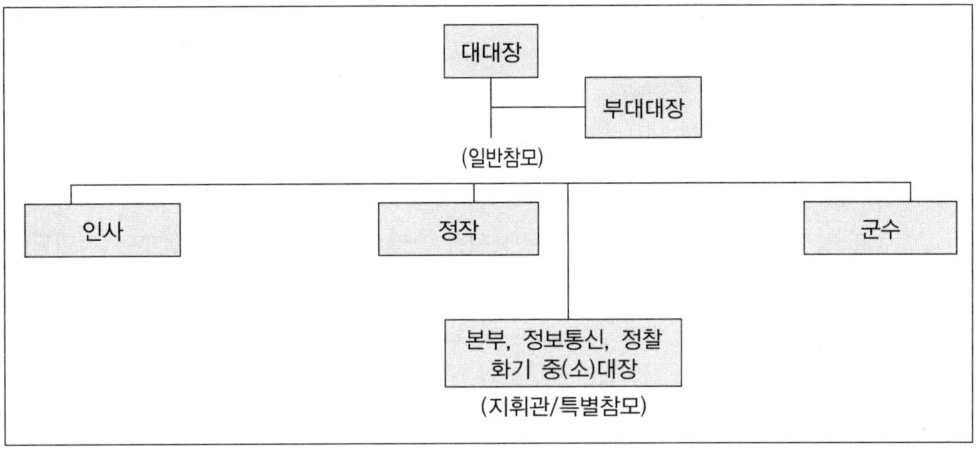

(4) 참모의 역할

(가) **참모(staff)**는 지휘관의 지휘권 행사를 보좌하기 위하여 임명되었거나 파견된 장교들이다. 참모는 지휘관이 부대 지휘의 막중한 책임과 불확실한 전장 상황에서 지휘관의 의지를 자유롭게 실현하고, 능력을 최대한 발휘할 수 있도록 보좌한다. 이를 위하여 참모는 항시 지휘관의 의도를 명찰하고 도모하며, 상· 하 의지를 일치시켜 임무를 완수할 수 있도록 책임을 다하여야 한다. 참모는 부대지휘절차에 따라 임무를 분석하고, 적을 찾으며, 적 위협을 분석하고 이에 대응하기 위한 방책을 발전시킨다. 참모는 지휘관 대응 개념을 기초로 발전시킨 방책을 계획 및 명령으로 작성 및 하달하며 지휘관의 의도가 성공적으로 구현될 수 있도록 예하 부대에 대해 필요한 참모 감독을 실시하는 등의 활동으로 지휘관을 보좌한다.

(나) **참모의 주요 기능**

- 첩보 수집 및 교환
- 건의
- 감독
- 판단
- 계획 및 명령 작성

1) 첩보 수집(collection of information) 및 교환

모든 참모는 지속하여 첩보를 수집하고 이를 신속히 처리하여 중요한 사항을 지휘관 및 관련 부서에 전파하여야 한다. 이를 위해 모든 참모는 부대 지휘를 지원할 수 있도록 첩보 수집계획을 수립하고 시행하여야 한다. 참모는 모든 출처로부터 수집되는 첩보를 수집, 분석하여 첩보에 대한 중요성, 신뢰성 및 적합성을 평가하여 최신 첩보를 지휘관과 타 참모, 필요시에는 상. 하급 및 인접 부대에 신속히 보고 및 전파하여 첩보가 적시성을 상실하지 않도록 하여야 한다. 참모는 지휘관이 필요로 하는 첩보만을 제공하여야 하며, 기타 수집된 첩보가 차후에 사용될 수 있는 첩보라면 이를 기록 및 존안 해 두어야 한다.

2) 판단(staff estimate)

판단은 계속적 과정이며, 판단 시에는 가용한 모든 첩보를 기초로 방책발전에 영향을 미치게 될 모든 사태를 고려하여야 한다. 판단의 결과는 필요시 형식에 구애됨이 없이 지휘관에게 건의되어 지휘관이 결심을 할 수 있게 하여야 한다. 또한 참모는 지휘관의 행동, 적의 행동 및 작전상황을 예측하여야 한다. 참모가 수단의 가용성을 예측하는 것은 대단히 중요하며, 이렇게 함으로써 지휘관은 상황에 변동이 발생 경우 반응시간을 단축할 수 있다.

3) 건의(recommendation)

참모들은 방침, 조치할 행동, 부대지휘절차 간 발전시킨 방책 그리고 하달할 명령 등을 지휘관에게 건의한다. 건의는 참모 간에 충분한 사전 협조 후 이루어져야 하며 적시성이 있어야 한다.

4) 계획 및 명령 작성(Plan & order farming)

참모들은 지휘관이 결심한 상항이나 위임된 권한 범위 내에서 계획 및 명령을 작성하고 지휘관을 대신하여 하달할 수 있다.

5) 감독(supervising)

지휘관이 결심한 사항의 수행상태를 감독한다.

2. 지휘관 · 참모의 책임과 권한

가. 지휘관의 책임과 권한

〈지휘관 명령 하달과 수령(보고)〉

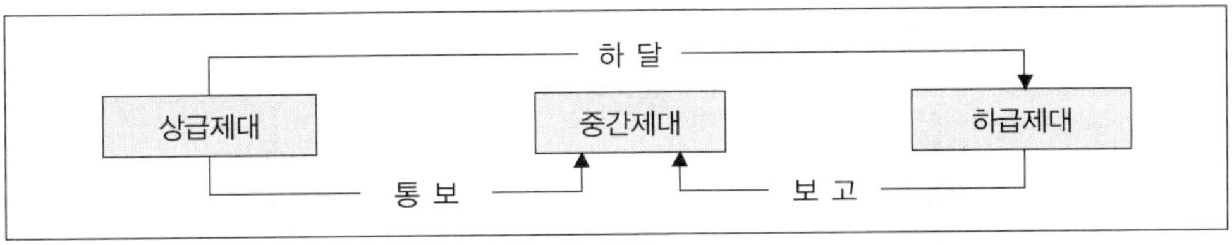

(1) 지휘관의 궁극적인 책임은 전투에서 승리하는 데 있다. 또한 부대의 임무를 수행하면서 성공 또는 실패에 대한 모든 책임은 오직 그 부대를 지휘하고 있는 지휘관에게 있다.

(2) 지휘관은 권한을 위임할 수는 있으나 책임을 위임할 수는 없다.

(3) 지휘관은 부여된 책임을 효율적으로 완수하기 위하여 법률과 규정에 따른 합법적인 권한을 보장받게 되며, 이러한 법률과 규정 내에서 권한을 행사하게 된다.

(4) 지휘관은 지휘계통을 통하여 자신의 임무를 수행한다.

(5) 모든 명령(命令)은 지휘계통을 통하여 원칙이나 상황(狀況)에 따라 중간 지휘관을 거치지 않고 하달되는 경우, 명령을 하달한 지휘관과 명령을 수령 한 예하 지휘관은 그 내용을 중간 지휘관에게 곧 통보 및 보고하여야 한다.

나. 참모의 책임과 권한

(1) 참모는 자신의 해당 책임 분야에 대한 업무를 수행할 책임을 진다.

(2) 참모는 지휘 권한을 갖지 않으나, 지휘관이 지시하거나 위임한 사항을 수행할 수 있으며, 지휘관은 자신의 권한 범위 내에서 참모들에게 필요한 권한을 위임할 수 있다.

(3) 참모에게 위임되는 권한의 범위는 부대 규모, 임무의 긴급성 및 참모의 능력과 책임 분야에 따라 다르며, 특별한 경우 지휘관의 승인 없이도 계획과 명령을 발행할 수 있는 권한을 부여받을 수 있다.

(4) 그러나 참모가 위임받은 권한 내에서 지휘관 명의로 명령을 하달하였을 때, 부대와 상황에 영향을 주는 지시와 활동 사항에 대해서 신중하며 지휘관에게 지체하지 않고 보고하여야 한다.

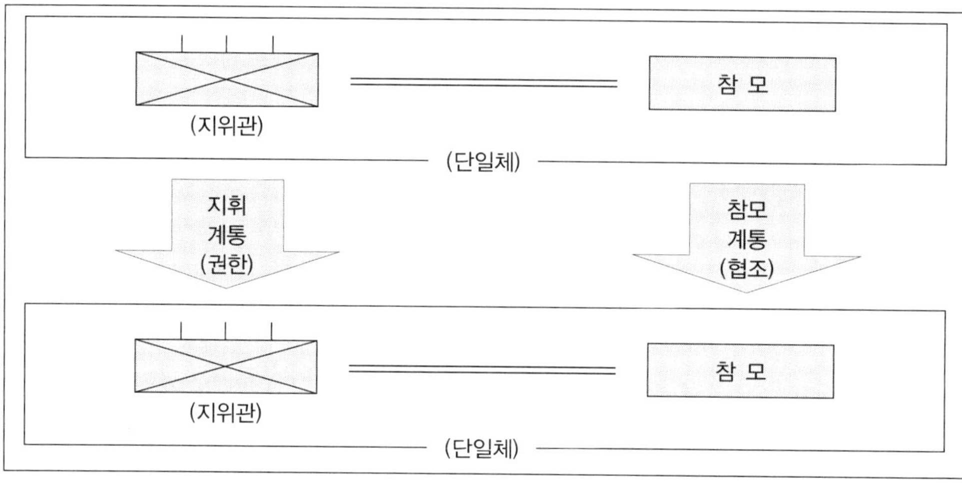

3. 지휘관과 참모의 관계

가. 동일 부대 지휘관과 참모의 관계

(1) 지휘관과 그의 참모들은 "부여된 임무(任務)를 성공적으로 수행하여야 한다."라는 동일 목적을 가진 군사적인 단일체(單一體)이다. 이러한 목적을 달성하기 위하여 참모는 지휘관이 지휘권을 효율적으로 행사할 수 있도록 조언하고 보좌해야 한다.

(2) 참모 요원은 지휘관의 전문적인 보좌관으로서 지휘관의 책임 분야를 분할 담당하여 세부적인 사항을 조치함으로, 지휘관은 광범위하고 긴요한 문제에 관한 결심을 하며 예하 부대를 지휘 및 통제(統制)할 수 있게 된다.

나. 상급 부대 참모와 예하 부대 지휘관 및 참모와의 관계

참모(參謀))는 예하 부대 지휘관이나 참모와 유기적인 협조를 유지하며, 봉사하는 자세로 활동해야 한다.

(1) 상급 부대 참모와 예하 부대 지휘관과의 관계

(가) 참모는 지휘관의 명령이나 지시를 전달하고 조언하며 첩보를 교환하기 위하여 예하 부대 지휘관과 접촉을 유지한다.

(나) 그러나 예하 부대 활동을 지시하거나 규정하는 모든 명령은 지휘관의 명의로 하달된다.

(다) 참모는 예하 부대 지휘관의 책임이나 권한을 침해할 수 없으며, 예하 부대 지휘관은 상급 부대 참모의 조언을 수락 또는 거절할 수 있다.

(2) 상급 부대 참모와 예하 부대 참모와의 관계

(가) 참모는 예하 부대 해당 참모와 수시로 접촉하여 첩보를 수집하고, 지휘관의 지침과 명령, 지시를 전파한다.

(나) 상급 부대 참모는 예하 부대 참모에게 별도의 권한 행사를 할 수 없다. 다만 참모 간의 접촉은 협조와 협동을 통하여 이루어진다.

(다) 참모 간의 첩보를 교환함으로써 상호 이해를 증진하며 지휘관이 전반적인 상황에 정통하게 하고, 또한 장차 계획을 사전에 알게 함으로써 적시 적절한 행동을 취할 수 있다.

4. 참모 활동 수단

참모의 기능을 효율적으로 수행하기 위한 참모 활동 수단에는 참모협조, 참모감독, 기록, 보고, 통신, 회의 및 브리핑 등이 있다.

가. 참모협조(Staff coordinating)

참모협조는 임무를 효율적으로 수행하기 위하여 모든 참모의 활동을 통합시키고 계획이 시행되기 이전에 필요한 조정, 실시하는 활동으로서 이는 행정업무를 감소시키며 자원과 시간 절약을 의도하여 실시한다.

나. 참모감독(Staff supervision)

참모는 지휘관 의도를 숙지하고 계획이나 명령이 지휘관이 원하는 대로 시행될 수 있도록 감독한다. 또한 참모는 계획에 영향을 미치는 새로운 사실을 파악하여 필요한 변경사항을 건의하며, 이러한 경우는 점검표를 활용하여 감독하는 것이 효과적이다. 참모감독을 위해 사용되는 수단은 보고서 분석, 방문, 검열 등이 있다.

다. 기록(Record)

(1) 사단급 이상 부대에서는 작전 및 업무의 복잡성 때문에 지시, 보고, 명령 및 연구서 등을 서식으로 작성한다. 따라서 이러한 제대 급의 참모장교는 기록업무를 정확, 간결 그리고 명확하게 수행할 수 있는 능력을 구비 하여야 한다.

(2) 참모 기록문서에는 방침철, 일지, 업무철(참고철), 상황도 등이 있다.

라. 보고

(1) 보고의 형태는 크게 구두 또는 서면 보고로 구분되고, 부대 전반적인 상황에 대한 적시적인 보고 형태가 결정되어 진다. 보고서의 양식과 전파 시기는 통상 규정으로 표준화되어 있지만 부대의 규모와 성격, 상황에 따라 상이할 수 있다. 그러나 합동 및 연합작전 경우에는 꼭 규정된 양식을 사용한다.

(2) 보고는 정기, 수시 보고로 구분되며, 시기로는 최초·중간·결과 보고로 구분된다.

마. 통신(Communication)

(1) 통신이란 참모장교가 자신의 책임을 수행하면서 다른 부대, 타군, 정부 기관 및 기타 공공기관과 의사를 전달하거나 교환하는 수단이다. 통신 방법에는 개인 접촉, 유·무선 통신체계 이용, 문서통신 및 연락 활동 등이 있다.

(2) 참모장교는 군 통신 체계상 모든 통신 방법을 사용해야 하므로 이의 사용 방법을 숙지하여야 한다.

특히 유·무선 통신장비의 사용 방법 및 절차, 통신문 작성 및 비밀 분류, 유·무선 통신에 관한 보안대책 등을 알고 있어야 한다.

(3) 참모장교가 자주 사용하는 문서통신에는 계획이나 명령, 공문서, 회보 및 기타 통신문(FAX · E-mail/국방 전자문서 등)이 있다.

바. 회의, 브리핑

- 회의는 지리적으로 이격 되어 있는 여러 부대 간의 방문이나 공문서를 이용하는 것보다 적시적이고 건전한 결과를 가져올 수 있다.
- 브리핑은 지휘관, 참모 및 기타 필요한 요원에게 최근의 상황이나 부대가 당면한 문제를 숙지시키는 방법이다.
- 브리핑의 형태에는 첩보형 브리핑, 결심형 브리핑, 지시형 브리핑, 임무형 브리핑 및 결합형 브리핑의 5가지 종류가 있다.
- 브리핑의 성공은 발표자의 능력에 달려 있다. 따라서 주제를 완전하게 이해하고, 발음을 명확하게 하며, 자신감과 여유를 가지고 발표하여야 한다.
- 브리핑의 기본 목적은 제시된 주제에 대하여 참가자가 완전하게 이해하도록 하는 목적이며, 브리핑 실시간에 질문으로 인한 브리핑의 중단을 예상하여 이에 대비하여야 한다.
- 브리핑 실시자는 참가자와의 개인 관계나 감정에 치우치지 않고 논리적으로 타당성 있는 결론과 건의에 도달할 수 있도록 간결하고 객관적이며 정확한 설명을 할 수 있어야 한다.

사. 예규 · 내규

(1) 예규(例規, SOP/ 규정과 관례로 되어 있는 규칙)

통상 군사령부급 이상 부대에서 발행하는 부대 내규의 일종으로 지휘관이 정례적으로 실시할 것을 원하는 전술작전 및 행정 운용의 제 요점을 수행하기 위하여 한 부대가 준수하고 적용해야 할 방법을 제시하는 하나의 규정이나 지시, 일상적이고 반복적인 활동이나 업무처리 절차를 기술한 전투명령으로써 전형적인 전투편성을 위한 절차와 일상적이거나 또는 반복되는 부대의 활동과 업무를 수행하기 위하여 관습적으로 사용되는 절차를 규정하기 위하여 작성한다.[28)]

(2) 내규(內規, SOP[29)])

각급 제대 내부 운영과 관리에 필요한 임무, 책임, 방침, 업무 절차를 기술한 일상 명령, 각 제대의 본부 및 부서(참모부) 단위와 연대급 이하의 소단위 부대에만 적용되는 사항은 자체 내규로 제정하여 시행할 수 있다.

---

28) 예규 작성의 목적(이점) : 작전명령을 간소화시키고(분량 감소), 각종 명령의 작성과 전달 간편, 쉽게 작성할 수 있으며, 작전을 편리하게 촉진, 지휘관, 참모에게 작전에 대한 이해를 증진시키고, 전입 인원 및 배속·지원· 증원 부대(인원) 에게 혼란과 시행착오를 방지 → 예규 작성 고려사항 : 명확성, 융통성, 공통성, 중복 회피, 활용의 편이성

29) 부대 예규(standard operating procedure), 어떤 상황이 발생하였을 때 부대원이 수행하여야 할 행동 절차를 정하여 놓은 규정.

Chapter. 07

교육훈련 및 관리

Chapter. **07**

교육훈련 및 관리

제1절 개요

1. 군 교육훈련의 개념

일반적으로 군교육, 군대교육, 군사 교육 등으로 사용되고 있는 군 교육은 국방에 관한 특수전문 교육으로서 개인과 부대의 잠재 능력을 국방 임무 수행에 적합하도록 계발하기 위해 의도적, 계획적, 조직적으로 행하는 교육활동을 의미한다. (이하 국방백서 인용/고성진·박효선·최손환, 2014).

이러한 군대에서의 교육, 즉 군사 교육(軍事敎育)이란 "개인이나 부대에 대하여 군사 전문기술을 가르쳐 이를 숙달시키기 위한 실천적 활동"(육군본부, 1999), 또는 "군사 요원에게 군사 지식과 기술을 부여하며 지적 능력, 덕성, 체력을 함양하기 위한 교수(敎授) 및 학습활동"으로서 광의의 교육에는 훈련이 포함된다. 여기서 훈련(訓鍊)이란 "개인과 부대가 부여받은 임무를 효과적으로 수행할 수 있도록 기술적 지식과 행동을 체득하는 조직적 숙달 과정"으로 정의된다.

교육훈련은 교육과 훈련을 포함하는 개념으로서 국방 교육훈련이란 "국방을 위하여 장병, 국방부 예하 기관에 근무하는 자와 위탁·수탁 교육자를 대상으로 하는 학교 교육과 부대 훈련"을 말한다(국방부, 1993).

군교육훈련의 유형은 크게 내용과 대상 및 장소에 따라 분류할 수 있다. 먼저 내용에 따라서는 정신교육, 학술교육, 기능교육, 전술훈련, 체력단련, 내무교육의 여섯 가지로 구분된다. (육군본부, 1992) 또한 대상 및 장소에 따라서는 학교 및 교육기관에서 정해진 목표에 따라 계획적, 단계적, 집단으로 실시하는 개인 교육인 학교 교육과 부대의 전투 수행 능력 배양을 위해 실시하는 개인 및 집체훈련인 부대훈련으로 구분된다.

2. 국군 교육훈련 이념

군대의 존재 이유는 평상시 국토를 방위하고 국민의 생명과 재산을 보호하며 유사시에는 전쟁에서 승리하는 것이다. 그리고 이러한 군대의 본질적 사명과 임무 완수를 가능하게 하기 위하여 교육훈련을 통해 전투력 구성요소가 제대로 발휘될 수 있도록 보장해주고 미래에 요구되는 전투력을 창출하며, 전투력의 상승효과를 발휘토록 하여 궁극적으로 전쟁에서 승리할 수 있는 개인과 부대를 육성하는 것이다.

국군은 교육훈련을 통하여 군사 분야의 전문 인재를 양성하고 정예부대를 육성하는데 필요한 국군 교육훈련 이념을 규정하고 있다. 여기서 교육이념이란 교육의 목적과 목표의 근원이 되고 교육행위 전체를 지배하는 기본 원리이자 최고의 교육개념으로서, 이러한 교육이념은 전반적인 교육 노력의 통일성을 부여하고 방향성을 제시하며 교육에 의한 성장지표를 제공한다. 국군의 교육훈련 이념은 아래와 같다.

국군 교육훈련 이념

우리는 대한민국의 자유와 독립을 보전하고 국토를 방위하여 국민의 생명과 재산을 보호하고 나아가 국제평화의 유지에 이바지함을 그 사명으로 하는 국민의 군대이다. 이를 위해 우리는 교육훈련에 정진해야 한다.

교육훈련은 전투력 배양의 필수요소로서 그 목적은 적과 싸워 반드시 이길 수 있는 개인과 부대를 육성하는 데 있다. 그러므로 군인은 투철한 국가관과 확고한 사상 무장을 바탕으로 군인정신을 기르고, 직무수행에 필요한 전문지식과 기술을 익히며, 필승의 전기전술을 연마하고, 강인한 체력을 단련하며, 부대훈련에 힘써야 한다. 참된 군인은 훌륭한 민주시민이 되는 길임을 깨달아 맡은바 임무를 완수하고 강건한 국군으로서 국토통일과 인류공영에 이바지한다.

(국방부 훈령 제466호)

3. 군 교육훈련 목표

군 교육훈련의 목표는 "적과 싸워 이길 수 있는 강한 전사, 강한 군대를 육성"하는 데 있다. 이를 위해 전 장병과 부대는 전·평시 부여된 임무를 완수할 수 있도록 "싸우는 방법대로 훈련하고, 훈련한 대로 싸운다." 는 기본개념을 구현하기 위해 전투 임무 위주의 실전적 교육훈련을 실시하고 있다.

국방부는 교육훈련 목표는 ① 조건반사적이고 강인한 전사 기질의 전투원 양성 ② 군사지식과 전투지휘 능력 및 리더십을 겸비한 주도적, 창의적 군사전문가 교육 ③ 상시 전투준비태세를 완비한 훈련된 정예부대 육성을 목표로 하고 위와 같은 교육훈련의 목표를 달성하기 위한 국방 교육훈련의 원칙은 ① 명확한 교육훈련 목표 설정하고 ② 측정식합격제 교육훈련을 실시하여 ③ 통합전투력 발휘를 위한 교육훈련과 ④ 임무형 지휘개념에 입각한 교육훈련을 실시하도록 하고 있다.

교육훈련이야말로 전투력 배양의 원천이기 때문에 평상시 강인하고 실전적인 교육훈련을 통해 전투준비태세를 완비하고 부대 관리에 기여하고 사기와 군기를 유지해야 한다. 이에 따라 장병 개인은 강인한 정신력과 체력을 바탕으로 임무 수행에 필요한 지식과 핵심전투기술을 숙달하고 직책과 주특기에 따라 임무 수행 능력을 구비 하여야 한다.

또한 강인하고 실전적인 '전투 임무 위주 훈련'을 통해 연중 균형된 전투력 수준을 유지함으로써 모든 전투에서 승리하는 부대를 육성해야 한다. 이를 위해 육군은 극한 상황을 상정하여 유형별로 반복 훈련을 실시하여 핵심 전투기술을 숙달하고 측정식합격제 (수준이 저조한 인원은 수준별 집체교육을 통해 전투력 향상) 를 적용하며, 해군은 부대별 · 함형별 임무를 고려하여 보직 후 3개월 이내에 전투 태세를 완비하도록 정신력 · 체력 · 사격술 등 생존을 위한 핵심과제 위주로 집중숙달하고, 공군은 부대 임무에 기초하여 특성화 과목과 기지 생존성 증대를 위한 핵심과제를 도출하여 집중숙달하고 있다.

아울러 신병 교육훈련은 목표를 "군인 화 과정을 통해 기본전투 수행 능력을 배양하여 야전에서 즉각 활용가능 한 정예 장병 육성"에 두고 있다. 그러나 병 복무기간이 점진적으로 단축되는 추세에 따라 숙련병이 감소할 수밖에 없는 구조적 환경 변화로 신병 교육훈련을 지금보다 일정 기간 연장하고, 핵심 과목 요망 수준을 높이며, 측정식합격제 훈련을 엄격히 적용하여 신병이 야전부대에 배치되는 즉시 전투력을 발휘할 수 있는 능력을 배양토록 할 것이다.

4. 군 교육훈련 체계

군 교육훈련 체계는 도표에 제시한 바와 같이 크게 학교 교육과 부대훈련으로 구분된다. 먼저 학교와 교육기관에 입교한 교육생을 대상으로 하는 학교 교육은 군사 교육과 전문 교육으로 구분되며, 군사교육은 다시 병으로부터 장교에 이르기까지 신분 별 실시되는 양성교육과 장교 및 부사관 등 간부를 대상으로 실시되는 보수교육으로 구분한다. 그리고 간부들을 대상으로 하는 전문교육은 전문학위교육과 국외 군사 교육, 직무향상교육, 능력 계발교육으로 나뉜다.

개인과 부대의 임무 수행 역량 배양을 위해 실시하는 부대훈련은 개인훈련과 집체훈련으로 구분되며, 개인 훈련은 다시 모든 장병 모두에게 실시하는 기본훈련과 전문화 능력 구비를 위해 실시하는 특기 훈련으로 구분된다. 집체훈련은 다시 육군의 병과 별 훈련과 해군의 직별 훈련, 공군의 특기별 훈련에 해당하는 병과 훈련, 그리고 병과와 기능별 통합훈련인 제병협동훈련, 2개 군 이상의 합동훈련, 2개국 이상 군대의 연합훈련으로 구분된다.

〈표7-1 군 교육훈련 체계(국방부, 국방 교육훈련 규정, 2002)〉

구 분	세부 분류	
학교교육	군사교육	양성교육(장교, 준사관, 부사관, 병)
		보수교육(장교, 준사관, 부사관, 군무원)
	전문교육	전문학위교육
		국외군사교육
		직무향상교육
		능력 계발교육
부대훈련	개인훈련	기본훈련
		특기훈련
	집체훈련	연합훈련
		합동훈련
		제병협동훈련
		병과훈련

제2절 군별 교육훈련

1. 육군

육군은 '싸우는 방법대로 훈련하고, 훈련한 대로 싸운다' 는 개념으로 제대 별 '전투 임무 위주의 실전적 부대훈련'을 강화하고 있다.

가. 과학화 훈련

과학화 전투 훈련(KCTC)은 마일즈 장비, 데이터 통신, 인공위성 등의 첨단 과학기술과 전문 대항군을 운용하여 실시하는 쌍방훈련으로 실제 전장과 가장 유사한 환경에서 진행한다.

걸프전과 이라크전 등의 전장 양상에서 보았듯이 미래에는 네트워크 중심 동시·통합전이 전개될 것으로 예상된다. 미래에는 첨단 기술집약적 군구조로 전환되면서 병력이 감축될 추세에 따라서 전문화된 소수 정예 요원을 육성하여 첨단 무기 및 장비 체계를 능숙하게 운용할 수 있도록 해야 한다.

또한 부대 주변의 급속한 도시화로 인해 전투 장비 이동, 사격훈련, 야간 훈련의 어려움이 증가하고 있어서 야외 기동훈련 및 실사격훈련을 할 수 있는 공간을 확보하기가 매우 어려운 실정이다. 컴퓨터를 이용한 가상 전투 훈련은 이러한 문제를 극복할 수 있는 매우 효과적인 방안이다. 따라서 전장 실상을 현실과 가깝게 체험하면서 실전적으로 훈련할 수 있는 과학화 전투 훈련, 전투지휘훈련, 모의 장비를 활용한 훈련을 발전시키고 있다.

전투지휘훈련(BCTP)은 컴퓨터 모의 기법을 이용하여 지휘관과 참모의 전투지휘 능력을 배양하는 훈련(1999년 개발한 '창조 21모델'9, '전투 21 모델'10, '화랑 21 모델'11을 적용)으로서, 실전과 유사한 상황에서 군단에서 대대까지의 제대 별 부대지휘절차와 통합전투력 운용능력을 숙달한다. 과학화 전투 훈련 개념도는 다음과 같다.

〈과학화 전투훈련 개념도〉

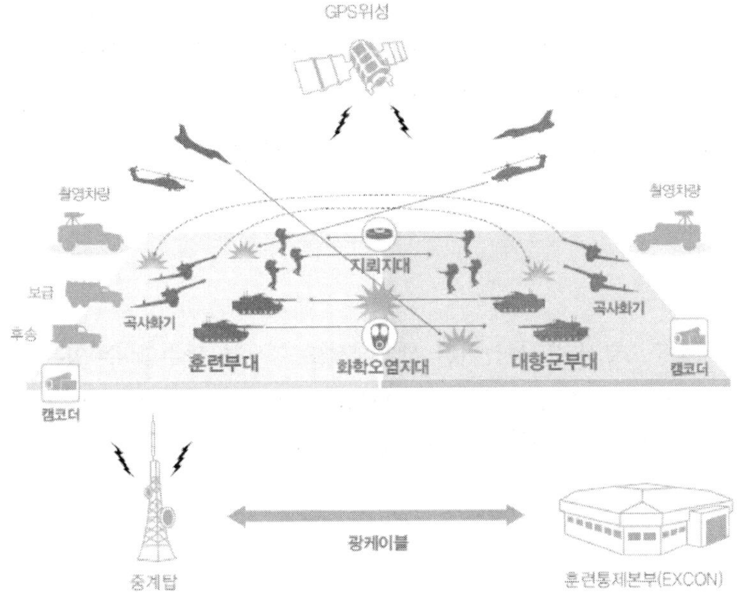

나. 모의 장비 훈련

모의 장비 훈련은 가상 전장 환경에서 사격, 조종, 전술 모의하는 훈련이다.

2. 해군

동·서·남해 각기 해역별로 전장 환경에 부합된 실전적 해상 훈련을 강화하고 있다. 특히 현재 보유 중인 대잠장비와 무장의 운용 능력 향상을 위해 실전적 대잠 훈련을 강화하고 복잡한 대잠 환경과 입체 전력의 협동 대잠작전을 묘사할 수 있는 대잠전술훈련장을 확보할 것이다. 주요 훈련으로는 성분 작전 훈련, 해상 기동훈련, 연합훈련, 순항훈련 등이 있다.

3. 공군

모든 상황과 위협에 즉각 대응할 수 있는 대비 태세를 유지하고 최상의 작전 태세를 확립하기 위해 전투 임무 위주의 실전적 훈련을 강화하고 있다. 주요 훈련으로는 방어제공훈련, 공세 제공훈련, 항공 차단훈련, 근접 항공 지원훈련 등이 있다.

4. 해병대

다목적 신속대응군으로서 유사시 어떤 상황에서도 임무를 완수할 수 있는 작전 수행 능력을 구비 하도록 실전적인 교육훈련을 강화하고 있다. 주요 훈련으로는 상륙 훈련, 한미 연합훈련, 합동훈련, 해외 연합훈련 등이 있다(국방부, 2014).

제3절 훈련 및 연습

1. 연합 · 합동 연습 및 훈련

가. 을지 자유의 방패(UFS, Ulchi Freedom Shield) 연습

정부 연습과 군사 연습으로 구분된다. 군사 연습 분야에서는 한미 연합 위기 상황관리와 작전계획을 시행하기 위한 절차 숙달, 컴퓨터 모의 체계를 기반으로 연습을 진행한다.

군사연습은 1954년 유엔군사령부 주관으로 포커스 렌즈(Focus Lens)라는 명칭으로 처음 시작되어 1968년 1·21사태를 계기로 우리 정부는 정부의 전쟁 지도 및 전쟁 지원 절차를 숙달하기 위해 을지연습을 군사 연습에 추가하여 실시하였다. 1976년부터 군사 연습과 정부 연습을 을지포커스렌즈(UFL) 연습으로 통합하여 실시, 2008년부터 전시작전통제권 전환 이후에 대비하여 새로운 연합방위 체제하의 연습으로 연습 명칭을 을지프리덤가디언 연습으로 변경[30)]하여 2019년까지 시행하다가 2022년 을지프리덤실드(UFS) 연습으로 변경되었다.

나. 키리졸브 / 독수리 연습 (KR/FE)

매년 전반기 실시되는 한미 연합연습으로서 지휘소연습(CPX)과 야외훈련(FTX)으로 구분된다. 처음에는 연합전시증원(RSOI) 연습과 독수리 연습으로 개별 시행되었으나 2002년 이후 통합되었다. 2008년부터 전시작전통제권 전환에 대비하여 현재의 연합방위 태세를 점검하고 숙달에 중점을 두고 실시하였으며, 연습 명칭도 키리졸브 / 독수리 연습으로 변경하였다.

독수리 연습은 연합 및 합동작전, 연합 특수작전, 후방지역 방호작전 능력을 배양하기 위해 실시하는 야외훈련 연습이다. 1961년 소규모의 후방지역방어훈련으로 시작되었으며, 1975년부터 연합·합동작전과 연합 특수작전 훈련이 추가되었다. 1982년 이후에는 적 특

30) 2018년 4.27 판문점 남북정상회담 및 6.12 싱가포르 미 · 북 정상회담을 추진하는 과정에서 한미연합훈련에 대한 유예 및 연기, 축소 등 변화를 겪고 있으며, '연합 지휘소훈련'의 형식 등 상황을 고려하여 진행되고 있다.

수부대의 침투에 대비하여 후방지역 경계, 연합전시증원, 특수작전, 지상 기동, 상륙 기동 작전, 공중강습작전 등을 실시,[31] 2019년 동맹연습, 21년 연합지휘소훈련(CCPT) 등으로 명칭이 변경되었다가, 2022 FS연습으로 변경되어 실시하고 있다.

2. 합동 연습 및 훈련

가. 태극 연습

합참 주도하에 전·평시 작전 수행 능력을 배양하고 합동전력과 부대구조의 발전 소요를 도출하기 위해 매년 실시하는 전구 급 지휘소연습이다. 1994년 평시작전통제권을 환수한 이후 합참은 독자적인 작전 수행 능력을 배양하기 위해 1995년부터 지휘소연습 형태로 태극 연습을 시작했으며, 태극 연습의 명칭은 2004년부터 사용하였다.[32]

나. 호국 훈련

합참 주도하에 합동작전 차원의 대부대 작전 수행 능력을 배양하기 위해 매년 실시하는 전구 및 작전 사령부급 기동훈련이다. 1988년까지 육군의 상무 훈련, 해군의 통해 훈련, 공군의 필승 훈련으로 각각 실시하던 훈련 들을 통일훈련으로 통합하여 합동훈련으로 확대했고, 1996년부터 팀스피리트(Team Spirit) 훈련을 대체하여 육군의 군단급 실병 기동 훈련을 병행하는 호국 훈련으로 변경하였다.

다. 화랑훈련

통합방위본부 주관하에 민 · 관 · 군 · 경 등의 모든 국가방위 요소가 참가하는 후방지역작전 종합훈련이다. 1977년부터 1981년까지 3군사령부가 통제하여 실시하던 수도권 대침투 종합훈련을 전군으로 확대 발전시킨 것이다.

31) 2018년 4.27 판문점 남북정상회담 및 6.12 싱가포르 미 · 북 정상회담을 추진하는 한미 연합훈련에 대한 유예 및 연기, 축소 등이 논의되어 야외훈련(FTX)을 하지 않고 순수한 지휘소연습(CPX)만을 시행하는 '연합 지휘소훈련' 형식으로 상황을 고려하여 진행되고 있다

32) 정부, 군사 연습인 을지프리덤가디언(UFG) 훈련이 지휘소연습 위주의 군사 연습으로 변형되자 정부 기관의 전시 절차를 숙달하는 을지연습을 태극 연습과 연계하여 지진 등의 대형 재난, 전시 충무계획 시행 등, 숙달하는 '을지태극연습'으로 시행 중이다.

제4절 교육훈련 관련 용어

1. 군사 교육(軍事教育)

군사, 국방상의 필요한 지식과 기능을 군인, 군대 또는 국민 일반을 대상으로 육·해·공군 혹은 정부 차원에서 실시하는 교육으로, 장병의 전술 상황에 대한 분석력과 판단력 등을 포함하여 정신적, 도덕적, 지적 능력을 계발시키기 위하여 실시하는 기본적이고 체계적이며 군사이론의 특수성이 포함된 교육과정이다.

가. **교육훈련(教育訓練)** : 개인, 팀 또는 부대가 직무 및 임무를 수행하기 위하여 제반 원칙 및 전투기술을 연마하여 숙달시키고 정신력, 체력을 발전시키는 실제적인 활동

나. **교육훈련관리(教育訓練管理)** : 개인과 부대가 전·평시 부여된 임무를 성공적으로 완수할 수 있도록 제한된 자원 및 시간을 효율적, 합리적으로 활용하여 교육훈련 목표를 달성하기 위해 실시하는 조직적인 활동 또는 과정

다. **교육훈련관리절차(教育訓練管理節次)** : 계획, 준비, 실시 및 평가 단계가 포함되며 하나의 연속적인 과정으로써 거의 동시에 진행된다.

라. **교육훈련요강(教育訓練要綱)** : 육군의 교육훈련 근간이 되고 지표가 되는 지침으로써 교육훈련의 기조, 교육훈련 관리의 절차 등이 수록되어 있다.

2. 교리(教理)

군이 국가 목표 달성을 지원하는 데 있어서 군사행동 시 적용하는 기본원칙. 공식기관에 의해 승인되며, 권위는 있지만 적용 시 융통성 있는 판단이 요구되므로 현존 전투력을 가지고 현재로부터 가까운 미래까지 싸우는 방법을 체계화한 것으로 기본적인 원칙과 준칙을 말한다.

지상 작전 교리는 합동작전 교리에 부합되고 강제적 권위를 가지나 적용 시 판단이 요구되므로 한 국가의 공식적인 군사정책을 뜻하거나, 공통된 경험을 통하여 얻은 군사에 관한 일치된 견해로써 권위 있는 기관에 의해 공식적으로 승인된 행동 체계가 교리이다.

3. 교리문헌(敎理文獻)

군부대 또는 군의 구성부대가 국가 목표를 수행하는 데 따른 그들의 활동을 지원하기 위한 기본원칙에 관한 자료 및 문서로써 교범, 교육 회장, 교육 참고가 포함된다.

가. **교범(敎範)** : 군사 방침, 전술, 전기, 원칙, 준칙, 절차, 교육훈련 등에 관한 기본원칙과 절차, 정비, 검사 등 참고사항을 기술한 발간물로써 야전교범과 기술교범이 있다.

나. **교육참고(敎育參考)** : 학교 교육 및 부대훈련을 위한 참고 물로 활용할 목적으로 야전교범이나 교육 회장에 수록된 교리, 전술 및 전기 등의 내용을 알기 쉽게 편찬한 교육훈련 간행물이며 육군본부, 교육사령부, 병과학교 또는 주요 사령부(군단급 이하 제외)에서 발간한다. 도식교재, 특수교재, 학생 군사훈련 교재 등 특수성격의 내용도 포함한다.

다. **교육회장(敎育回章)** : 수정을 필요하여 영구적인 교리문헌에 포함하는 데는 적당하지 않은 잠정적인 성격의 교육 지시, 방침, 첩보, 신 교리 및 개선교리, 전술, 전기, 절차, 기술 등을 공포하는 회람형식의 교리문헌으로 신속한 전파가 요구된다.

라. **교육훈련회보(敎育訓練回報)** : 연대급(학교) 이상 부대장이 발행하며 예하 전 장병과 군무원에게 널리 알리는 교육훈련에 관한 지시, 상벌 사항을 수록한 문서로써 발행 연도별 일련번호를 부여한다.

마. **교육각서(敎育覺書)** : 사단급 이상 부대장이 예하 부대장의 교육활동에 관한 지시 또는 강조사항을 수록한 문서이며, 발간 연도별 일련번호를 부여한다.

4. 부대훈련관리(部隊訓練管理)

부대훈련 관리는 지휘관, 참모가 훈련을 계획하고 준비하여 실시 및 평가하는 데 따르는 조직적인 활동 또는 과정이다.

가. **부대훈련지침(部隊訓練指針) / 부대훈련지시(部隊訓練指示)** : 각급 제대에서 연간 실시 및 통제를 해야 할 훈련을 계획한 문서로, 야전군 및 군단급은 부대훈련지침을, 사(여)단급 제대는 부대훈련지시를, 연대급 제대는 연간 훈련계획을 작성한다.

나. 교육훈련평가(教育訓練評價) : 주관적 혹은 객관적 수단에 의하여 개인과 부대의 임무수행 능력을 설정된 목표에 비추어 그 달성 정도를 파악하는 과정으로써 그 범위는 교육훈련의 여건, 진행 과정 및 그 성과에 대한 평가 등이 포함된다.

다. 육군훈련시험(陸軍訓練試驗, ATT) : 가상 전투 조건 속에 훈련의 동일성을 보장하고 부대의 부여된 임무 수행 능력을 평가하여 전투 시에 필요한 병사의 최소한 기술 수행 능력을 평가하는 절차이다.

5. 교수방법(教授方法)

개인이 특정한 조건이나 상황에 대한 반응으로써 특정한 행동을 나타내도록 학습하게 하거나 참여할 수 있도록 개인을 둘러싼 환경을 계획적으로 조작하는 과정

가. 교안(教案) : 교관이 연구 강의, 과목 및 과제 연구, 토의, 훈련하면서 참고할 사항과 훈련 결과, 사후검토 및 토의 시 활용할 내용 등을 기록한 것으로, 필요시 메모식으로 작성하여 활용하고 교관 임무 교대 시 인수인계해야 한다. 메모식 교안은 정해진 양식이 없으며 간단명료하게 작성하여 그 내용은 지속하여 보완해야 한다.

나. 교수계획(教授計劃, POI) : 기본 훈련 계획표에 명시된 과목에 세부 과목을 설정하고 교육훈련방법 및 시간을 배정하여 교관이 교육훈련 계획을 작성하는 지침을 주는 교육 예정표

* 교육계획(教育計劃) : 교육각서에 의하여 어떤 부대의 특정 기간 교육과 훈련계획

다. 실습계획표(實習計劃表) : 중(소)대급에서 병 훈련, 분·소대 전투 기술훈련을 실시하기 위하여 해당 교관이 주간훈련예정표를 기초로 하여 작성하는 세부 훈련통제계획이자 훈련지침서

6. 교육물자(教育物資)

군사교육을 계획 및 실시하는 데 기여하고 훈련성과를 증진 시킬 목적으로 제작했거나 필요로 하는 모든 품목을 말하며 교육보조재료, 교육용 탄약, 교육장비, 사격 기재, 훈련 자재, 교육용 유류 등이 포함된다.

가. **교육보조기구(教育補助機具)** : 군사교육을 진행하는 데 기여하고 교육성과를 증진 시킬 목적으로 설계되었거나 개발되어 제작 또는 획득된 입체식 물체를 말하며 각종 모형, 사격술 훈련용 기재, 대항군용 품목 등이 포함된다.

나. **교육보조장비(教育補助裝備)** : 교육훈련 용도로만 사용하는 각종 구성품으로 결합 되어 복합기능을 발휘하는 장비

다. **교육보조재료(教育補助材料)** : 교육훈련을 효과적으로 진행 시키기 위하여 혹은 편리하게 하고 훈련성과를 증진하는 데 도움이 되는 품목을 말하며 교육보조기구, 도식교보재 및 시청각 교보재 등이 포함된다.

* 교육시설(**教育施設**) : 교육훈련을 위한 교실, 강당, 통제대 등의 시설

라. **교육용유류(教育用油類)** : 교육훈련 시 가동되는 각종 장비에 소요하는 유류

마. **교육용장비(教育用裝備)** : 전투 및 일반 장비 중 편제, 비 편제 장비를 전투 및 교육에 공용으로 사용하는 장비

바. **교육용탄약(教育用彈藥)** : 교육훈련에 소요하는 탄약으로 총포에 의해 발사되는 활성탄, 연습탄 및 훈련탄과 활성화 폭발물, 화학탄 등

아. **교육훈련발간물(教育訓練發刊物)** : 교육훈련에 활용되는 발간물로써 교리 문헌(교범, 교육참고, 교육회장), 훈련 · 평가지침서 및 기타 발간물(전투 훈련 회보, 실습계획표 등)이 포함된다.

자. **교육훈련시설(教育訓練施設)** : 교육훈련을 위해 강의와 실습 등에 소요하는 모든 시설을 말하며 훈련장과 교육시설로 분류된다.

차. **교육훈련자재(教育訓練資材)** : 부대 교육 및 각 학교 기관의 교육목적 소요, 훈련장신설 및 보수에 소요하는 자재

카. **교육훈련장비(教育訓練裝備)** : 교육목적에 사용되는 완제품 장비의 소총, 차량, 항공기 등 엔진과 밋션, 사격 통제 기재 등의 구성품을 말하며 이와 같은 장비는 장비 배당표 또는 장비표에 인가되거나 교육 수요에 따라 추가 지급할 수 있다.

타. **교육훈련지원요소(教育訓練支援要素)** : 교육훈련을 실시하는 데 있어서 효과적인 진행, 이해도의 증진 혹은 실제적인 실습 및 연습에 필요로 하는 교육물자, 교육훈련시설 및 교육훈련 발간물 등을 총칭

7. 양성교육(養成教育)

교육 수료 후에 야전에서 바로 활용할 수 있도록 간부로서의 가장 기초적인 임무 수행능력을 길러주는 교육과정(통상 임관 이전의 교육 민간인을 군인화 하고, 군인을 간부화하는 중요한 교육이다.)

8. 보수교육(補修教育)

보수교육은 주로 간부(장교, 준사관, 부사관 등)들을 대상으로 각 계급과 직책의 변동에 따라 정기 및 수시로 실시하는 직책 수행을 위한 교육을 말한다. 장교는 초등군사반, 고등군사반, 합동군사대학교, 국방대학교 과정 등이 있으며, 부사관은 초급반, 중급반, 고급반, 관리자 반으로 구분하여 각각 과정별 교육 중점과 내용은 각각 군별로 특성에 맞게 선정하여 시행하고 있다.

9. 전문교육(專門教育)

이외에도 전문학위교육(박사학위 이상의 교수 및 연구개발 요원 양성), 국외 군사 교육(선진 군사 지식 습득과 국가별 지역 전문가 양성, 우방국과의 협력 증진목적으로 실시), 직무향상교육(직무와 관련된 신지식과 기술 및 교리 등을 습득하고 직무 수행 능력을 향상하기 위한 교육), 능력계발 교육(개인의 능력 및 자질 향상을 위해 국내 대학이나 대학원에 위탁하여 시행) 등이 있다.

10. 부대훈련(部隊訓練)

부대의 전투 임무 수행 능력을 배양할 수 있도록 "싸우는 방법대로 훈련하고 훈련한 대로 싸운다."는 개념에 주안을 두고 필수 훈련 임무 및 과업 위주로 조건반사적인 전투 행동 숙달과 통합전투력 발휘를 위하여 부대 에서 실시한 개인 훈련이나 집체훈련이다.

가. 부대훈련관리(部隊訓練管理) : 지휘관, 참모가 훈련을 계획하고 준비하여 실시 및 평가하는 데 따르는 조직적인 활동 또는 과정을 말한다.

나. 부대훈련지침(部隊訓練指針) : 각급 제대에서 연간 실시 및 통제를 해야 할 훈련을 계획한 문서로, 야전군 및 군단급은 부대훈련지침을, 사(여)단급 제대는 부대훈련지시를, 연대급 제대는 연간 훈련계획을 작성한다.

다. 임무 위주 훈련(任務爲主訓練) : 개인과 부대에 현재 부여된 임무와 예상되는 임무를 완수할 수 있도록 필수 임무 과업을 우선으로 훈련하여 연중 균형된 전투준비태세를 유지하는 육군의 부대훈련 제도다.[33)]

11. 야외기동연습(野外機動演習, FTX)

작전에 관련되는 전 장병이 참가하여 가능한 한 예상되는 실 전투상황 (지형과 기상, 작전 기간 등) 하에서 실시하는 훈련(연습)이다. 통상 사단급 이상 제대가 부대 편제상의 인원, 장비의 전부 또는 일부를 참가시켜 모든 전술 상황을 망라하여 쌍방훈련으로 실시하는 광범위하고 장기간에 걸친 전술연습으로, 주로 전투근무지원 상황까지를 포함한 각종 전술 제원을 종합 획득하는 목적하에 실시되며, 교리 및 편제의 시험 혹은 전투력을 시위하기 위해서도 실시된다.

* **야외연습(野外演習)** : 가상 전투 상황에서 건제를 유지한 부대의 인원과 장비의 전부 또는 일부가 야외에서 실시하는 전술연습으로써 통상 일방 훈련으로 한다. 이때 가상 적군의 인원과 장비는 통제관(심판관)이 그 역할을 대행하는데 이 연습은 각급 제대의

33) 육군 부대훈련 제도의 특징은 임무에 기초를 둔 훈련(훈련 내용), 성과 위주 훈련(훈련 방법), 제대 별 동시 훈련(가용시간 활용), 책임제 분권화 훈련(훈련 책임)이다.

훈련을 위하여 적용되며, 부대의 평가, 교리 및 편제 시험, 지휘관과 참모의 능력을 평가하는 데도 활용된다.

12. 훈련 준비 및 계획

가. **육군훈련계획(陸軍訓練計劃, ATP)** : 개인과 부대가 받아야 할 최소한의 필수 교육내용이 기술되어 있는 육군 발간물로 여기에는 과목명, 각 과목에 할당된 시간이 규정되어 있으며 육군 훈련계획표를 지원하는 데 적용된다. 또한 육군 훈련계획표 중에 포함되어 있지 않은 과목의 교육 보조재료와 기본 연구 참고물이 기록되어 있다.

나. **육군훈련과목계획(陸軍訓練科目計劃)** : 육군 훈련계획의 개략적으로 기술된 과목에 관하여 병과 공통 또는 군사 주특기 교육하기 위하여 교안과 훈련기간의 계획에 관한 세부 지침을 교관에게 제공하는 육군 발간물

다. **주기훈련계획(週期訓練計劃)** : 대대급에서 작성하는 훈련통제계획으로서 사(여)단 부대훈련지시 및 연대 연간 훈련계획을 기초로 부대 임무와 여건을 고려하여 결정된 훈련 주기 내에서 대대급 제대 가 실시와 통제해야 할 훈련을 계획한 문서다.[34)]

라. **월간 훈련계획(循環週期訓練計劃)** : 주기훈련계획과 연동식 부대 운영계획을 기초로 1개월간 실시 및 통제해야 할 훈련을 계획한 문서이다.

마. **주간훈련예정표(週間訓練豫定表)** : 주기훈련계획, 순환 주기 및 월간 훈련계획, 연동식 부대 운영계획을 기초로 해당 부대의 부대 운영을 포함하여 제대 별·대상별로 작성한 주간훈련명령서로서, 중대급 지휘관이 작성하며 대대급 지휘관은 종합주간훈련예정표를 작성한다.

---

34) 주기훈련계획 작성 절차 : 대대급 훈련 주기 및 기간 확인 및 기록 → 상급 및 작전계획 상 지원·배속부대 훈련통제 일정 기록 → 훈련 우선순위와 가용시간 판단 및 순환 주기 결정 → 대대에서 실시 및 통제해야 할 부대훈련 일정 계획 → 간부교육 계획 → 주요 교탄 사용계획

Chapter. 08

군사 실천 이론

Chapter. **08**

군사 실천 이론

제1절 군대와 직업군인

1. 전문 직업군의 역사

군대의 기원은 전쟁사 측면에서 보면 인류가 집단을 이루어 조직 속에서 살아온 그리스 시대로부터 말하여 오고 있지만, 그 이전에도 군대는 존재했고, 전쟁을 계속하였던 것 또한 주지의 사실이다. 군대의 발전과정은 학자들마다 견해를 다르게 구분하지만 직업 측면에서 보면 용병군대 → 상비군대 → 국민군대 → 현재의 직업군으로 발전하였다.

가. 용병군대

용병군대는 중세를 주름잡던 기사들이 쇠퇴하게 되자 새로이 등장하게 되었는데, 이탈리아의 용병제도(콘토티리/Condottien)를 최초로 하여 영국과 프랑스 백년전쟁(1337~1453) 당시 자유 보병 중대(Free companies)란 용병을 보유하였다.

용병군대의 장교와 전사(戰士) 제도는 봉건제도가 붕괴된 후로부터 17세기 후반에 이르기까지 지배적인 군사 조직 유형이었으며, 이러한 용병제도는 백년전쟁(1337~1453) 및 30년 전쟁(1618~1648)과 더불어 막을 내리고 상비군제도가 나타나게 되었다.

나. 상비군대

용병군대에 대신하여 귀족 출신 장교가 임명된 아마추어 군대가 나타난 것은 영구적으로 영토를 보호하고 지배권을 확보하기 위해 유럽 각국의 군주들이 상비군의 필요성을 절감했던 것에서 비롯되었다.

상비군대의 장교는 국왕이 자기의 의사를 강요할 수 있었던 귀족 출신의 자제들에 국한하여 선발하였고, 병사들은 지원제로 입대하여 8~12년이란 장기간을 복무하게 되었다. 최초의 상비군은 백년전쟁이 끝나가던 1445년에 프랑스 찰스(Charles) 7세가 상비군 중대를 기병(armored horsemen)과 궁병(foot archers), 창병(halberdiers: 창과 도끼를 결합한 무기를 소유한 병사)들로 창설하기 시작하여 16세기 말엽에 스페인, 프랑스, 네덜란드 등에서 조직되었다. 17세기에는 스웨덴, 영국, 프러시아 등에 조직되어 운용하는 등의 변화과정을 거치면서 17세기에 발생한 30년 전쟁 시 구스타푸스 아돌프스(Gustavus Adolphus) 군대에 의해 완전에 가까운 근대적인 군대로서의 상비군대가 확립되었으며, 이러한 상비군대는 국민군대의 모체가 되었다.

다. 국민군대

18세기를 전후한 상비군은 당시의 정치적·사회적·경제적 구조에 의해 제한된 정서에서는 가능했고 또한 효과적이었으나, 루이 16세가 의회에 대항하는데 상비군이었던 왕 군을 이용했기 때문에 왕정을 폐지하고 정권을 장악하려던 평민계급도 왕 군에 대항할 국민군을 조직하였다.

프랑스 대혁명은 근대 국민국가를 형성하는데 전환기가 되었으며, 이러한 국민국가의 기본정신은 왕이나, 어떤 특정 계급이 국가의 주인이 아니라 국민이 바로 국가의 주인이 되었다. 따라서 군대도 왕의 개인적 사병이나 특정 계급의 독점물이 아니라 국민 전체가 참가하는 집단이어야 한다는 사상이 전개되었다.

이러한 사상 아래서 최초의 국민군대는 프랑스 혁명 기간 후에 강제 동원령과 일반 징집제를 포함한 법령이 선포(1793년)되어 성립되었다. 국민군대는 귀족 장교, 지원병, 또는 용병으로 구성되는 왕(王) 군이 아니라 같은 민족이 동일한 권리와 의무를 갖고 참여하는 군대였다.

라. 전문 직업군대

일반적으로 직업들은 중세 말에 나타나서 산업혁명과 더불어 18세기 초에 이르러 고도로 발전된 형태를 갖추게 되었으나, 장교라는 직업은 19세기의 가장 독특한 제도적 창조물 중의 하나이다. 장교들이 일반인들과 구별될 만한 독특한 전문기술성을 습득하기 시작한 것은 나폴레옹 전쟁 때에 비로소 그러한 전문기술성에 내재한 여러 가지 기준, 가치 및 조직적 특성 등이 발전되기 시작했다.

현대적 의미의 군 직업주의화의 선구자적 역할은 프러시아 정부가 1807년 8월 6일 군 직업주의의 기본 요강을 명백하게 설정하여 선포한 장교 임용령에 관한 포고령이며, 여기서 장교의 자격은 평화 시에는 교육과 전문적 지식이며, 전시에는 뛰어난 용기와 훌륭한 지각력이라고 하였다.

장교가 되기 위해 반드시 받아야 할 일반교육과 특수교육, 시험제도, 고급과정의 제 군사교육제도, 실력과 업적에 의한 승진, 정교하고 효율적인 참모제도, 단체의식과 책임감, 전문 분야의 한계에 대한 인식 등의 모든 점에 있어서 프러시아는 놀랄 만큼 발달하였고, 군인이라는 새로운 전문 직업에 대한 이론적 근거를 세우는데 공헌한 바 있는 클라우제비츠(Clausewitz)도 프러시아인 이었다.

우리나라도 신라시대의 화랑도가 귀족 자제들이었고, 고려 및 조선조 때의 양반은 문반과 무반으로서 오늘날 장교임관에 해당한 무반에는 양반(귀족)이어야 했으며, 이러한 관념은 해방 후에도 남아 국군 창설 당시에도 장교는 양반 출신이어야 한다는 주장이 있어 논란을 벌인 일이 있으나, 이러한 시대는 군 전문 직업주의가 발전되지 못하다가 미국 군사제도에 따라 창군이 되면서 군 전문 직업주의가 발전되기 시작하였다.

2. 직업분류 상 군인

가. 직업의 의미

사람은 누구나 직업을 갖고 살아가기 때문에 직업은 인간의 삶에 있어서 중요한 의미를 이러한 활동은 생활에 필요한 수입을 얻기 위한 수단일 뿐만 아니라 다른 사람 또는 사회, 국가를 위해 가치 있는 것이다. 현대 사회에서 직업이 갖는 의미는 자못 크다. 사회 구성원의 일원인 인간은 직업을 통해 자신 소임을 다함으로써 사회 기능을 유지하고, 국가와 사회발전에 기여한다.

나. 군인의 직업분류

국제노동기구의 표준 직업분류를 바탕으로 한 우리나라 직업분류는 아래와 같다.

〈표 8-1 우리나라의 직업분류〉

대분류(10개)	중분류	소분류	세분류	세세분류
1. 입법공무원, 고위임직원, 관리자	3	8	34	78
2. 전문가	4	18	60	240
3. 기술공, 준전문가	4	21	74	223
4. 사무직원	2	7	23	63
5. 서비스근로자 및 상점과 시장 판매 근로자	2	9	24	76
6. 농업, 어업 숙련 근로자	2	6	17	53
7. 기능원 및 관련 기능 근로자	4	16	70	376
8. 장치, 기계조작원 및 조립원	3	20	69	400
9. 단순노무직 근로자	3	10	25	58
10. 군인	1	1	1	
계	28	116	397	1,567

공직자로서의 직업군인은 국가의 안전을 보장하고 국민의 생명과 재산을 보호하는 '안보'라는 공공재(公共財, public goods)의 생산 주체임을 명심하고, 항상 공복(公僕)의 자세로서 청렴결백의 원칙 준수를 요구하는 국민적 기준에 의거 사고하고 행동해야 한다는 의미를 내포하고 있다. 또한 '무력 관리와 행사의 전문가'로서 국민에게는 존경과 신뢰를 받는 표상인 동시에 적에게는 전율과 공포의 대상이 되어야 할 것이다. 즉 직업군인은 탁월한 군사전문가로서 군사 전문지식과 기술을 보유해야 한다. 직업군인에게 요구되는 전문성은 다른 직업과 쉽게 대체하기 어려운 특징을 가지고 있으며, 현대전의 기술전·정보전 양상의 전개로 인해 그 중요성이 더욱 강조되는 경향에 있다.

비전과 낭만의 상징으로서의 군인이란, 현실에 안주하지 않고 항상 자기 발전을 꾀하며 미래를 준비하는 미래지향적인 사람을 의미한다. 특히 오늘날 우리 군인은 상상력이 풍부하고 지속적인 자기 성찰과 장래의 비전을 지닌 존재로서 희망과 낭만의 상징이어야 하는 것이다.

사회는 직업군인을 아래와 같이 분류(한국표준직업분류/노동부, 한국고용 정보원분석)하며 그 역할을 기대하고 있다.

<u>군인직업분류(A-1)</u>

의무 복무중인 사병을 제외하고 현재 군 복무에 종사하는 자로 민간 고용이 자유롭지 못한 자를 말한다. 국방과 관련된 정부기업에 고용된 민간인, 경찰, 세관원, 무장 민간 복무자, 국가의 요청에 따라 단기간 군사훈련 또는 재훈련을 위하여 일시적으로 소집된 자, 예비군은 제외한다. 대분류의 범위를 정하는 직무능력에 관한 사항은 적용되지 않았다.

A1 군인

- 직업분류에서의 군인은 현재 군에 복무하고 있다 하더라도 의무복무 중인 병사를 제외하고 장교와 직업군인인 부사관을 포괄한다.
- 다음과 같은 직능을 수행하는 자는 제외된다.
  · 군무원, 예비군·경찰(헌병 제외)
  · 국방 문제와 관련된 정부기업의 민간 고용인
  · 세관 감시원 및 기타 무장한 민간 경비 근무 요원
- 기량 수준은 이 대분류의 범위를 정의하는 데 사용되지 않는다.

〈표 8-2 군인직업분류 상 군인(장교)의 직무와 특성〉

하는 일	요구되는 특성
지상 방위를 위한 지휘관으로서 일반병사를 지휘, 통솔하거나 혹은 참모로서 지휘관 보좌 및 전술 연구 등 역할 수행한다. ★ 수행직무 1. 비무장 지대 수색 정찰을 지휘한다. 2. 부대원에 대한 교육, 훈련을 지휘한다. 3. 작계 와 교리를 연구한다. 4. 재해 발생 시 민·관·군 통합 구난구조 지원활동을 지휘한다. 5. 환경보호 및 대민 일손 지원활동을 지휘한다. 6. 국제분쟁 지역의 평화유지 활동을 지휘한다. 7. 전시에 적으로부터 영토를 수호하기 위해 전투에 참여한다.	1. 업무 수행 능력: 신체적 강인성, 조직체계의 분석 및 평가, 인적자원관리, 반응시간과 속도, 가르치기 2. 지식: 지리, 교육 및 훈련, 인사, 안전과 보안, 사무 3. 성격: 리더십, 책임과 진취성, 사회성, 협조, 신뢰성 4. 흥미: 관습형(Conventional), 진취형(Enterprising)

A11　장교 : 육 · 해 · 공군의 소위 이상 대장까지의 전 계급을 포함한다.

A111　영관급 이상

A1110　영관급 이상: 육 · 해 · 공군의 소령 이상의 장교로서 지휘관과 참모를 포괄한다.

A112　위관급 이상

A1120　위관급 : 육 · 해 · 공군의 소위, 중위, 대위를 포함한다. (예: 대위, 중위, 소위)

A12　기타 군인 : 장교를 제외한 직업군인을 말한다.

A120　기타 군인

A1200　기타 군인

장교를 제외한 직업군인으로 준위와 장기 및 단기 부사관을 말한다.

(예 : 준위, 단기 부사관, 장기부사관)

<제외> 공익 근무 요원 · 산업기능요원 · 의무복무기간 이하인 하사, 병 · 사관학교 생도

〈표 8-3 군인직업분류 상 기타 군인(부사관)의 직무와 특성〉

하는 일	요구되는 특성
최일선 초급간부로서 장교의 명령을 받아 병사를 구체적으로 감독·지시 및 통제하는 기능적 역할을 수행한다. ★ 수행직무 1. 비무장 지대의 수색 정찰을 일선에서 지휘한다. 2. 부대원에 대한 교육·훈련을 실무적으로 집행한다. 3. 재해 발생 시 민·관·군 통합 구난구조 지원활동을 일선 실무에서 지휘한다. 4. 환경보호 및 대민 지원활동을 현장에서 감독한다. 5. 국제분쟁 지역의 평화유지활동을 실무적으로 지휘한다. 6. 전시에 적으로부터 영토를 수호하기 위해 전투에 참여한다.	1. 업무 수행 능력: 장비의 유지, 재정관리, 고장발견/수리, 가르치기, 작동점검 2. 지식: 교육 및 훈련, 안전과 보안, 상담, 컴퓨터와 전자공학, 지리 3. 성격: 자기통제, 스트레스 감내성, 성취 노력, 협조, 적응성/융통성 4. 관습형, 진취형 부사관

3. 장 교

가. 장교의 책무

> 장교
>
> 장교는 군대의 기간이다. 그러므로 장교는 그 책임의 중대함을 자각하여 직무 수행에 필요한 전문지식과 기술을 습득하고 건전한 인격의 도야와 심신의 수련에 힘쓸 것이며, 처사를 공명정대히 하고 법규를 준수하며 솔선수범함으로써 부하로부터 존경과 신뢰를 받아 역경에 처하여도 올바른 판단과 조치를 할 수 있는 통찰력과 권위를 갖추어야 한다.

우리 사회에서 장교는 군 직업의 핵심을 이루고 있다. 따라서 위 장교의 책무에서처럼 장교가 차지하는 위상과 기능을 볼 때 군대에서 장교나 장교단은 군 직업을 대표한다. 이런 대표성 때문에 현역에 복무 중인 장교가 어떤 특이한 일을 저지르면 언론은 그것을 중요한 뉴스로 취급하지만, 그가 현역 복무를 마쳤다면 별다른 뉴스거리로 여기지 않는 것이다. 이런 점을 명심하여 장교는 매사에 응해야 할 책임이 있는 것이다.

넓은 의미에서 장교의 대표성은 군 직업 전반에 요구되는 기능과 책임의 대표성을 포함한다. 그것은 장교가 군대의 근간(根幹)이기 때문이다. 특히 중요한 것들로는 국가에 대한 군사적 책임의 대표성, 군 전문직업적 능력의 대표성, 그리고 전문직업적 발전에 대한 대표성 등을 들 수 있을 것이다. 병사들은 장교(간부)의 구체적인 명령과 지시에 따른 임무를 교육·훈련된 바에 따라 직접 실행하여 옮기는 일을 담당한다. 즉 병사는 군대가 관리하는 폭력을 구체적으로 적용하는 상황에서 기능한다.

나. 국가의 사활이 걸린 임무를 담당

장교만이 한 나라의 국가방위에 관한 모든 것을 다루거나 책임을 지는 것은 아니겠지만, 적어도 군사 분야에 관한 한 거의 전적으로 책임을 지고 있다고 해야 할 것이다. 국가방위는 정치, 외교, 군사, 경제 등 한 나라의 국력이 총체적, 복합적으로 연관된 문제에 비하여 그 중 군사적인 측면은 대체로 직업군인들에게 맡겨져 있기 때문이다. 따라서 군사적으로 중요한 정책 목표의 실현이나 집행은 간부들이 담당해야 할 일이며 그 공과도 역시 간부들의 책임이라고 해야 할 것이다.

장교는 군사적 책임을 대표하기 때문에 무엇보다도 국가에 대한 헌신적인 태도와 복무 자세를 요구받는다. 전통적으로 이러한 요구와 기대는 직업군인을 국가의 가장 충성스러운 집단으로 여기게 하였다. 군인은 군사적 책임을 다하기 위하여 목숨을 바쳐서라도 그의 임무를 완수할 것이 요구되는 것이다. 그래서 군대 윤리의 중요한 덕목으로서 국가에 대한 헌신적인 봉사를 강조하고 충성, 의무, 명예 등의 덕목이 직업군인이 갖추어야 할 가치로 숭상되는 이유도 간부가 군사적 책임을 대표하기 때문이다. 이런 가치들은 군의 존재 의의를 실현하기 위한 가치이며, 간부는 그 가치의 구현자로서 대표성과 책임을 함께 지는 것이다.

다. 군의 전문직업적 능력을 대표

군의 주요 기능은 무력 관리로 다시 말하면 폭력의 관리와 행사이다. 유사시 폭력의 행사는 복합적으로 조직된 군대 전체에 의해 이루어진다면, 그 관리는 전시나 평시를 막론하고 주로 간부들에 의해 이루어진다. 따라서 간부는 폭력의 관리를 통해 전문직업적 능력을 대표한다. 제아무리 학력 수준이 높고 잘 훈련된 병사들을 지닌 군대라도 평시에 그들을 관리하고 전장에 임해서 용병술을 펼칠 간부들의 기강이 문란하며 그 수준이 형편없는 군대는 전쟁에서 승리하기 어려울 것이다. 군대의 조직은 다른 사회조직에 비해 상당히 엄격한 위계적 조직이기 때문에 그 조직의 상부를 형성하고 있는 장교들의 전문직업적 능력에 따라 강군이 되기도 하고 오합지졸이 되기도 한다. 한나라 군대의 강약은 궁극적으로 간부들의 전문직업적 능력에 의존된다.

라. 군대 내에서 지휘통솔 대표와 책임

군내의 지휘통솔은 상명하복의 조직 원리에 입각해 편성된 간부들에 의해 직접적으로 이루어지고 있다. 지휘통솔은 넓게 보아 간부의 전문직업적 능력에 포함된 한 요소이다.

간부는 병사들에게 솔선수범을 통해 군 전문 직업의 모범이 되며 그들을 지휘통솔 해야 한다는 점을 감안할 때, 군대와 같이 위계적인 구조를 지닌 조직은 그 구성원 개개인의 능력에 못지않게 구성원들의 능력을 조직적으로 발휘하는 것이 대단히 중요하다. 군의 기강은 바로 군대의 '생명'과 같다고 말하는 것이다. 간부는 군대의 생명에 해당하는 군기를 대표한다. 직업군인의 기강이 바로 서지 못하거나 군인의 기강이 바로 서지 못하면 군대는 한낱 폭력 집단에 불과하게 된다. 지휘통솔은 한 개인이 간부로 임관될 때 동시에 수반되는 권리이자 책임이다. 간부에게는 개개인의 지식이나 기술적 능력과는 별도로 군내 지휘통솔의 대표성과 그에 대한 책임이 있다.

마. 군 전문 직업의 전통과 문화 대표

한 나라 군대의 전통은 간부들에 의해 주도된 군대의 주요 가치들이 역사를 통해 이어지고 이룩된다. 그러한 전통과 제반의 사회적, 현실적 여건이 복합적으로 어우러져 한 나라 군대의 문화가 형성된다.

군대의 문화에서 중요한 비중을 차지하는 측면은 간부의 도덕성(moral)이나 기풍(ethos)이다. 예컨대 간부들이 고도의 명예심을 가지고 그것을 행동으로 실천해 온 전통이 깊은 나라의 군대는 명예를 숭상하는 기풍의 문화를 유지할 것이다. 서양 군대에서 말하는 신사도나 일본 군대에서 말하는 무사도 등은 다 이런 것을 가리킨다.

간부의 전통과 문화는 비록 명시적인 임무나 공식적인 군사 업무로 표현되지 않는다고 할지라도 군 전문 직업에 지대한 영향을 준다. 군대의 전통과 문화는 궁극적으로는 군대의 전투력과도 깊은 상관관계를 갖게 될 것이다.

장교는 군대의 전통과 문화를 대표함에 따라 군 전문직업적 발전을 대표하는 책임을 진다고 말할 수 있고, 군대는 매우 거대한 조직체이며 대체로 대단히 보수적인 사회집단이기 때문에 쉽사리 변모되지 않는 경향이 있다. 예컨대 우리 군에서 구타를 금지 시키기 위한 노력은 1970년대부터 시작하여 20여 년이 지나서야 비로소 하나의 전통과 문화로 굳어지게 되었지만, 심지어 오늘날에도 "구타 절대금지"란 지시가 하달되고 있는 것이 현실이다. 한 세대가 지나서도 완전하게 정착되었다고 자신하기 어려운 것이다. 그만큼이나 군대의 전통과 문화를 바꾸는 것은 어렵다. 매우 어려운 일이긴 하지만 군 전문직업적 발전의 책임은 간부들에게 있다.

바. 장교가 구비 해야 할 직업적 윤리

장교(간부)에게 요구되는 개인윤리로서는 풍부한 지식과 덕성의 함양, 심신의 단련을 들고, 공적 윤리로는 공명정대한 처신, 법규의 준수, 부하로부터의 신뢰와 존경을 기초로 하고 그 토대 위에서 역경 속에서도 올바른 판단과 조치를 할 기품과 위엄을 갖추는 것으로 규정하는 것이다.

현대 군에서는 자기 시간의 전부를 군 업무에 쏟아 넣는 사람만이 그 업무에 정통한 전문가가 될 수 있을 만큼 군 전문 직업에 요구되는 지식과 기술이 복잡하게 되었다. 군 간부에게 요구되는 기술은 실로 매우 복잡한 지적 기술이며, 포괄적이고 심도 있는 학습과 훈련을 요한다. 군 전문기술에 정통하려면 단지 군사 전문기술의 범위를 넘어서 문화 전반에 걸친 폭넓은 배경의 이해도 중요하다. 법률가나 의사가 단지 그들의 전문기술만 아니라 반드시 일반 교양과정을 이수해야 하는 것처럼, 항상 인간을 다루게 되는 전문 직업군인도 그의 전문지식과 기술을 배우기에 앞서 일반 교양과정을 이수해야 할 것이 요구된다. 그래서 의사나 법률가처럼 직업군인의 교육과정에는 교양교육을 꼭 포함하는 것이 이미 보편적으로 인정되어 널리 시행되는 것이다.

사. 단체성과의 조화

현대국가나 군대에서 국가의 안전보장이라는 기능적 요구조건은 복합적인 직업적 제도를 발생시켜 간부들의 집단을 하나의 독자적인 사회적 단체로 만들게 한 것이다. 간부들의 사회적 단체 가입은 소정의 교육과 훈련을 받은 자에게만 허용되지만 하나의 사회적 단체로서 간부들은 사회적 측면들도 포함하고 있다. 간부들에는 사교 단체, 협회, 학교, 신문, 잡지, 관습, 전통 등과 연관된 측면들도 아울러 포함되어 있다. 간부는 사회 일원으로서 전문 직업에 종사하면서, 사실상 생활의 대부분을 직업 활동에 바친다. 그렇지만 직업적인 접촉이든 사교적인 접촉이든 사람들과 함께 사회일원으로 생활하고 있으므로 간부는 민간인과 구별되게 사회 문외한으로 구별되지 않게 적절한 조화능력을 갖추어야 한다.

4. 부사관

가. 부사관의 책무

군인복무규율 및 육군 복무규정에 의하면 부사관은 군의 최일선 간부로서 법령, 규칙, 계획 등의 범위 내에서 일상적이고 규칙적인 업무처리를 구체적인 지시, 통제 또는 직접 수행하는 기능적 요원으로 아래와 같은 책무를 수행한다.

부사관(Non-commissioned officer/Nco, sergeant)[35]

부사관은 부대의 전통을 유지하고 명예를 지키는 간부이다. 그러므로 맡은 직무에 정통하고, 모든 일에 솔선수범하여 병의 법규준수와 명령 이행을 감독하고, 교육훈련과 내무생활을 지도하여야 한다. 또한 병의 신상을 파악하여 선도하고 안전사고를 예방하고 각종 장비와 보급품의 관리에 힘써야 한다.

* 로마의 명장 시저의 군대에서 부사관은 귀족 신분인 장교와 평민 병졸 간의 신분격차를 연결하는 중간지휘자이자 소부대 지휘자였다.

나. 부사관의 역사

부사관은 그 고유의 기능적 측면이 고려되어 고대로부터 군대조직의 필수 요원으로 인정하였다. 부사관의 기원은 고대 로마군대(romanlegion)에서부터 시작된다. 로마의 명장 시저(Caesar)[36]가 유럽을 평정하기 위해 게르만지역에 위치한 갈리아 전쟁을 수행하면서 장수와 병졸간의 중간 지휘계통을 확보하기 위한 수단으로 부사관 제도를 최초로 도입하게 된 것이 그 시초로서, 로마군은 이들 부사관을 프린서펄리스(principalis)라고 불렀다. 프린서펄리스(principalis)는 '계급에 있어서 가장 중요한 것 또는 기초'라는 의미로서 10명의 병사를 지휘하거나, 100~600명을 지휘하는 중대장(captain)을 보좌하는 행정 · 보급업무를 담당하였다. 이들은 전장을 누비면서 병사들의 교육훈련과 사기·군기를 유지하였는데,

35) Sergeant(부사관)의 의의 : 'Serveiens'라는 라틴어에서 유래되었으며, 영어로는 'Civil Servant(공무원)'이라는 뜻이다.

36) 시저(Caesar) : 전략, 전술, 병참술 뿐만 아니라 군구조 편성 능력도 뛰어나, 준·부사관을 편성 운용하여 장수와 병졸 간의 신분격차로 야기되는 지휘계통 공백을 보강하여 수많은 전투에서 대승을 거두었다.

오늘날의 준·부사관보다 더 큰 책임과 권한을 가지고 있었으며, 장수들이 왕명과 군령에 따라 군대를 지휘하는 반면에 이들은 주로 통솔에 바탕을 두고 병사를 지휘하였다.

<고대>

BC 3C경 그리스 평민 철학의 대표인 스토아학파(stoicism)를 부사관 제도의 시작으로 간주(형이하학적 논리 적용)

1. 스토아학파는 평민 출신으로 강인한 체력, 금욕, 사기, 자기 절제 능력을 으뜸으로 여기는 사회지도 사상 및 계층, 후일 로마군의 부사관 단 역할 지침이 됨.
2. BC58~50년 로마의 명장 시저(Caesar)가 갈리아 전쟁을 수행하면서 장수와 병졸 간의 중간 계층으로 부사관 제도를 활용함. 시저는 전술·전략, 병참술 뿐만 아니라 군구조 재편능력도 뛰어나 준·부사관을 활용하여 지휘계통을 확립한 명장이었음.

<중세>

12C 중세 시대 각각 기사들 간의 1대1 전투인 기사도 전투(기사도 정신)가 장교단 모체

1. 12C는 1대1 기사도 전투를 벌이는 관계로 중간 신분 계층이 불필요하였으나, 13세기 공역(公役) 수행 직위(Sergeant/부사관) 등장. 부사관은 기사보다 적은 토지를 부여받고 그 대가로 공공 근무나 병역의무를 수행하는 직위
2. 부사관은 라틴어인 Serviens(civil Sevant) 에서 유래
   - 기사(Knight) 작위 바로 아래의 계급으로 병졸을 지휘하는 중간 간부 계층, 대규모 선형 전투로 전쟁 양상 변화 → 부사관의 필요성 증대
   - 세계적으로 Corporal부터 부사관으로 인정, 15세기 이탈리아군의 기본전투
   - 제대인 Squadra(25명) 의 지휘자 Capo de squadra(Chief of squad) 에서 유래, 영국은 1803년부터 오늘날과 같은 갈매기 두 개를 Corporal 계급장으로 사용
3. 16세기 말까지 유럽에서는 Corporal(상병)부터 대령까지를 Officer(군관리)라 호칭
   - 징집병은 Corporal의 권한을 못 가짐
   - 현 부사관 제도는 19C초 나폴레옹 군대에서 완성
4. 미 육군은 독립전쟁 당시 연합군이었든 프랑스군의 軍制(군제)와 부사관 제도를 도입

그러나 로마의 몰락 이후 중세 봉건 시대까지는 부사관 제도가 사실상 자리를 감추게 되는데, 이는 기사(knight) 신분의 출현으로 소위 기사도 정신에 입각한 1대1 전투의 수행에 따라 부하나 중간 신분 계층의 필요성이 없어졌기 때문이다. 기사들에 비해 다소 적은

땅을 받고, 그 대가로 공공 근무나 병역의무를 수행하던 직위가 바로 Sergeant였는데, 15세기 후반 프랑스군에서 오늘날과 같은 Sergeant 계층을 사용하게 되자, 영국 왕실이 이를 도입하게 되면서 영연방 국가로 확대하였다.

현재와 같은 초급 부사관인 Corporal 제도는 19세기 초 나폴레옹 군대에서 완성되었으며, 미 육군은 독립전쟁 당시 연합군이었던 프랑스군의 군사직제와 함께 부사관 제도를 도입하여 오늘날에 이르게 된 것이다.

우리나라에서 부사관의 역사는 갑오경장 후부터였다. 고려시대나 조선 전기시대까지는 장수와 병졸로만 편성됨으로써 부사관의 신분 구분을 살펴볼 수 없고, 조선 후기시대에 이르러 1894년 칙령 제10호(육군 장관직별)에 의해 당시 군 조직은 다음과 같이 분류되었다. 장교 계급으로 대장, 부장, 참장, 정령, 부령, 참령, 부위, 참위 가 있었으며, 부사관 계급으로는 정교, 부교, 참교 가 그것이었다. 이후 일제강점기에는 상등병, 병장, 오장, 군조, 조장의 5계급으로 구성되었으며, 해방 이후 미군정시대인 국방경비대 시절에는 참교, 부교, 특수 부교, 정교, 특무정교, 대특무정교의 6계급으로 구성되었다. 해방 이후 1948 국군 창설과 하사관 명칭을 사용하였으며 당시에는 하사, 이등중사, 일등중사, 이등상사, 일등상사, 특무상사의 6계급으로 계급 명칭을 달리 표현하였으나, 6·25전쟁이 끝난 1953년에는 하사, 중사, 이등상사, 일등상사, 특무상사의 5계급으로 개편하였다. 이후 1957년에는 하사, 중사, 상사의 3계급으로 대폭 축소 개편하였다가 1989년에 하사, 중사, 이등상사, 일등상사의 4계급으로 다시 확대하였다.

1990년대 초부터는 '장교아래' 라는 좋지 않은 이미지를 개선하는 한편, 무기체계가 과학화되고 기술 집약화된 군구조로 변화됨에 따라 우수한 하사관을 충원하고 장기 복무를 유인하는 대책으로 1994년에 '상사' 명칭을 개정하여, 하사, 중사, 상사, 원사의 4계급으로 세분화하였으며, 2001년도에는 하사관에 대한 호칭 자체를 '부사관'으로 변경하였다.37)

37) 군인사법 개정 공포(2001. 2. 26)
2001년 3월 27일 공식 계명. 하사관(下士官) → 부사관(副士官)
하사관 명칭이 아래 간부를 의미하는데, 장교의 예속 개념으로 인식하였고, 하사관의 최하위 계급인 하사라고 하는 비하함이 내포되어 있어 하사관의 품위와 권위 신장을 위한 명칭개선이 필요하여, 학계 자문 및 각 군 의견 수렴 결과, 용어 의미의 명확성, 장교와 하사관의 선호도, 신분간의 연계성, 하사관의 권위 신장을 고려하여 결정함. 접두어 部(버금부)를 붙여서 [副士官] = 장교에 버금간다는 의미.

〈표 8-4 한국군 부사관 계급 변천〉

구 분	부사관 계급	계 급
일제강점기	상등병, 병장, 오장, 군조, 조장 5계급	5계급
국방경비대	참교, 부교, 특수부교, 정교, 특무정교, 대특무정교	6계급
국군창설당시	하사, 이등중사, 일등중사, 이등상사, 일등상사, 특무상사	6계급
1953년	하사, 중사 이등상사, 일등상사, 특무상사	5계급
1957년	하사, 중사, 상사	3계급
1989년	하사, 중사, 이등상사, 일등상사	4계급
1994년	하사, 중사, 상사, 원사	4계급

다. 부사관의 미래상

(1) 부사관의 역할

부사관은 군대에서 장교와 병사 사이에 있는 계층의 간부로 하사, 중사, 상사, 원사의 계급을 가진 육·해·공군·해병대의 군인을 가리킨다. 부사관은 통상 육군의 분, 소대와 같은 규모의 집단을 지휘하거나 전투 기본교육, 보급, 정비, 행정, 부대 관리 등의 기술과 숙련를 필요로 하는 분야에서 전문가로 임무를 수행하고 있으며, 부대 관리 등의 장비 조작 관리 기술과 숙련이 필요로 하는 분야에서 전문가로 임무를 수행하고 있다. 또한 각급 제대의 지휘관을 보좌하여 후배 부사관, 병을 관리하는 역할을 한다.

(가) '현모양처'와 같은 군의 버팀목

건군 이래 우리 군의 부사관들은 용맹과 노련한 경험, 그리고 순박한 편안함으로 계층과 계급을 아우르는 교량이자 든든한 버팀목 역할을 해 왔다. 그리고 연륜이 쌓이면서 부사관이란 명칭은 고향에 남아 언제든지 우리를 반기는 동구 마루의 느티나무와 같은 맏형이자 어머니의 모습으로 자리하게 되었다. 그것이 또한 군의 힘이다. 현모양처(賢母良妻)란 현명한 어머니이자 좋은 아내라는 말로, 부대 지휘관과의 관계에서는 좋은 아내이며 병사들에게는 현명한 어머니가 되는 것이므로, 어머니라는 호칭만으로도 이미 현모를 생각하고 양처의 희생적 모습을 떠올리게 된다. 어머니라는 명칭은 그래서 현명(賢明)이라는 의미 이전에 희생과 봉사, 묵묵한 헌신으로의 이미지가 예로부터 지금에 이르고 있으며, 앞으로 어머니의 기본적인 역할은 변화하지 않을 것이다.

(나) 첨단장비(무기) 운영 전문가

산업 시대에서 군 인력구조는 병력에 의한 숫자 중심의 전력 상징과 의무복무를 중심으로 충원된 인원을 야전부대인 전투 인력 중심으로 조직하고 편성하여 소요와 정원관리 면에서 경직된 경향이 있었으나, 첨단 과학기술의 발전은 미래 전장 개념에 맞춘 무기체계 개발 및 운용상 혁신적인 패러다임(paradigm)의 변화를 요구하고 있다.

〈인력구조 관리체계 변화 방향〉

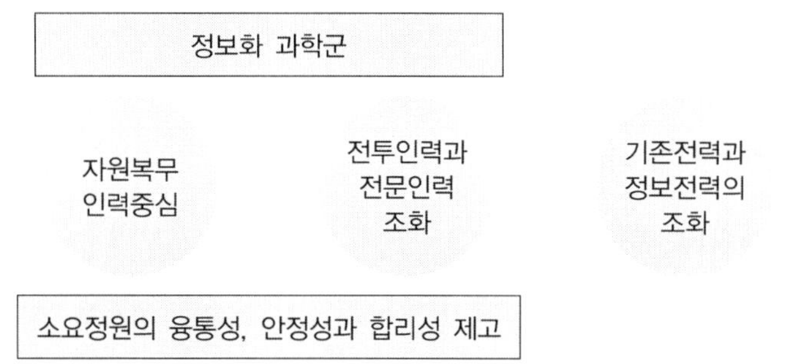

첨단 무기 확보를 위한 인력구조와 인력 관리체계는 정보과학 기술군으로 변화되어 군 간부 전문인력은 첨단 무기 및 개발 운영의 주도적인 역할을 하는 핵심 인력으로, 특히 부사관은 미래 전장 개념에 맞추어 전력화되는 첨단 무기(장비) 체계 운용 전문가로서 역할이 더욱 증대될 것이다.

(2) 부사관의 미래상

군에서 '중간관리층'이라 함은 부사관을 의미한다. 부사관은 군에 있어 신체에 비유하면, 신체 중 가장 중요한 허리이며 상하 간의 교량적 역할을 하는 계층이다. 또한 군 하부구조의 근간이요, 전투력 유지의 중추로서 군이 본연의 기능을 하기 위해서는 부사관 조직이 보강되고 강해야 함은 너무나 당연하다. 육군 인력환경 전망은 아래 도표에서와 같이 기술 발전은 전장의 영역·구조·관리 측면에서 확대, 동시, 통합성의 증대를 요구하는 다차원적 전장(戰場)과 운영개념의 변화와 발전이 필요하다. 따라서 병력 규모 및 구조조정은 병력 규모 축소를 군 정예화의 필수조건으로 인식되며, 이로 인한 전문성 높은 고기능의 정예 인력 확보·유지의 필요성이 증대된다. 전문 기술군 체계는 하이테크 능력을 갖춘 부사관 인력의 활용이 확대되므로 병력 조정 시 병과 단기 복무 초급장교는 축소되는 반면 간부, 특히 부사관의 비중은 증대될 것이다.

〈군 인력 환경전망〉

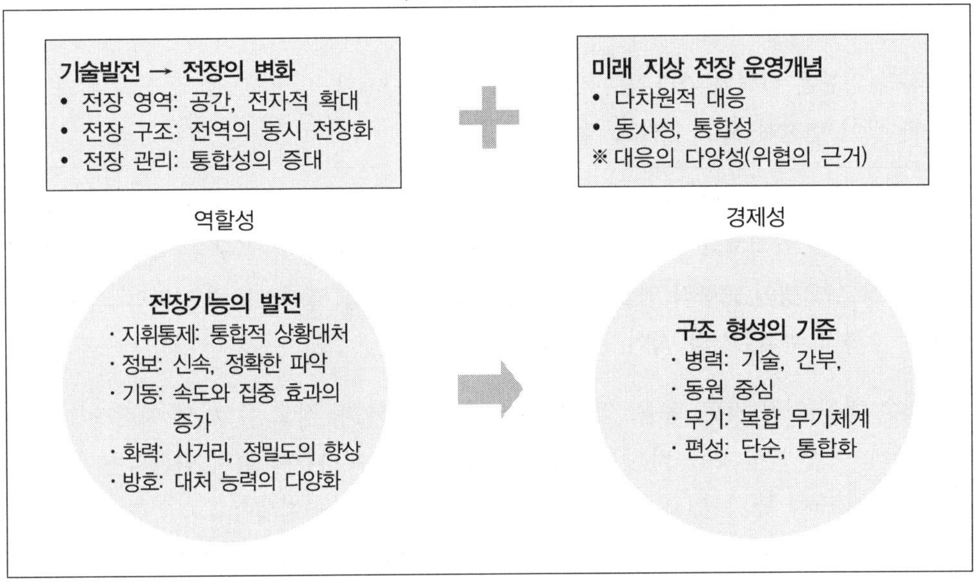

라. 부사관의 역할과 인식 변화

(1) 부사관의 역할

군은 인원 구성면에서 크게 장교, 부사관, 병의 3개 신분으로 구성되어 있고, 장교는 다시 지휘자와 참모로 나뉘며, 부사관은 참모와 지휘자로 구분되어 주로 말단 관리자의 역할을 한다. 즉, 지휘관은 지도하고 참모는 계획하며 부사관은 운용하고 병은 움직이는 조직체이다. 따라서 부사관은 실제 장비를 조작하고 운용할 뿐만 아니라 병을 지휘 또는 지도하면서 담당 부분의 업무를 집행하는 중간관리층 이거나 하급 관리자로서 확고한 위치를 점유하고 있다. 중간 관리층의 일반적인 업무를 닐레스(M.C. Niles)는 법령, 규칙, 계획 등의 범위 내에서 위양된 일상적이고 규칙적인 업무의 처리를 구체적으로 감독하고 지시하고 통제하는 직말적(**織末的**)[38] 기술적 기능이라고 말하고 있다. 이러한 점에서 부

38) 직장의 말단부분인 현장에서 직접 생산의 지도 및 감독을 주로 하는 업무를 뜻함.

사관의 업무는 "부대원의 안위 문제, 부대 환경, 병 기본 훈련, 부대의 전통 유지 등과 같은 규범적이고 일상적인 업무와 장비를 정비, 유지하고 운용하는데 기술적으로 지도·감독·통제 또는 직접 조작 함으로서 직말적(織末的)이고 기술적인 기능을 수행해 가는 것이다."라고 정의되어 진다.

부사관의 역할은 직책에 따라 임무가 다양하게 나타나지만, 일반적으로 인식되는 역할은 다음과 같이 변천해 오고 있다고 말할 수 있겠다.

첫째, 초급간부로서 역할이다. 부사관은 부대 주요 사안의 일부에 대해서 판단, 결정할 수 있는 권한을 소지하고 동시에 그에 상응하는 책임을 져야 하는 군 조직 유지의 주체자로서, 장교와 병의 교량적 역할이 아니라 장교와 역할을 달리하는 독자적인 기능을 수행하는 수평적 관계로서의 직업 군인이다.

부사관은 병을 직접 지휘, 통솔, 감독하는 말단 지휘자이며 장교 유고 시 대리자 역할을 하게 된다. 또한 전시 부족 되는 초급장교 요소를 위해 부사관이 현지 임관되는 것은 과거 전례에서 많이 볼 수 있고, 제1차 세계대전 이후 독일은 군비제한으로 인한 군 정예화 방안으로 전 부사관을 장교의 자질을 갖추게 한 사실로 보아 초급장교와 부사관의 중요성은 같다고 보아야 할 것이다. 부대 임무 수행상의 과오를 최소화하고 성과를 극대화하는 데는 바로 부사관이 장교 보조역할을 얼마나 잘 성실히 수행해 주느냐에 달려 있다. 즉 부사관은 초급장교에 비하여 다년간의 야전 지식 및 부대 근무를 통한 산 경험을 보유하고 있어 이 일은 부사관에게 부여된 당연한 임무이며, 역할로 인식된다.

둘째, 부대의 전통 계승자로서 역할이다. 장교와 부사관 그리고 병을 비교하여 어느 한 부대의 복무기간을 따져 볼 때, 누구보다 부사관이 장기적으로 근무하고 있음을 알 수 있다. 그러므로 부사관은 부대의 근간이며, 고정 요원으로서 부대의 전통과 뿌리를 유지, 계승하고 있다. 장교는 넓고 많은 경력관리가 필요하고, 부사관은 좁고 깊은 자기가 맡은 직무 분야에 대한 전문가가 되며 부대의 전통을 형성하고 지킴은 물론, 수시로 변동되는 병사들을 지도하고 훈련 시켜 그 부대의 기본 전투력을 유지 시키고, 새로 부임하는 장교들을 보좌하여 적시 적절한 조언의 제공 등을 통해 지휘를 원활하게 할 수 있게 하여 부대 단결의 저변을 형성하는 산 역사이다.

나폴레옹(Napoleon)도 "부사관은 병과 같은 계급의 출신이며 병과 함께 살결을 맞대고 있다. 그래서 부사관은 병을 지휘하면서 병과 어려움을 함께하고, 병을 진심으로 따르게 하며, 병에게 정신적인 영향을 가져다주고, 병을 복종시키는 것뿐 아니라 이끌고 나가기도 하는 것이다."라고 설파하였다. 그리고 클라크(BC Clark) 장군이 "많은 지휘관이 부대를 거쳐 지나가도 부대는 건재하며 발전한다. 그 이유는 부사관이 부대에서 계속 활동하고 있기 때문이다."라고 말한 바와 같이 부사관은 한 부대의 역사와 전통을 지켜온 그 부대의 주인으로서, 그 역할이 중대함을 깨달을 수 있을 것이다.

셋째, 군 전투력 유지의 역할이다. 앞으로의 전투 형태가 소부대 위주의 동시다발 전투로 전세가 전개될 것으로 예상된다고 볼 때, 부사관이 전투의 주역을 담당하게 되는 것은 자연스러운 귀결일 것이다. 부사관은 군에 장기간 복무하면서 얻은 경험, 특히 전투 경험을 통하여 병을 교육하고 지도하며 병들의 임무 및 기능에 대한 전문가로서 군의 전투력에 미치는 영향은 지대한 것이다. 즉 전투력의 기본이 되는 군의 기본자세는 병영 생활을 통하여 교육되고 훈련되며 지도됨으로서 형성되기 때문에, 병사들은 어떤 지도자로부터 어떠한 내용과 방법으로 지도받고 병영생활을 하여 왔는가가 군인으로서의 기본자세 확립에 중요한 역할을 하게 되는 것이다.

넷째, 부대의 「어머니」의 역할이다. 병사들의 '전투혼'을 하나로 묶어 승리를 창출하는 최일선 관리자로서의 부사관은 곧 병사들을 선도하는 군대 가정의 어머니 역할이다. 병영과 최일선에서 병사들과 함께 고뇌하며, 동시에 엄정하면서도 열정적으로 보살펴주는 부사관들의 정성이 있기에 부대는 굳건하게 결집 될 수 있는 것이다.

(2) 부사관의 책임과 요구되는 능력

책임은 직책에 따라 수반되며, 따라서 이 책임은 간부로서 반드시 수행해야 하는 의무이기도 하다. 일반적으로 부사관은 소부대 전투의 직접적인 지휘를 담당하는 주역으로서, 병 훈련을 전담하는 소부대 훈련의 핵심 간부로서 병영생활에 활력을 직접 제공해야만 하는 책임과 능력을 보유하고 있어야 하며, 이를 구체적으로 명시하면 다음과 같다.

첫째, 각개 병사의 전투준비태세를 유지하고 부대의 전투 장비 및 물자를 관리하며, 소대급 이하의 전투지휘와 전투 근무지원 활동으로 병사의 전투 능력이 최대한 발휘되도록 한다.

둘째, 정보전, 과학전 등 미래전을 수행하기 위한 첨단 무기와 장비를 운용 · 유지하고, 운용 병을 교육 및 지도한다.

셋째, 풍부한 경험과 전문성을 겸비한 병 교육의 전문 교관으로서 개인 훈련을 계획 · 준비 · 실시 · 평가하고, 주특기를 완성 시켜 병사들의 임무 수행 능력을 향상한다.

넷째, 규정 및 방침과 지휘관의 지침에 의거 부대 일상 업무와 병 및 부사관의 인사관리를 전담하고, 병의 상담 · 신상 파악 및 선도 · 기본권보장 · 상벌권 시행 등을 통해 병영생활을 지도 및 감독하며, 부대의 장비 · 시설 · 보급품을 관리하고 군기, 안전 지도와 감독 등 부대 관리를 담당한다.

다섯째, 부대의 공동목표 달성을 위해 전문능력과 경험을 바탕으로 지휘관(장교)에게 조언함으로써 지휘관(장교)이 건전한 판단 및 조치하는 조력을 한다.

여섯째, 부대의 역사와 전통을 바탕으로 부대 정신과 소속감 및 전우애를 고취하여 지휘관 중심의 부대 단결 및 부대 전통 계승과 발전을 도모한다.

요컨대 부사관은 '정통해야 따른다.'는 기본 인식하에 자기 직무에 최고의 전문가가 되어 부여된 역할과 책임을 다하여야 한다. 부사관의 역할별 요구되는 능력은 아래 도표에서, 계급별로 요구되는 능력과 함께 제시하였다.

〈표 8-5 부사관에게 요구되는 능력〉

요구 능력	세 부 내 용
소부대 전투 지휘 능력	· 지휘관의 작전개념과 부대의 작전계획을 이해하고, 급속한 상황 변화 속에서 부대를 효과적으로 이끄는 지휘 능력 구비 · 부대 지휘 및 참모업무 수행 절차에 따라 자율적이고 체계적으로 업무를 처리하고 필요시 장교업무를 대행할 수 있는 참모업무 수행 능력 구비 · 폭넓은 군사 지식으로 병사들을 효과적으로 지휘하며 각종 정보를 활용할 수 있도록 전술적 식견 구비
첨단 무기, 장비 운용 및 교육 능력	· 해당 특기 및 부대에 편제된 무기와 장비의 조작, 운용, 정비 및 교육 능력 구비 · 전산 업무 처리능력 구비
교육, 훈련지도 능력	· 병 공통과목, 주특기와 소부대 전투기술 지도와 교관 능력 구비 · 병 개인 훈련의 계획·준비·실시·평가 및 감독 능력 구비

요구 능력	세 부 내 용
부대 관리 능력	· 직무수행 관련 각종 규정·방침·절차를 숙지하고 직책에 부합되는 업무처리 요령 및 해당 기술 숙달 · 병사들에게 임무를 부여하고 일의 목적과 중요성을 명확히 인식시키며, 모의 및 토론을 통하여 중지를 모아 업무처리 방법을 모색하는 의사결정을 능력 구비 · 부사관의 책임 및 권한, 지휘관의 지시를 철저히 숙지하고 모범을 보이면서 지도 감독하는 병영생활 지도 능력 구비 · 병사의 정서와 심리를 이해하고 관찰과 상담을 통한 신상 파악 및 조치 능력 구비 · 병사들과 부대 활동을 함께하고 부대의 제반 활동에서 병을 선도할 수 있는 강인한 체력과 정신력 구비
조언 능력	· 지휘관(장교)이 결심과 조치 시 부대 활동, 병 지휘통솔 업무처리에 대하여 적절하게 조언할 수 있는 능력 구비
부대 전통 계승 능력	· 업무에 대한 책임감, 동료 간의 협조 자세, 희생정신, 자기개발 노력 등 전문 직업 윤리의식 구비 · 부대 규정과 방침, 관습을 계승하고 발전시키는 주인의식 견지

* 출처 : 육군본부, 「부사관 종합발전계획」 1999, pp. 17~18.

〈표 8-6 부사관 계급별 요구되는 능력〉

계급	요 구 능 력
하사	· 분대장, 포반장, 조종수, 기술병과 운용, 정비관 수행 능력 · 병 기본 및 주특기 지도 능력 · 병의 병영 생활 지도 능력
중사	· 부소대장, 반장, 전차장, 대대급 참모부 업무담당관 수행 능력 · 소대장과 버금가는 전술 지식 · 병 기본 및 주특기(병과 기술) 교관 능력 · 소대급 행정 및 보급관리 능력 · 대대급 참모업무 수행 능력
상사	· 소대장, 교관, 행정보급관, 연대급 참모부 업무담당관 수행 능력 · 소대장과 대등한 전술 지식 · 소대장 지휘 및 통솔 능력 · 병 교육지도 및 감독 능력 · 중대급 행정 및 보급관리 능력 · 연대급 참모업무 수행 능력
원사	· 행정보급관, 신교대중대장, 사단참모부, 업무담당관, 주임원사 수행 능력 · 중대장과 유사한 전술 지식 · 중대급 행정 및 보급관리 능력 · 부사관단 관리 능력 · 사단급 참모부 참모업무 수행 능력 · 부사관, 병 관련 정책구현 능력

마. 장교와 부사관의 관계

장교 · 부사관의 관계는 엄정한 상하관계를 기초로 공동목표를 수행하는 협조 관계를 구축해야 한다. 효율적인 부사관 역할 발휘를 위한 장교 · 부사관의 직책별 관계는 아래 도표에 상세히 제시하였는데, 이를 종합하면 다음의 두 가지로 요약할 수 있다.

우선 군의 간부로서 엄정한 상하관계를 들 수 있다. 부사관은 장교의 권위와 계급을 존중하고, 장교로부터 신뢰받도록 임무를 수행해야 하며, 특히 직속상관의 명령에 절대복종해야 한다. 그리고 장교는 부사관의 연륜과 경험을 인정하여 인격체로 대우해야 한다.

다음은 군사적 동일 목표를 수행하는 동반자 관계로서, 부사관은 장교가 본연의 역할수행에 전념하도록 조언 및 조력하고, 장교는 부사관의 역할을 이해하고 부사관이 능력을 발휘하도록 지원하며, 장교와 부사관 모두 상호존중과 신뢰를 유지해 나가야 한다.

업무분담 면에서는 장교는 주로 무엇(What)을 하나에 관심을 가지고, 부사관은 어떻게(How) 하나에 관심을 두어야 한다. 이를 세부적으로 살펴보면 장교는 방침 수립 · 계획구상, 부대 작전 · 훈련, 부대 준비 태세 유지, 부사관 전문성 개발 및 업무 수행을 위한 여건을 조성하며, 부사관은 수립된 명령 · 지시 및 방침에 의거 부대 일상 업무, 개인·팀 훈련, 개인 전투준비태세 유지 및 부여된 임무를 완수한다.

장차 우리의 안보 환경은 우리가 상상하는 것 이상으로 급속하게 변화할 것이므로 우리 부사관들에게 요구되는 능력과 역할도 변해야 한다. 전쟁 양상은 첨단 무기 개발로 가공한 파괴력을 가지고 전 전장 동시 통합작전이 전개될 것이고 안보·국방 면에서 예산과 인력이 제한된 가운데서도 전문인력의 소요는 더욱 증대될 것이다.

〈표 8-7 장교와 부사관의 직책별 관계〉

구분	직 책 간 관 계
소대장 - 부소대장	· 지휘자와 부지휘자의 관계로서, 소대장과 부소대장은 별도의 동일 목표를 지향하는 공동업무 수행 관계 유지 · 부소대장 활동 영역은 소대장의 업무 수행 수준과 활동 방법에 따라 다르며, 특히 초임 소대장이 부임하거나 소대가 새로운 업무를 시작할 때 부소대장 역할이 강화된다. · 소대장 업무를 부소대장이 대행한다고 해서 소대장의 책임이 전환되는 것은 아니다. · 부소대장은 소대장과 의견이 상치된다고 해서 소대장과 다른 지시를 내리거나 소대원 앞에서 소대장을 불평하지 말고, 충성심을 가지고 시종일관 소대장을 성실하게 조력한다. · 소대장은 부소대장이 언제라도 소대를 지휘할 수 있는 지휘자로 인식, 소대의 제반 문제를 상의하며 부소대장은 언제라도 소대 지휘를 담당한다는 자세로 소대장을 헌신적으로 조력
중대장 - 행정보급관	· 지휘관과 업무담당관의 관계, 행정보급관은 세부적인 실행자 역할을 분담 수행, 분담된 업무를 수행하는데 필요한 모든 권한을 갖는다. · 행정보급관은 위임된 업무의 결과에 대해 책임, 중대장은 무한 책임이 아닌 지휘 책임을, 행정보급관은 그 결과에 대한 업무 책임 · 중대장은 부대 지휘 방향 · 목표 · 수준에 대하여 행정보급관과 상의, 행정보급관은 자기 업무에 정통하고 담당한 업무를 정확히 처리 · 중대장은 행정보급관을 중대의 최고 전문가로 인정하고 행정보급관은 중대장의 지시를 적극적으로 실행한다.
대대장 - 주임원사	· 지휘관과 보좌관의 관계로서 주임원사는 대대장에게 부대 활동, 지휘업무처리에 조언하고, 병 · 부사관 관련 업무를 보좌 · 대대장의 지휘 활동 연장선에는 훈련 · 각종 명령 이행 상태를 받아 대대장을 대신하여 확인 및 업무를 보좌한다. · 대대장은 주임원사가 병 · 부사관의 대표자로 인식, 그 위상을 존중하며 주임원사의 건의 내용은 적극적으로 수용한다. · 대대장과 주임원사는 모든 사항에 대하여 정보를 교환할 수 있도록 시간 및 활동 여건을 보장

미래 안보 환경에서 간부의 역할은 전쟁 양상 면에서 분권화 작전 수행에 따라 소부대 전투지휘의 중요성이 증대되고, 안보 · 국방 분야에서는 신분별 역할 분담과 인적 자원의 질적 향상, 그리고 간부들의 역할이 확대될 것이다. 따라서 장교와 부사관의 역할 분담과 상호보완을 통한 부사관의 역할은 소부대 전투 지휘자로, 첨단 무기 및 장비의 전문가로

서, 병 교육의 전문가로서 그 활약이 요구될 것이다. 또한 하부구조의 핵심 관리자로서, 장교에게 조언자로서, 그리고 부대 전통의 계승자로서 역할이 더욱 중요하게 요구될 것이다.

바. 외국의 부사관 제도

(1) 미국의 하사관 제도

(가) 하사관 제도

미국 하사관 제도의 기원은 1775년 대륙군의 형성에서 기원한다. 초기의 하사관 구성은 지휘관을 대리하거나 보좌하기 위하여 사병들로부터 지적되어 선발되었다. 그 후 Baron Vonsteuben이 죠지워싱턴의 감찰관으로 부임해 온 후, 1779년의 「미국군대의 명령과 훈련에 관한 규정」을 만들면서 비로소 미국 하사관 제도의 골격이 완성되었다. 현재 미 육군은 거의 완벽하게 하사관이 주도하여 부대 운영을 하는 것으로 알려져 있다.

미국의 하사관 충원은 고졸 이상자로서 연령에 제한을 두지 않고 입대 후 2~4년 동안의 근무경력을 쌓은 현역병 중에서 선발하고 있으며, 전투부대 하사관은 평균 6주내외 교육기간을 거쳐 하사로 임용된다. 내무생활은 자치제를 활성화하여 윤번제로 자치 지휘 근무토록 한다. 주임원사 중심의 하사관단 운용 활성화로 부대 일상 업무 중 병의 개인 및 전문적인 발전과 임무 수행을 위한 군사특기 및 기본기(군대 예절 및 외모, 신체조건, 훈련 및 행동, 장비의 유지 및 청결 관리, 개인위생) 를 위한 훈련을 하며 분대, 부서, 조단위 임무 수행과 병에게 할당된 장비의 물질적인 책임을 진다.

미군은 최우선으로 하사관 정예화를 추진하여 우수 하사관 획득을 위한 근무 여건 개선과 각종 복지향상, 대국민 홍보에 과감한 투자를 하였다. 1975년 이래로 매년 10,000명의 청소년 표준집단을 대상으로 컴퓨터를 이용한 전화 인터뷰를 통해 청년 태도 조사(YATS)를 실시하여 군 복무에 대한 젊은이들의 성향과 태도 그리고 동기에 대한 정보를 모집·분석함으로써 인력 채용정책에 반영하고 있는데, 일례로 1990년대 초반 경기 부진으로 모집 자원의 심각한 삭감을 경험하면서 입대 성향이 감소 추세에 들어서자, 모집과 광고에 대한 투자 강화를 통해 군 복무 기회에 대한 젊은이들의 인식을 향상하여 위기에 대응해 나갔다.

최근 미국은 신병 모집의 변화에 효과적으로 대응하기 위한 전략들을 구체화하여 나가고 있다. 우선, 미 국방부 는 국방 차관보를 위원장으로 하는 '군 감소 합동 대책위원회'를 조직하고 각 군의 인사참모와 모집 사령관을 위원으로 참석시키고 있는데, 이 위원회는 인력감소 자체를 줄여나가는 방안 마련에 중점을 두고 있다.

두 번째, 입대에 따른 인센티브를 법정 상한선까지 인상했다. 전군은 4년 또는 그 이상의 기간 복무자에게 지급되던 보너스를 8,000달러에서 12,000달러로 조정했고, 몽고메리 군사예산과 연계되었을 경우 학비 보조(대학 기금)를 30,000달러에서 50,000달러로, 그리고 학자금 융자상환금을 55,000달러에서 65,000달러로 인상했다.

세 번째 미 국방부 는 TV, 라디오, 신문 등에 광고할 시 가장 적절한 할당 방법을 모색하는 연구를 지원하고, 인력 채용권의 민영화 계획을 지원하며, 호경기를 빌미로 대학에 진학코자 하는 젊은이들을 군에 입대하도록 하는 방안을 모색하는 지원을 하고 있다.

또한 미군은 감축으로 인한 불가피한 혼란 이후 군대의 안정을 되찾기 위하여 관련된 조치를 하였는데, 최근 디지털 시대로의 진입이라는 상황 변화 하에서 점차 어려움의 조짐이 나타날 것으로 예상한다. 하이테크 경제가 이루어지고 그로 인해 민간 부분이 고임금 제시와 함께 가일층 미래의 가족생활을 예견할 수 있도록 조치하고 있음에 따라, 그만큼 군의 고급인력 확보·유지의 어려움은 증가할 것으로 내다보고 있다.

이러한 상황에서 민간 부분과 경쟁하기 위해 미 국방부는 보상제도의 개선과 확대된 생활의 질 안정 및 퇴역제도 개선 등을 포함하는 인력 유지 방안에 심혈을 기울이고 있다. 그리고 아래 도표에 제시된 바와 같이 21세기에 필요로 하는 인력을 유지하기 위한 미군의 하사관 정예화 추진은 월남전 패인분석에서 가장 큰 원인을 소 부대급 간부의 전투지휘 능력 부족, 즉 우수한 장비와 제공권 장악에도 불구하고 지상 전투 현장의 최소 전투 지휘자인 하사관(분대장) 의 전투지휘 능력 부족과 인력 구조상 하부구조가 취약한 것(현재 한국군 인력구조와 유사한 구조)이라고 평가하였다.

또한 하사관은 장교에 의해 수립된 주둔지 방침 내에서 부대의 계획된 업무 및 일상 업무를 수행하며 배당된 장비를 가동 태세로 유지하고, 할당된 작업을 감독하며, 부대시설 상태를 주기적으로 점검한다. 그리고 계획된 훈련을 지원 및 준비하고 시설, 환경, 급식 관리와 병의 내무생활을 지도하며 병 인사권과 모범 사병 선발을 전담한다.

미군은 부대행사 시 하사관이 병사를 지휘하고 주임원사는 지휘관 옆에 좌석을 배정받으며 예하 부대 방문 시에는 컨보이와 브리핑 등 중령급에 해당하는 파격적인 우대를 하고 있다. 특히 하사관학교의 교장과 교관을 하사관이 담당하고 있으며 전투부대 근무경력에 대해 진급에 우선권을 부여하는 한편 하사관의 정년은 계급에 구분 없이 55세까지이다.

미국은 국방인력 모집을 위한 유인책으로서 전역 군인들에게 군대교육(GI Education), 군대 대출(GI Loans), 의료보호, 취업 알선, 실적 보상 등 각종 혜택을 부여하고 있으며, 특히 현역에 복무 중인 전 장병을 위해 과외 시간을 이용하여 취학할 수 있는 대학 혹은 대학원 과정의 교육 기회를 부여하고 있는데, 이러한 교육과정은 군내 교육기관이나 인접 지역 교육시설을 최대한 이용할 수 있도록 협조가 되어 있다. 또한 앞서 살펴본 바와 같이 하사관을 전적으로 현역병에서 선발, 모집하여 병으로의 입대에 대한 각종 인센티브 제공 등을 통해 다양한 인력모집 유인책을 시행하고 있다.

(나) 하사관 정예화 추진

미군의 국방인력 정책과 하사관 제도를 인력충원 정책 측면에서 살펴보면, 변화하는 환경 속에서 미군의 전력 유지를 위한 미군의 인력모집 정책은 민간인을 대상으로 질적·양적으로 소요되는 적정 수준의 인력을 여하히 확보하는 방안에 초점이 맞추어져 있다.

미국은 현재 군 전력 유지와 유능한 미래의 리더를 확보하기 위해 매년 20여만 명의 젊은 인력을 현역으로 충원하고 있으며, 아울러 15만 명의 선발예비군도 함께 충원하고 있다. 충원 인력의 질을 평가하기 위해 교육 수준과 입대 시험성적이라는 두 가지 지표를 사용하고, 모집 대상자의 질적 수준과 업무 수행 능력을 평가할 수 있는 수학적 모델 개발을 통해 '사막의 방패'와 '사막의 폭풍' 작전을 수행했던 1990년 당시의 보병대가 보유한 업무 수행 능력을 유지하면서 아울러 인사와 훈련에 소요하는 비용을 최소화할 수 있는 신병의 질적 수준을 제시함으로써 인력의 채용과 교육훈련에 활용하고 있다.

〈표 8-8 미군의 하사관 정예화 추진계획〉

구분	내용
월남전 패인 분석	• 소 부대급 간부 "전투지휘 능력"부족 • '하부구조' 취약: "근접전투"실패 현재의 '한국육군'과 유사한 인력 구조
↓	
하사관 정예화 추진	• 우수 하사관 획득을 위한 대국민 홍보 / 투자 ☞ 권위 신장, 근무 환경 개선, 봉급 인상, 위탁교육 등 • 자질 우수자 '인센티브' 부여 ☞ 대졸자('상병' 입대), 학력에 의한 '수당' 차등 지급 등 • 하사관 전문성 제고: 무기 발전/교리발전 신속 적응 ☞ 약 15년간 집중투자 (역대 참모총장 노력) • 인력구조 개선 : '병' 위주 → '하사관' 위주 구조 장교 : 13%, 하사관 : 17%, 병 : 70% ➡ 장교 : 10%, 하사관 : 40%, 병 : 50%
↓	
성과	• 평시: 부대 관리, 개인/팀 훈련 전담 _ 최고의 전사(戰士,Warrior) • 전시: 소부대 전투 전담 육성 • 감군여건 / 전문성 있는 직무수행 '인프라' 구축 ※'90년 초 감군: 50개 사단 규모→10개 사단 규모 • 미래전 대비 변혁(Transformation)의 주도적 역할: '00년 초 ※부시 / 럼스펠드의 강군육성프로그램 추진 • 현대전에서 소수의 병력으로 압도적 승리 ※Gulf전, 아프칸, 이라크전, 아이티 작전 등 '하사관 정예화'감군 ☞ 세계 최강의 군대

이러한 하사관 정예화 추진계획에 따라 하사관이 평시에는 부대 관리, 개인, 팀 훈련을 전담하고 전시에는 소부대 전투를 전담하는 최고 수준의 전사로 육성되었으며, 90년대 초에 육군을 50개 사단 규모에서 10개 사단 규모로 감축하면서도 종전과 동일임무 수행이 가능한 하사관에 의한 전문성 있는 직무 수행 인프라를 구축하였다.

또한 2000년 초, 부시와 럼스펠드의 강군 육성 프로그램 추진 시에도 변혁의 주도적 역할[39]을 수행하는 핵심 전력의 하사관을 주축으로 하여 걸프전, 아프칸전, 이라크전 등의 현대전에서 미군이 군사적 승리에 결정적 역할을 한 것으로 분석하고 있다. 여기서 주목할 것은 미군은 「인력 정예화」후 군을 감축하였어도 부사관이 강하기에 여전히 '세계 최강의 군대'라는 것이다.

(2) 독일의 하사관 제도

현재 독일연방군은 333,500명의 현역 병력과 315,000명의 예비 병력으로 구성되어 있다. 국방성 예하에 육군과 해군, 공군과 의무군 등 4개 군으로 구성되어 있는데, 군별 구성비를 보면 육군 70%, 공군 21%, 해군 8%, 의무군 1%로 육군이 대다수를 차지하고 있다. 신분별로는 장교 1%, 하사관 36%, 병 53%로 간부 위주로 인력이 구성되어 있으며, 군구조 개선사업에 따르면 2000년부터는 간부의 비율이 50%를 초과할 전망이다.

독일군이 전통적으로 우수한 집단으로 평가받고 유사시 강한 전투력을 과시했던 것은 특히 장교를 대신할 수 있는 군사적 지식과 능력을 보유한 하사관의 양성과 활용, 그리고 이들이 직업 군인으로서의 직업관이 투철한 것으로 평가받고 있는데, 독일군의 하사관 제도를 살펴보면 다음과 같다.

하사관의 계급체계는 하사부터 일등원사까지 7단계다. 하사관은 처음부터 하사관으로 지원하는 경우가 있으나, 하사관의 약 70%가 병으로 군 복무 중 하사관으로 신분을 전환한다. 최초 지원자는 병무청에서, 병 복무 중 지원자는 부대에서 모집업무를 처리한다.

하사관은 가능한 한 5개월이나 8개월간 병으로 복무한 지원자를 대상으로 선발하는 것이 원칙이며, 개인의 희망에 따라 지원하여 병 훈련을 마치고 3개월간의 기초하사관 교육을 받게 된다. 그 후 하사로서 3년간의 복무를 마친 자원 중에서 선발하여 고급하사관 과정을 이수하게 되는데, 교육 기간은 예정 복무기간과 특기, 그리고 전역 후에 민간부문에서 취업하여 종사하게 될 직업 등을 고려하여 6~33개월로 매우 다양하게 운영되고 있다.

독일군은 1개 중대에 중대장과 부중대장 겸 소대장 장교 2명으로 편성되어 있으므로, 하사관들은 각 부대에서 소대장의 임무를 포함하여(각 중대 소대장 4명 중 3명이 상사임)

39) 모든 신병들은 군 자격시험(AFQT)이라고 불리는 필기시험을 치르는데, 과목은 수학과 언어능력 두 가지이다.

행정관, 작전관 등 주도적인 역할을 한다. 하사관의 정년은 계급에 상관없이 52세이며, 통상 40세까지 여단급 이하 예하 부대에서 소대장, 행정관 등의 업무를 수행하다가 그 이후에는 재 교육받고 사단급 이상 부대에서 실무자로 일하게 된다. 또한 본인의 희망에 따라 장교로 지원할 수도 있다. 전역 후 생활 안정을 위해 복무기간 동안 연방군전문학교(직업학교)에서 가르치는 일반적인 직업에 관한 수업과 이 수업을 준비하기 위한 원거리 수업과 같은 준비 수업, 그리고 노동조합이나 전문가 코스 등처럼 다양한 직업교육을 통해 취업을 지원해 주고 있다. 아울러 직장 내에서의 생활을 위한 적응 보조금을 지급하는 등 적극적인 취업 지원으로 우수자원을 모집하기 위한 유인책을 강구하고 있다. 이상에서 살펴볼 수 있듯이 독일 하사관 모집제도의 특징은 모집 자원의 자질과 교육과정에 따라 다양한 기간과 과정에 여러 가지 교육을 제공하고 있다는 것으로 요약될 수 있다.

(3) 일본의 하사관 제도

일본의 하사관 제도는 중졸 이상자로 현역병과 민간인 중에서 15~17세인 자를 대상으로 모집하여 충원하고 있다. 의무복무기간은 기술 하사관이 4년, 일반 하사관이 3년으로 장기간 교육 후 활용하고 있으며, 정년은 50세이다. 일본 자위대 하사관의 계급 구조는 3등 육조, 2등 육조, 1등 육조, 육조장으로 4단계로 구성되어 있다.

일본의 간부임용제도는 중학교 졸업자에서부터 대학 졸업자에 이르기까지 다양한 인력을 대상으로 매우 광범위하고 융통성 있게 간부 임용을 시도하고 있으며, 하사관으로부터 장교로 진출할 수 있는 다양한 경로가 여러 층의 하사관에게 골고루 열려 있는 것이 특징이다.

(4) 대만의 하사관 제도

직업 하사관은 중졸자를 모집하여 3년간 고교 교육과정 및 군사훈련을 병행하여 실시하며, 전문 하사관은 고졸자를 모집하여 3년간 전문학교 교육과정 및 군사훈련을 병행실시한 후 별도로 2~6개월간 추가로 교육하여 임용한다.

계급은 하사관, 중사관, 상사관, 사관장의 4계급으로 나뉘어져 있고, 직책은 하사관과 중사관은 부반장, 부조장, 부포장(포병)이 되며 상사관은 반장, 포장이 되고 사관장은 소대 선임하사관, 소대장으로 주로 보직된다. 관사 입주율은 90%정도로 가족과 별거 시는 별

거수당을 지급한다. 자녀들은 대학까지 보조금을 받게 되고 기술직 취업 시는 취업 시험 시 20%의 가산점을 부여받는다.

(5) 북한의 하사관(하전사) 제도

북한군의 하사관은 21~26세의 고등중학교 졸업 이상자로서 현역 복무 중인 병을 대상으로 상급 부대의 하사관 인원 차출 지시에 따라 선발하며, 6~12개월의 하사관학교 교육을 거쳐 하사로 임용하고 있다. 북한군은 하전사[40]의 복무기간을 규정상 3년 6개월로 두고 있으나 실제로는 거의 9~10년씩 복무시키고 있으며, 장기 복무가 요구되는 기술 직위 및 특수직위에는 하전사 복무를 마친 자 중에서 본인의 희망 또는 지휘관의 권고·설득에 의해 장기 복무자를 선발한다. 그 대신 장기 복무자에게 주어지는 특전으로는 결혼, 영외거주, 현지임관의 기회 제공 등이 있다.

북한군의 하사관 계급은 하사, 중사, 상사, 특무상사의 4단계로 구성되어 있으며, 하사관들이 맡는 책임을 보면 하사는 부분대장 및 기관총 사수로, 중사는 분대장으로, 상사는 부소대장으로, 특무상사는 사관장으로 보직된다. 하사관 중심의 부대단위 전담 내무생활 지도와 개인 및 부대훈련을 하고, 진급과 포상 등 추천권을 부여하며, 입당 및 대입 자격 판정기록을 보고한다. 전시에는 전장이탈 때에는 총살권까지 가지며, 근무 우수자는 선발하여 장교로 진출시킨다. 중대 선임 하사관은 병 진급 심사에 장교와 동격으로 참여하고 있다.

단기 복무 하사관은 30세에 전역하며, 특무상사 중에서 당성이 강한 열성분자로 하사관 근무성적이 우수하고 통솔력이 있고 당성이 강한 자는 지휘관이 추천 시 장기 근무 하사관으로 선발하여 50세까지 근무하도록 하고 있다.

40) 하전사는 전사, 상등병의 병 계급과 하사, 중사, 상사, 특무상사의 하사관 계급을 모두 포함하고 있는 개념이다.

사. 각국의 부사관 제도 비교분석

(1) 양성제도 분석

〈표 8-9 각 나라의 하사관 양성제도 분석 결과〉

장교, 부사관 분리	계급의 연계화(신분전환)
병 —(선발, 희망)→ 부사관 —(선발, 희망)→ 장교 미국, 한국(남·북한), 대만, 일본	병 —(선발, 희망)→ 부사관 —(선발, 희망)→ 장교 미국, 한국(남·북한), 대만, 일본
·신분에 합당한 체계적 양성 가능 ·경제적 양성	·전 신분 다양한 경험(병, 부사관, 장교) ·양성 비용 증가

(2) 부사관의 중요성 인식 증대

– 기술 발전과 장비 개발(고가, 정밀화), 경제 발전에 따라 부사관(하사관)의 역할 증대 및 전문성 요구 확산

– 전쟁(월남전)을 통한 소부대 간부 전투 능력 중요성 강조
→ 부사관 인력 정예화

(3) 복무 형태 다양화

– 전문 특기 분야 확산
– 장기, 단기, 기술, 일반 등 획득 및 근무 방법 다양

제2절 계급 및 병과

1. 군대 계급

가. 군 계급체계 변천

그리스시대의 군대와 그 편제에 대한 기록이 남아 있기는 하나, 이때에는 계급보다는 병종에 의한 구분이 중요시하였다. 최초의 군대 계급이 등장한 역사적 기록은 로마 시대부터 나타났다. 최초의 계급은 '대위(Captain)'이었던 것으로 알려져 있다. 부대장이란 개념으로 출발한 캡틴은 우두머리를 뜻하는 라틴어 'Caput'에서 나왔다. 중세 서양에서는 용병부대장을 캡틴이라 불렀는데 이는 고대 그리스와 로마의 정방형 방진 부대였던 팔랑스와 매니플을 선두에서 지휘했던 장교를 방진의 우두머리라는 의미로 'capo di squadra'라고 불렀던 것에서 유래한 것이다.

우리 군에서 사용 중인 계급체계의 기초개념은 개화기에 최초로 등장했다. 1894년 실시한 갑오개혁과 함께 나타난 조선의 신식 군대는 서구의 군사제도를 받아들여 근대화된 계급제도를 정비했다.

장성급과 영관급 · 위관급 등의 장교 분류 개념과 부사관 · 병의 계급도 이때 나타났다. 당시 계급구조를 살펴보면 장성급에 대장 · 부장 · 참장, 영관급에는 정령 · 부령 · 참령, 위관급에 정위 · 부위 · 참위가 있었으며, 부사관 계급에 정교 · 부교 · 참교와 일반 병사에 해당하는 상등병 · 일등병 · 이등병의 계급이 있었다.

1946년 1월 15일 창설된 대한민국 국방경비대는 구한말의 신식 군대와 유사한 계급체계를 구축했다가 같은 해 12월 1일 미 육군을 참고해 새로운 계급제도를 만들었으며, 몇 차례 개정을 통해 현재의 계급체계에 이르렀다.

군의 계급 구성은 장교, 부사관, 병으로 되어 있다. 장교는 장관, 영관 및 위관으로 구분하고 장관은 원수, 대장, 중장, 소장, 준장으로, 영관은 대령, 중령, 소령으로 위관은 대위, 중위, 소위로 하며, 준사관은 준위로 한다. 부사관은 원사, 상사, 중사, 하사로 한다. 병은 병장, 상등병, 일등병, 이등병으로 한다.

군인의 서열은 위에 열거된 계급의 순위에 의한다. 동일 계급에 있어서는 차 상위 계급으로의 진급 예정자가 우선하고, 다음에는 당해 계급에 진급된 일자순으로 하되, 그 순위 또한 같을 때는 하위계급에 진급된 일자순에 따르고 그 순위에 의하기 어려울 때는 임용된 일자순 및 군번 순에 따른다. 이경우 임용 일자가 같을 때는 참모총장이 정한다. 이러한 서열 순위에는 임시계급을 포함하지 아니한다.

또한 각각 군별 병과, 특히 전투병과에 비해 상대적으로 소수 인원으로 구성된 기술 행정병과 등 각 기능 병과의 선임 장교인 병과장은 당해 군 및 병과 내에서 복무하는 장교 중 최고의 서열을 가진다.

나. 계급체계 및 계급장

(1) 병

〈병 계급장의 형태와 의미〉

계급	계급장	의미
이등병		1946년 남조선 국방경비대 창설, 병 계급은 2등급으로 이등(二等), 일등(一等) 개념으로 구분된 것이 현재까지 명칭하고 있다.
일등병	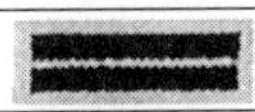	
상등병		1962년 병 계급이 4등급 체제로 바뀌자 병 계급 중 상위 계급이라 하여 상등(上等)병이라 칭하게 되었다.
병장		병들 중에서 우두머리에 속하는 계급이므로 우두머리 장(長)을 사용하여 병장이라고 칭하게 되었다.

(2) 부사관

1996년 부사관 계급장을 개정하였다, 그 이전에는 병장 계급장 위에 부사관 계급을 표시하였으나 크기를 줄이고 간부로서의 위상 고를 위해 장교와 유사한 형태의 무궁화 표지를 부착한 형태로 개정하게 되었다.

〈부사관 계급장의 형태〉

하사	중사	상사	원사

3) 위관장교

부대 조직에서 '중대'가 가장 먼저 생긴 기본 단위다. 따라서 계급도 중대의 지휘관인 '대위'가 가장 먼저 생겨났지만, 서구의 군대 계급은 근본적으로 계급이 아닌 직책에 대한 호칭에서 출발했다.

'대위'를 뜻하는 영어의 'captain'은 라틴어로 '우두머리'를 뜻하는 'caput'에서 나온 것이다. 역사적으로 100명 내외의 용병부대 지휘관을 '대위'로 부르기 시작했으나, 근대 유럽 군대에서 중대장을 '대위'로 정한 것은 17세기 스웨덴의 구스타프 아돌프스 국왕이었다. (해군에서는 대령을 일컫는다. '우두머리'에서 유래된 만큼 11세기에 '갑판장'에서 비롯된 이후 선박의 지휘사관, 즉 함장이란 뜻으로, 해군은 조직의 단위가 전함이므로 과거부터 함장을 'captain'으로 불러 사용되고 13세기께 대령으로 지칭되기 시작한 것임.)

무기체계가 발전하면서 중대장들의 잦은 부상이나 전사로 인한 부대 지휘 공백이 문제가 되자 이를 메울 대리자들이 필요하게 되어 그 장교들을 'lieutenant−captain(대리 중대장)'이라고 불렀고, 나중에는 그냥 'lieutenant'라고 줄여서 불렀으며, 대리 근무 우선순위에 따라서 선임자를 '1st−lieutenant(중위)', 후임자를 '2nd−lieutenant(소위)'라고 부르게 되었다. 당시에는 아직 소대 단위가 조직되기 전이었기 때문에 중위와 소위 계급은 처음에는 단지 유사시 중대장을 대리하는 직책을 뜻했으나, 나중에 부대 조직이 세분되어 대장 직책을 맡게 됐다.

위관장교 계급장의 마름모는 금강석(다이아몬드)를 상징하는 것으로 가장 단단하면서 깨어지지 않는 특성을 가진 초급장교로서 국가 수호의 굳건한 의지로 표현하였다.

〈위관장교 계급장의 형태〉

준위	소위	중위	대위

(4) 영관장교

영관급인 대령과 중령의 계급 기원도 위관급과 유사하게 2~10개 중대로 연대(regiment)를 편성하고 중대장 중 1명을 뽑아 연대장(colonel) 직책을 부여했었다. 여기서 'colonel'의 어원은 종대 대형(column)을 뜻하는 라틴어 'columna' 또는 머리 정수리를 뜻하는 'corona(crown)'에서 기원한 것으로 대령 계급은 영어로 'colonel' 또는 'coronel' 두 가지로 사용하였다.

대령이 장기간 부재중이거나 유고 시에 연대장을 대신하여 부대를 지휘할 장교를 'lieutenant colonel(중령)'이라고 불렀다. 연대장의 대리 지휘관을 'first lieutenant colonel'과 'second lieutenant colonel'로 구분해 2명을 임명하지 않은 것은 아마도 연대장은 유사시 중대장보다 전사나 사고의 가능성이 상대적으로 높지 않았기 때문으로 추정된다. 또한 연대장은 중대장과 달리 업무를 보좌할 참모장교가 필요했는데 그 장교를 주무 장교 또는 총괄 장교를 뜻하는 'sergeant–major'라고 불렀으며, 나중에는 그냥 'major(소령)'라고 부르게 되었다.

아래 영관장교 계급장의 대나무는 사계절 항상 푸르름과 굳건한 기상, 그리고 절개를 상징한다.

〈영관장교 계급장의 형태〉

소령	중령	대령

(5) 장군

장군(將軍)이라는 한자 말 그대로 '군을 이끈다' 는 의미다. 춘추시대 문헌을 통해 중국에서 예로부터 군사 집단을 통솔하는 사령관의 관직으로서 장군이라는 용어가 사용되었으며, 장군의 어원에 대해서는 크게 두 가지 기원설이 있다. 한 가지는 주나라 때 군사업무를 관장하던 하관의 최고 계급인 경(卿)의 또 다른 명칭이 장군이었다는 주장이다. 다른 하나는 진나라 헌공이 두 개의 군단을 두고 그 우두머리를 각각 공장(公將)과 상군(上軍)이라고 불렀던 것을 하나로 합쳐 군 지휘자를 장군이라고 부르게 됐다는 설이다.

장군 계급도 처음에는 소장(少將), 중장(中將), 대장(大將) 등 3개 계급이었다. 17세기 청교도혁명 당시 크롬웰이 영국 전역에 계엄령을 선포하고 주(州) 단위로 소장급 장군들을 보내 통치를 담당하게 했던 '소장제도(major-general system)'를 실시했던 때에도 소장이 최하급 장군이었다. 그러다가 19세기 중반 이후 여단급 부대 편제가 보편화되면서 여단급 지휘관을 준장(准將), 'brigadier' 또는 'brigadier general'로 부르면서 장군 계급이 4단계가 됐다. (동유럽권 및 북한에서는 상장(上將) 계급을 중장과 대장 사이에 편제화 함으로써 4단계화 하였다.)

우리나라에서는 651년 신라 진덕여왕 5년, 군제를 10당 5정으로 정비한 이후 병부의 최고 계급으로 장군이라는 용어를 사용하기 시작했다. 또한 '장군'은 계급 이전에 군사 지도자의 의미가 강하기 때문에 의병 등 비정규군을 이끌던 지휘자에게도 존호의 차원에서 장군 호칭을 사용했다.

장군 지휘관도 모든 병과와 모든 단위의 부대를 지휘할 수 있다는 의미에서 'general' 또는 'captain-general'로 불렀으며, 유사시 대신 지휘할 차 하급자를 'lieutenant-general(중장)', 그 밑에 참모 역할을 하는 장군을 'major-general(소장)'으로 불렀다.

장군 계급장이 별로 표시된 것은 19세기 후반 내지는 20세기 초반에 이르러서였다. 장군의 별은 스스로 빛을 내는 천체로서 군에서의 모든 경륜을 익힌 완숙한 존재임을 상징한다. 위관장교의 금강석은 지하를, 영관장교는 아홉 개의 대나무 잎이 다이아몬드를 감싼 모습의 지상을 표현한데 비하여, 장군의 별은 우주를 표현하였다. 조선 후기 병서인『병가요집(兵家要集)』에 의하면 '대장(大將)' 의 의미는 "통하여 알지 못하는 것이 없는 것을 대(大)라고 하고, 장(將)은 오덕(五德 ; 智 · 仁 · 勇 · 嚴 · 信)을 갖춘 사람" 이라고 해설하여 결국 '대장'은 '모든 것을 두루 잘 알면서 지 · 인 · 용 · 엄 · 신을 갖춘 사람을 의미 하였다. 대한민국은 육, 해, 공군의 준장 진급자에게 장군 진급 시 삼정검(三精劍)을 국군통수권자인 대통령이 수여하는데, 호국, 통일, 번영 세 가지의 정신을 달성하라는 뜻이 담겨있다.[41]

41) 삼정검은 조선시대 왕이 무공을 세운 장수들에게 하사한 사인검(四寅劍)에서 유래하였으며, 1983년 처음 제작되었다. 초기의 모습은 외날의 도(刀) 형태였지만, 한국의 전통 사인검인 양날의 검(劍) 형태로 개선하였다. 길이는 100cm, 무게는 2.5kg으로 칼자루에는 태극 문양이, 칼집에는 대통령 휘장과 무궁화가 조각되어 있다. 칼날 앞면에는 '必死卽生 必生卽死(죽기로 싸우면 반드시 살고, 살려고 하면 반드시 죽는다.)'이라는 문구가 새겨져 있다.

〈장군 계급장의 형태〉

준장	소장

중장	**대장**

2. 분과(分科) 및 전군(轉軍)

군인의 병과는 아래 도표에 제시한 바와 같이 기본병과와 특수병과로 구분되며 국방부 장관은 전시, 사변 등의 국가 비상시에 있어서 필요할 때는 기본 병과의 일부를 신설, 폐지 또는 병합할 수 있으며, 국가 비상시 또는 군조직의 개편으로 각 군 간의 인력 조정이 필요할 때는 소속 군을 변경, 즉 전군(**轉軍**)하여 복무하게 할 수 있다.

가. 기본병과

(1) **육군** : 보병과(**步兵科**), 기갑과(**機甲科**), 포병과(**砲兵科**), 방공과(**防空科**), 정보과, 공병과(**工兵科**), 정보통신과, 항공과, 화학과, 병기과(**兵器科**), 병참과(**兵站科**), 수송과, 인사행정과, 군사경찰(**軍事警察**)[42], 재정과, 정훈과(**政訓科**)

(2) **해군** : 항해과, 기관과, 항공과, 정보통신과, 병기과, 보급과, 시설과, 조함과(**造艦科**), 경리과, 정훈과, 정보과, 군사경찰

42) 헌병의 연혁은 일제 강점기인 1947년 3월 군감대가 설치된 뒤, 1948년 3월 11일 조선경비대 군기사령부가 창설되었다. '헌병(憲兵)'이라는 명칭은 1948년 12월 15일 '군기병'을 '헌병'으로 개칭하면서 헌병병과가 창설되었다. 국방부는 72년 만인 2020년 2월 5일부로 '헌병'을 '군사경찰(軍事警察)'로 개칭하게 되었다.

(3) **해병대** : 보병과, 포병과, 기갑과, 공병과, 수송과, 정보통신과, 병기과, 보급과, 경리과, 정훈과, 군사경찰

(4) **공군** : 조종과(操縱科), 항공통제과, 방공포병과, 정보과, 항공무기정비과, 정보통신과, 기상과, 시설과, 보급수송과, 관리과, 인사행정과, 정훈과, 군사경찰, 교육과

나. 특수병과

(1) **육군** : 의무과(醫務科): 군의과, 치의과, 수의과(獸醫科), 의정과(醫政科) 및 간호과, 법무과. 군종과(軍宗科)

(2) **해군** : 의무과, 법무과 및 군종과

(3) **공군** : 의무과, 법무과 및 군종과

〈표 8-10 군인의 병과〉

구분	육군	해군	공군
기본 병과	보병과, 기갑과, 포병과, 방공과, 정보과, 공병과, 통신과, 항공과, 화학과, 병기과, 병참과, 수송과, 인사행정과, 군사경찰 경리과, 정훈과	항해과, 기관과, 항공과, 정보통신과, 병기과, 보급과, 시설과, 조함과, 경리과, 정훈과, 정보과, 군사경찰, 보병과, 포병과, 기갑과, 공병과, 수송과, 해병통신과, 해병병기과, 해병보급과, 해병경리과, 해병정훈과, 해병군사경찰	조종과, 항공통제과, 방공포병과, 정보과, 항공무기, 정비과, 정보통신과, 기상과, 시설과, 보급수송과, 관리과, 인사행정과, 정훈과, 군사경찰, 교육과
특수 병과	의무과(군의과, 치의과, 수의과, 의정과, 간호과), 법무과, 군종과	의무과, 법무과, 군종과	의무과, 법무과, 군종과

제3절 복무(服務)

1. 신분별 복무 구분

가. 장교

장교는 장기 복무와 단기 복무로 구분하여 복무한다. 장기 복무 장교는 사관학교를 졸업한 사람, 군법무관 임용 등에 관한 법률에 의한 군법무관 및 단기 복무 장교 중 장기 복무 장교로 선발된 사람, 공군의 조종병과 장교로서 비행훈련 과정을 수료하여 비행자격을 취득한 사람으로 한다.

장기 복무 장교의 의무복무 기간은 10년으로 하되, 임용된 날로부터 5년이 되는 해에 한 차례 전역 지원할 수 있다. 단기 복무 장교 복무기간은 3년으로 한다. (육군3사관학교. 국군간호사관학교를 졸업한 자는 6년으로 한다.)

나. 준사관

준사관의 복무는 5년으로 한다. 다만 대통령령으로 정하는 군의 필수기술 분야에 종사하는 준사관(상사, 원사에서 준사관으로 임용된 자 제외)은 10년으로 하되, 제7년 차에 1회 전역 지원을 할 수 있다.

다. 부사관

부사관은 장기 복무와 단기 복무로 구분하여 복무한다. 장기 복무 부사관은 군의 교육기관에서 고등학교의 교육과정을 이수한 자 및 지원하여 전형에 합격한 자로 하고, 단기 복무 부사관은 학생군사교육단 부사관 후보생 과정 출신의 부사관과 단기 복무 부사관 지원하여 전형에 합격한 자, 일반 교육기관에서 군 장학생으로 고등학교 이상의 교육과정을 이수한 자로 한다.

단기 복무 부사관으로서 장기 복무 또는 복무기간 연장을 원하는 자는 소정의 전형을 거쳐야 한다. 장기 복무 부사관 또는 복무기간 연장 부사관의 선발기준은 참모총장이 정한다. 장기 복무 부사관의 복무기간은 7년, 단기 복무 부사관은 4년으로 한다.

2. 복무기간의 가 · 감산

외국에 6개월 이상 유학한 군인은 그 수학 기간의 2배에 상당하는 기간을, 국내에서 군 외 교육기관으로 위탁교육이나 군 교육기관의 학위과정 교육을 6개월 이상 받은 자는 그 수학 기간에 상당하는 기간, 국내에서 주간에 근무하면서 군 외의 교육기관의 야간과정의 위탁교육을 받은 자는 그 수학 기간의 2분의 1에 상당하는 기간을 각각 의무복무기간에 가산하여 복무한다.

3. 정년(停年)

군인의 정년은 아래 도표에서 보는 바와 같이 연령, 근속, 계급정년으로 구분된다. 사관학교 교수요원으로 근무 중인 장교, 국방대학교의 교수로서 <고등교육법> 규정에 따라 자격이 있는 장교에 대하여는 연령 정년을 60세로 하며(대령은 54-55세, 중령 51-52세 사이 교수 재임용 심사), 장관급 장교의 계급정년은 국방상 필요한 때에는 국방부장관의 제청에 따라 1년 이내의 기간만 육 · 해 · 공군 별로 단축 또는 연장할 수 있다.

영관급 장교의 정년은 군 구조 개편, 직제 개편, 인력 조정 및 적체인력의 해소 등 각 군의 인력관리 상 필요한 때에는 국방부장관이 각 군 참모총장의 제청을 받아 2년 이내의 기간만 각각 군별로 단축할 수 있다.

〈표 8-11 계급별 정년〉

구분	원수	대장	중장	소장	준장	대령	중령	소령	대위 이하	준사관	원사	상사	중사	하사
연령 정년	종신	63	61	59	58	56	53	45	43	55	55	53	45	40
근속 정년						35	32	24	15	32				
계급 정년			4	6	6									

4. 임용

장교, 준사관, 부사관의 임용은 학력 및 자격에 기초를 공개 경쟁시험으로 한다. 다만 고시 이외 능력의 실증에 기초할 때는 전형으로 임용할 수 있다. 이때의 고시 또는 전형은 직무수행에 필요한 능력을 검정함을 목적으로 한다. 장교, 준사관, 부사관은 사상이 건전하고 소행이 단정하며 체력이 강건한 사람 중에서 임용한다.

임용의 결격사유는 대한민국의 국적을 가지지 아니한 자, 금치산자와 한정치산자, 파산자로서 복권되지 아니한 자, 금고 이상 형을 받고 그 집행이 종료되거나 집행을 받지 아니하기로 확정된 후 5년을 경과 하지 아니한 자, 금고 이상의 형을 받고 집행유예 기간이거나 그 집행유예 기간이 종료된 날로부터 2년을 경과 하지 아니한 자, 자격정지 이상의 형의 선고유예를 받았을 때는 그 선고유예 기간에 있는 자, 탄핵 또는 징계로 파면되거나 해임의 처분을 받은 날로부터 5년을 경과 하지 아니한 자, 법률에 따라 자격이 정지 또는 상실된 자이다. 이러한 결격사유의 규정에도 불구하고 임용되었던 군인이 행한 직무행위 및 군 복무기간은 그 효력을 잃지 아니하며 이미 지급된 보수는 반납되지 아니한다.

5. 임용권자 및 임용권의 위임

(1) 장교

장교의 임용은 각 군 참모총장이 추천하여 국방부 장관의 제청으로 대통령이 행한다. 다만 대령 이하의 장교에 대하여는 임용권자의 위임으로 국방부 장관이 행할 수 있으며, 이 때는 국방부 장관은 참모총장에게 위임하여 행하게 할 수 있다.

(2) 준사관, 부사관

준사관, 부사관의 임용은 국방부 장관이 행한다. 다만 국방부 장관은 참모총장에게 임용권을 위임할 수 있다.

(3) 임용 연령 제한

장교, 준사관, 부사관에 최초로 임용되는 자의 최저연령과 최고 나이는 아래 도표에서 보는 바와 같다. 다만 준사관 또는 부사관 신분에서 임용되는 소위의 최고연령은 35세(판사검사·변호사 자격자, 5급 공채 임용자, 군의·치의 병과는 최고 연령 37세)로 할 수 있다.

〈표 8-12 최초 임용 연령(단위 :세)〉

초임계급	소령	대위	중위	소위	준위	부사관
최저연령				20	20	18
최고연령	36	32	29	27	50	27

6. 보직

장교의 보직은 그 직위에 필요한 계급, 병과 및 경력상의 자격을 갖춘 사람이어야 한다.

가. 자격

여단급 이상의 전투를 주 임무로 하는 부대의 장은 보직 상 자격을 구비 한 전투병과 출신 장교로 보직한다. 특수병과에 임명된 장교는 기본병과에 속하는 직위에 보직되지 아니한다.

〈표 8-13 여단급 이상의 전투를 주 임무로 하는 부대의 장〉

<table>
<tr><th>군</th><th>부대장</th><th colspan="2">출신 병과</th></tr>
<tr><td>육군</td><td>군사령관, 군단장,
특수전사령관, 수도방위사령관,
항공작전사령관, 사단장, 여단장</td><td colspan="2">보병, 기갑, 포병, 방공, 정보, 공병, 통신, 항공</td></tr>
<tr><td rowspan="2">해군</td><td rowspan="2">작전사령관, 해병대사령관,
함대사령관, 사단장, 여단장</td><td>해상전투부대</td><td>항해, 기관, 항공, 정보</td></tr>
<tr><td>상륙전부대</td><td>보병, 포병, 기갑</td></tr>
<tr><td rowspan="2">공군</td><td rowspan="2">작전사령관, 남부 전투사령관,
방공포사령관, 전투비행단장</td><td>방공포병외 부대</td><td>조종, 항공통제</td></tr>
<tr><td>방공포병부대</td><td>방공포병</td></tr>
</table>

나. 주요 보직 임명

(1) 합동참모의장

합동참모의장은 참모총장을 역임한 자 또는 장관급 장교 중에서 국방부 장관이 추천하여 국무회의의 심의(국회인사청문회)를 거쳐 대통령이 임명한다. 합참의장은 재임 동안 복무하는 현역 장교 중에서 최고의 서열을 가진다. 합참의장의 임기는 2년으로 하되, 다만 전시 사변 또는 국방상 필요한 때에는 1년 이내 기간에 대하여 그 임기를 연장할 수 있다.

(2) 참모총장

각 군 참모총장은 국방부장관의 명을 받아 각각 당해 군을 지휘·감독한다. 참모총장은 재임 동안 당해 군에서 복무하는 현역 장교 중에서 최고의 서열을 가진다. 참모총장의 임기는 2년으로 한다. 다만 전시·사변에 한하여 1차 연임할 수 있다.

7. 직무 수행

가. 능률 증진

군인의 직무 수행을 위한 능률은 충분히 발휘되고 증진되도록 도모하여야 한다. 능률 증진을 위하여 교육 및 훈련하고 정기적으로 근무성적을 평정하여야 한다.

나. 교육 기회의 공정 및 상훈

군인은 기본교육, 보수교육, 전문교육 등의 교육훈련을 받기 위하여 교육에 참여할 기회가 공정히 부여되어야 한다. 또한 군인의 상훈에 관한 사항은 법률로 정한 것을 제외하고는 대통령령으로 정한다.

8. 진급(進級)의 유형

가. 진급

장교, 부사관으로서 최저 근속기간 및 계급별 최저 복무기간(진급 최저 복무기간)의 복무를 각각 마치고 상위의 직책을 감당할 능력이 인정된 자는 한 단계씩 진급시킨다. (전역이 보류된 사람은 진급시키지 아니한다.)

계급별 진급 최저 복무기간은 아래 도표에서 보는 바와 같다. 진급권자는 인력 운영상 필요한 때에는 장관급 및 영관급 장교의 진급 최저 복무기간을 1년 이내의 범위 안에서 단축하거나 2년 이내의 범위 안에서 연장할 수 있다.

〈표 8-14 계급별 진급 최저 복무기간〉

진급될 계급	소장	준장	대령	중령	소령	대위	중위	원사	상사	중사
최저 근속기간	28	26	22	17	11	3	1			
계급별 최저 복무기간	준장 1년	대령 3년	중령 4년	소령 5년	대위 6년	중위 2년	소위 1년	상사 7년	중사 5년	하사 2년

나. 임기제 진급

진급 최저 복무기간의 복무를 마친 영관급 장교 이상의 자에 대하여 인력 운용상 필요하거나 전문인력이 필요한 분야에 보직을 위하여 필요한 경우에는 임기를 정하여 1계급을 진급시킬 수 있다.

임기제 진급된 자는 임기제 진급자임을 표시하여 관리하여야 하며, 임기는 2년으로 하고 그 임기가 만료되는 때에는 전역한다. 다만, 그 직위에 다시 보직하거나 유사한 계통의 직위[43]에 전직된 경우는 다시 보직되거나 전직된 때부터 2년의 범위 이내에서 국방부장관이 정하는 기간이 경과 한때는 전역한다. 이경우 재 보직, 전직은 진급 예정 인원의 범위 안에서 행한다.

43) 유사한 계통의 직위라 함은 당해 임기제 진급자와 병과가 같거나 동일한 전문분야의 직무를 수행하는 직위를 말한다.

다. 근속 진급

부사관 중 하사로서 5년 이상, 중사로서 11년 이상 재직한 사람은 중사, 상사로 각각 근속 진급시킬 수 있다. 다만 국방부장관은 계급별 인력 운용의 여건을 고려하여 1년 범위에서 그 기간을 단축하거나 연장할 수 있다.

라. 명예 진급

복무 중 공적이 특히 현저한 자가 명예 전역하는 때에는 명예 진급시킬 수 있다. 이 경우 명예 진급된 사람의 연금, 명예전역수당 등 각종 급여의 지급은 명예 진급 전의 계급으로 하고, 기타 예우는 명예 진급된 계급으로 한다.

9. 전역(轉役) 및 제적(除籍)

가. 전 역

(1) 본인 의사에 따른 전역

의무복무기간을 마친 자는 원에 의하여 현역으로부터 전역할 수 있다. 다만 전시, 사변 등의 국가 비상시는 예외로 한다. 그러나 30년 이상 현역에 복무한 자는 원에 의하여 전역할 수 있다.

(2) 원에 의하지 아니하는 전역 및 제적

심신장애로 인하여 현역 복무에 부적합한 사람, 현역 복무에 적합하지 아니한 자, 동일 계급에서 2회 진급 낙천 당한 장교(소위의 경우에는 1회 진급 낙천된 장교), 병력을 줄이거나 복원(復員)할 때 병력을 조정하기 위하여 전역시킬 필요가 있다고 인정된 경우이다.

그러나 전투 또는 작전 관련 훈련 중 다른 군인에게 본보기가 될 만한 행위[44]로 인하여

44) "다른 군인에게 본보기가 될 만한 행위"라 함은 생명의 위험을 무릅쓰고 임무를 수행하여 전군의 본보기가 되는 행위, 희생을 감수하고 솔선수범하여 군의 명예를 대외적으로 드높인 행위, 작전 수행 중 현저한 전공을 세운 행위, 부하 또는 동료 등의 생명을 구하기 위하여 본인의 희생을 무릅쓴 행위를 말한다.

신체장애인이 된 사람은 심신장애로 인하여 현역 복무에 부적합한 사람임에도 불구하고 전역 심사위원회의 심의를 거쳐 현역으로 계속 복무하게 할 수 있다.

나. 제 적

장교, 준사관, 부사관이 사망하였을 때, 실종선고를 받았을 때, 파면되었을 때, 임용 결격 사유[45] 에 해당할 때, 원하지 아니하는 전역 및 제적 규정에 따라 제적 결의가 있을 때, 포로 또는 행방불명자로서 국방부령이 정하는 사유에 해당할 때는 제적한다.

다. 퇴역

20년 이상 현역에 복무하고 퇴역을 원하는 사람, 연령 정년에 달한 사람, 전상, 공상으로 인하여 군에 복무할 수 없는 사람, 여자 군인으로서 현역을 마친 장교와 준사관, 부사관은 퇴역한다. 현역에서 전역 되는 사람으로서 퇴역 되지 아니하는 사람은 예비역으로 지원할 수 있다.

10. 권리(權利)와 의무(義務)

"군인(軍人)"이란, 전시와 평시를 막론하고 군에 복무하는 사람으로서, 현역에 복무하는 장교, 준사관, 부사관, 병을 말한다. 군인의 인사, 병역 복무 및 신분에 관한 사항은 따로 법률로 정한다. 군인의 지위 및 복무에 관한 기본법(법률 제16584호, 2020. 2. 27.약칭 군인복무기본법) 제5조 '국군의 강령'에 의하면 "① 국군은 국민의 군대로서 국가를 방위하고 자유민주주의를 수호하며 조국의 통일에 이바지함을 그 이념으로 한다. ② 국군은 대한민국의 자유와 독립을 보전하고 국토를 방위하며 국민의 생명과 재산을 보호하고 나아가 국제평화의 유지에 이바지함을 그 사명으로 한다. ③ 군인은 명예를 존중하고 투철

45) 임용 결격사유
1. 대한민국의 국적을 가지지 아니한 자 2. 금치산자와 한정치산자 3. 파산자로서 복권되지 아니한 자 4. 금고 이상의 형을 받고 그 집행이 종료되거나 집행을 받지 아니하기로 확정된 후 5년을 경과 하지 아니한 자 5. 금고 이상의 형을 받고 집행유예 중이거나 그 집행유예 기간이 종료된 날부터 2년을 경과 하지 아니한 자 6. 자격정지 이상의 형의 선고유예를 받으면 그 선고유예 기간에 있는 자 7. 탄핵 또는 징계로 파면되거나 해임의 처분을 받은 날로부터 5년을 경과 하지 아니한 자 8. 법률로 자격이 정지 또는 상실된 자

한 충성심, 진정한 용기, 죽음을 무릅쓰고 책임을 완수하는 숭고한 애국애족의 정신을 굳게 지녀야 한다." 명시되어 있다.

가. 권리

군인은 대한민국 국민으로서 일반 국민과 같이 헌법상 보장된 권리를 가진다. 다만, 군인의 권리는 법률에서 정한 군인의 의무에 따라 군사적 직무의 필요성 범위에서 제한될 수 있다. 제11조(평등 대우의 원칙) 군인은 이 법의 적용에 있어 평등하게 대우받아야 하며 차별받지 아니한다. 제12조(영내 대기의 금지) 지휘관은 영내거주 의무가 없는 군인을 근무시간 외에 영내에 대기는 안(못) 한다. 다만, 전시 사변 등 별도 사유가 있을 때는 그러하지 아니하다. 제13조(사생활의 비밀과 자유) 국가는 병영생활에서 군인의 사생활의 비밀과 자유가 최대한 보장되도록 하여야 한다. 제14조(통신의 비밀보장) 군인은 서신 및 통신의 비밀을 침해받지 아니한다. 단, 군사보안에 저촉되는 사항은 제한된다. 제15조(종교 생활의 보장) 지휘관은 부대 임무 수행에 지장이 없는 범위 내에서 종교생활을 보장한다. 제16조(대외 발표 및 활동) 군인이 국방 및 군사에 관한 사항 외부 발표 시 국방부장관의 허가를 받아야 한다. 제17조(의료권의 보장) 군인은 건강을 유지하고 복무 시 발생한 질병이나 부상을 치료 등 처우를 받는다. 제18조(휴가 등의 보장) 군인은 대통령령으로 정하는 바에 따라 후가, 외출, 외박을 보장받는다. 단, 전시·사변 등의 국가비상사태 발생 시 등 제한된다.

나. 군인의 권리구제

군인이 헌법산 보장된 권리를 제한하였을 경우, 군인 복무 기본법 제39조(의견 건의) 군인은 군과 관련된 제도의 개선 등 군에 유익한 의견이나 복무와 관련된 정당한 의견이 있는 경우에는 지휘계통에 따라 단독으로 상관에게 건의할 수 있다. 제40조(고충 처리) 군인은 근무 여건, 인사관리, 신상 문제 등에 관하여 군인고충심사위원회에 고충의 심사를 청구할 수 있다. 그리고 제41조(전문상담관), 제42조(군 인권보호관), 등 규정의 군 생활의 고충이나 어려움을 호소하는 경우 이에 대한 상담 등을 위하여 대통령령으로 정하는 규모 이상의 부대 또는 기관에서 설치 운용 중인 제도로부터 보호받는다.

다. 군인의 의무

군인은 입영(임관) 시 다음과 같이 선서한다. "000은 대한민국 군인으로서 국가와 국민을 위하여 충성을 다하고 헌법과 법규를 준수하며, 상관의 명령에 복종하고, 맡은 바 임무를 성실히 수행할 것을 엄숙히 선서합니다." 군인 복무 기본법상 명시된 군인의 의무는 제20조(충성의 의무) 군인은 국군의 사명인 국가의 안전보장과 국민의 생명· 신체 및 재산을 보호하여 국가와 국민에게 충성을 다하여야 한다. 제21조(성실의 의무) 군인은 직무수행에 따르는 위험과 책임을 회피하지 아니하고 성실하게 그 직무를 수행하여야 한다. 제22조(정직의 의무) 군인은 명령 하달이나 전달, 보고 및 통보할 때는 정직하여야 한다. 제23조(청렴의 의무) 군인은 직무와 관련하여 직접 또는 간접을 불문하고 사례, 증여 또는 향응을 주거나 받아서는 아니 된다. 제24조(명령 발령자의 의무) 군인은 직무와 관련이 없거나 법규 및 상관의 직무상 명령에 반하는 사항 또는 자신의 권한 밖의 사항에 관하여 명령을 발하여서는 안 된다. 제25조(명령 복종의 의무) 군인은 직무를 수행할 때 상관의 직무상 명령에 복종해야 한다. 제26조(사적 재제, 직권남용의 금지) 군인은 어떠한 경우도 구타, 폭언, 가혹행위 및 집단 따돌림 등 사적 제재를 하거나 직권을 남용하여서는 안 된다. 제27조(군기 문란행위 등의 금지) 군인은 군기를 문란한 행위를 해서는 안 된다. 제28조(비밀 엄수의 의무) 군인은 복무 중은 물론, 전역 후에도 복무 중 알게 된 비밀을 엄격히 지켜야 하며, 직무상 알게 된 비밀을 공무 외의 목적으로 사용하여서는 안 된다. 제29조(직무이탈 금지) 군인은 상관의 허가 또는 정당한 이유 없이 직무를 이탈해서는 안 된다. 제30조(영리 행위 및 겸직금지) 군인은 군무 외에 영리를 목적으로 하는 업무에 종사하지 못하며, 국방부장관의 허가를 받지 아니하고는 다른 직무를 겸할 수 없다. 제31조(집단행위의 금지), 제32조(불온 표현물 소지, 전파 등의 금지), 제33조(정치 운동의 금지), 제34조(전쟁법 준수의 의무)를 포함한다.

이 중에서 특히 제33조(군인의 정치운동 금지) 조항을 보면, 군인은 정당이나 그 밖의 정치단체를 결성에 관여하거나 이에 가입할 수 없으며, 선거에서 특정 정당 또는 특정인을 지지 또는 반대행위를 하여서는 안 된다.

제4절 징계(懲戒)

1. 징계의 의의

징계는 공법상 특별권력관계의 내부 질서를 유지하기 위하여 특별권력에 의하여 내부적 질서유지 의무를 위반한 자에게 과하는 제재행위를 말한다. (징계처분이라고도 함)

징계에 의한 제재로서 과하는 벌을 징계벌이라고 하며, 의무위반자인 징계 범이 징계 벌을 받아야 하는 지위를 징계책임이라고 한다. 군인이나 군무원도 공무원으로서 전형적인 특별권력관계 내에 있으므로 그 내부의 질서를 유지하기 위하여 의무위반자에게는 일정한 제재로서 징계를 가한다. 특히 군인이나 군무원은 군조직의 특수성상 일반 공무원보다 중한 징계책임을 묻는 것이다.

군인이나 군무원에게 인정되는 징계를 군 징계라고 한다. 즉 군 징계는 군인사법, 병역법 등에 의하여 군적에 편입된 군인과 군무원인사법으로 임용된 군무원이 군율에 위반하여 군 풍기를 문란하거나, 그 본분에 배치되는 행위를 한 경우에 군 징계 법규에 따라 제재행위를 과하는 것이다.

이러한 군 징계는 군인(군무원) 본분의 태세로 회복하는 목적이 있으므로 이를 위해서는 엄정하게 행사되어야 한다. (군인사법시행령 제61조) 여기에서 군인은 현역으로 복무하는 장교, 준사관, 부사관, 병, 그리고 사관생도와 사관후보생, 부사관 후보생, 소집되어 실역 복무하는 예비역, 보충역을 말한다.

2. 군 징계의 특성

가. 징계벌(懲戒罰)의 다양성

군인이 아닌 공무원에 대한 징계는 신분적 제재를 원칙으로 하므로 그 징계벌도 신분적 이익의 전부 또는 일부 박탈에 그치고 그 종류도 몇 개에 불과한 것이 일반적이지 만, 군인에 대한 징계는 신분적 제재를 원칙으로 하면서도 신체적 제재를 아울러 규정하고 있고 그 종류도 많다는 점에 그 특징이 있다.

일반공무원, 경찰공무원 및 교육공무원에 대한 징계벌은 파면, 해임, 정직, 감봉과 견책이 있으며, 검사에 대한 징계벌은 면직, 정직, 감봉, 중근신, 경근신 및 견책이 있고, 판사에 대한 징계벌로는 견책, 감봉 및 정직이 있다.

군인의 경우에는 강등, 영창, 휴가 제한과 같은 징계벌이 있다. 강등은 위계질서의 존엄성을 강조하는 것으로서, 휴가 제한은 병에 대한 징계의 실효성을 얻기 위한 것으로서 군복무의 특수성에서 기인하는 특수한 신분적 제재이고, 영창은 군인 징계가 규정하는 신체적 제재의 대표적인 유형이다.

나. 신분 또는 계급에 의한 차별성

일반 공무원 징계에 있어서는 원칙적으로 공무원의 신분이나 계급에 의하여 달리 취급하는 일이 없으나, 군 징계에 있어서는 신분에 상응하는 문책과 위계질서의 확립을 위하여 신분과 계급에 따라 여러 가지로 다른 취급을 하고 있다. 즉 파면과 정직은 장교·준사관·부사관에게 적용하고 영창과 휴가 제한은 병에게만 적용하며, 계급에 따라 징계권자 또는 승인권자를 달리하고, 징계위원회 위원은 징계 심의 대상자보다 선임인 장교 중에서 임명하는 것 등이다.

다. 징계권자의 징계위원회 결정에 대한 조치권

징계권자(지휘관)는 징계위원회의 징계 결정에 대하여 10일 이내에 인원 결정 확인, 감경, 정지 또는 유예(군무원과 병에 대하여는 유예 불가)의 조치를 할 수 있는 권한을 갖고 있다.

라. 기타

군인 징계는 징계사유가 극히 개괄적이며, 중징계처분을 받은 자는 진급 예정자 명단에서 삭제되고, 임시계급을 부여받은 자이면 원계급으로 복귀하는 등 일반 공무원의 징계에서 볼 수 없는 여러 가지 특성이 있다.

3. 징계의 종류

징계는 비행의 사실을 심사하여 그 정도, 정상, 기타 징계혐의자의 성행을 참작하여 이를 결정하여야 한다. 장교, 준사관, 부사관에 대한 징계처분은 중징계와 경징계로 하고, 중징계는 파면, 강등 및 정직으로, 경징계는 감봉, 근신 및 견책으로 구분하되, 중징계 및 경징계에도 불구하고 동일한 사실에 대하여 2종류 이상을 처벌하지 못한다.

가. 파면

장교, 준사관 또는 부사관의 신분을 박탈함을 말한다. 파면되면 5년간 공직 취업이 불가하며 퇴직급여, 수당을 감액한다.

나. 해임

공직 관계로부터 배제되며 3년간 공직 취임이 불가하고, 금품 및 향응 수수, 공금횡령 및 유용에 의한 해임은 퇴직급여와 수당이 감액된다.

다. 강등

당해 계급에서 1계급 내림을 말한다. 다만 장교로부터 준사관으로, 부사관으로부터 병으로는 강등시키지 못한다.

라. 정직

직책을 보유하나 직무에 종사하지 못하고 일정한 장소에서 근신하게 함을 말하며, 그 기간은 1개월 이상 3개월 이하로 한다. 정직 기간에는 봉급의 3분의 1 이하에 해당하는 금액을 감액하며, 그 기간은 1개월 이상 3개월 이하로 한다.

마. 감봉

1개월 이상 3개월 이내 기간 보수의 1/3을 감액하는 징계이다.

바. 근신

평상근무 후 징계권자가 지정한 영내의 일정한 장소에서 비행을 반성하게 함을 말하고 그 기간은 10일 이내로 한다.

사. 견책

비행을 규명하여 훈계하는 것이며, 6개월간 호봉승급이 지연된다.

아. 병(兵)의 징계

병의 징계처분은 헌법상 영장주의 원칙에 위배 된다는 논란으로 구한말 고종 시대부터 유지돼온 군 영창제도[46]가 124년 만에[47] 군기 교육·감봉·견책 등 다양한 징계 종류를 도입해 군 기강은 여전히 엄정하게 유지하는 제도이다.[48]
군기 교육은 '국방부령'으로 정하는 기관에서 군인정신과 복무 태도 등을 교육·훈련하는 것으로 기간은 15일 이내로 하며, 준법·인권·대인관계 역량교육 등 인권 친화적인 프로그램도 포함된다.
감봉은 월급의 5분의 1에 해당하는 금액을 줄이는 것으로 1개월 이상 3개월 이하로 한다.

휴가 단축은 복무기간에 정해진 휴가 일수를 줄이는 제도로써. 단축일 수는 회당 5일 이내로 하고 복무기간에서 총 15일을 초과하지 못한다.

견책은 비행 또는 잘못을 규명해 앞으로 그런 행위를 하지 못하도록 훈계하는 제도다.

현행		개정	비고
강등		(좌동)	
영창		군기교육	제도 변경
		감봉	신설
휴가제한	➡	휴가단축	용어수정
근신		(좌동)	
		견책	신설

46) 영창제도는 1896년 1월 24일 고종의 칙령 11호로 '육군 징벌령' 을 제정하면서 도입됐다.
47) 2020년 변경
48) 영창제도가 가지고 있던 복무기간 연장이라는 '무기'를 유지하기 위해 군기 교육받는 기간만큼 복무기간이 늘어나도록 해 장병 인권을 신장하면서도 군 기강은 강하게 확립할 방침이다.

4. 징계벌(懲戒罰)과 형벌(刑罰)

군인이 동일 의무를 위반 사실이 사안에 따라서는 징계벌의 대상이 됨과 동시에 형벌의 대상이 되는 경우가 있다. 그러나 징계벌과 형벌은 서로 성질을 달리하는 별개의 것이다. 징계벌은 공무원(군인)에 대하여 가지는 특별권력관계에 의한 특별권력의 발동으로 벌하지만, 형벌은 국가 일반통치권의 목적으로 과한다. 징계벌은 특별권력관계의 내부 질서유지를 목적으로 하지만, 형벌은 일반국가의 질서유지를 목적으로 한다. 또한 징계벌의 대상은 공무원(군인)의 의무 위반에 대하여 과하는 제재이고, 형벌은 반사회적 법익침해, 즉 범죄에 대하여 과하는 제재이다.

이같이 징계벌과 형벌은 서로 그 성질을 달리하는 까닭에 군인의 의무 위반행위가 동시에 범죄를 구성하는 경우는 양자를 병과 할 수 있으며, 병과 하더라도 일사부재리(一事不再理)의 원칙에 저촉되지 아니한다. 군인사법시행령 제62조에는 "징계를 하여야 할 사실에 관하여 형사소추가 있을 때는 징계하지 못한다. 징계 절차가 진행 중에 형사소추가 있을 때도 또한 같다"고 규정하여 형사소추 선행의 원칙을 밝히고 있는데, 이는 동일 의무 위반에 관하여 형벌과 징계벌을 동시에 과할 수 없다는 것이 아니라, 일단 형사소추가 진행하는 경우는 그 절차에서 의무 위반 여부가 명백히 밝혀질 것이므로 형사소추가 끝날 때까지 잠시 징계 절차를 중지한다는 의미이다.

5. 징계사유(懲戒 事由)

징계는 군인으로서 군율에 위반하여 군 풍기를 문란하거나 그 본분에 배치되는 행위를 한 자에 대하여 이를 행한다고 하여 징계사유를 포괄적으로 규정하고 있다. (군인사법 제56조) 군인이 군율에 위반하여 군 풍기 문란행위(군 풍기 문란행위)는 직무상의 의무 위반이므로 직무범이라 할 수 있고, 군인의 본분에 배치되는 행위(본분 배치행위)는 신분상의 의무 위반이므로 신분 범이라 할 수 있다. 이 직무범과 신분범의 구체적 징계사유는 다음과 같다.

가. 직무범(職務犯)

(1) 반국가적 행위(충성의무 위반)

국군은 국가의 안전보장과 국토방위의 신성한 의무를 수행함을 사명으로 하며(헌법 제5조 제2항), 군인은 국가에 대하여 충성을 다하여야 한다. (군인사법 제47조, 군인복무규율 제6조) 따라서 국가에 대하여 충성을 다하여야 할 군인이 이 의무에 위반하여 국권에 항거하거나(반란행위), 적을 이롭게 하거나 (이적행위) 또는 여하한 방법으로든지 국가에 불이익한 행위를 하는 때에는 형사법상 범죄를 구성하여 군사법원에서 재판받거나 징계의 대상이 된다.

(2) 위법행위(違法行爲)와 항명행위(抗命行爲) (법규준수 의무 위반)

군인은 성실히 법령과 규정을 준수하여야 하며, 상관의 정당한 명령에 절대로 복종하여야 한다. 또한 명령은 신속·정확하게 이행되어야 한다. 따라서 군인이 법령과 규정을 위반하거나 상관의 명령에 복종하지 않는 경우는 군형법상의 범죄를 구성하거나 징계의 대상이 된다.

(3) 권력남용행위(權力濫用行爲) (직권남용 금지의무 위반)

군인은 어떠한 경우도 직무의 내외를 불문하고 권력을 남용해서는 안 된다. 이에 반하여 군인이 직권을 남용하여 직무를 그르치거나, 군의 위력이나 군인의 신분을 과시하여 민간인에게 피해를 주거나, 불공정 불친절한 행위를 하는 경우는 형사 처벌의 대상이 되거나 징계사유가 된다.

(4) 비밀누설행위(祕密漏泄行爲) (비밀엄수의무 위반)

군인은 직무상 알게 된 비밀을 복무 중뿐만 아니라 전역 후에도 누설하여서는 안 되며, 그가 직무상 얻은 비밀을 어떤 경우에도 공무 외의 목적으로 사용해서는 안 된다. 따라서 군인은 군사보안에 항상 유의하여야 하며 이에 위반하여 직무상 혹은 직무와 관련하여 알게 된 군사비밀을 정당하게 수집할 자격이 없는 자에게 누설하는 경우는 군형법상의 범죄를 구성하거나 징계의 사유가 된다.

(5) 직무위반행위(職務違背行爲) (직무완수 의무 위반)

군인은 직무기간 중 성실히 그 직무를 수행하여야 하며, 직무상의 위험 또는 책임을 회피하거나 상관의 허가를 받지 않고 직무를 이탈해서는 안 된다. (군인사법 제47조) 이러한 의무를 위반한 경우는 군형법상의 범죄를 구성하거나 징계의 사유가 된다.(직무위배행위로는 직무의 유기나 태만, 무단 이탈, 영리 행위 겸직, 정치운동 등)

나. 신분범(身分犯)

(1) 부패(腐敗) · 독직행위(瀆職行爲) (청렴의무 위반)

군인은 항상 청렴결백하고 검소하게 생활하여야 하며, 사치와 허례허식 그리고 태만을 버리고 청백한 품성과 검소한 기풍, 근면한 습성을 길러야 한다. 나아가 국민의 부담을 덜기 위하여 경비와 물자를 절약·선용하여야 한다. 더하여 군인은 직무와 관련하여 직접 또는 간접을 불문하고 사례·증여 또는 향응을 주거나 받아서는 아니 된다. 또한 군인은 직무상의 관계를 불문하고 그 소속 상관에게 증여하거나 소속 부하로부터 증여받아서는 안 된다. 가장 청렴하여야 할 군인이 사리사욕을 채우기 위하여 군용물을 불법하게 영득하거나(군용물 영득 행위), 도박이나 가산을 탕진하고 분에 넘치는 부채를 지거나(방탕행위), 직무와 관련하여 뇌물을 받거나 부하로부터 증여받아 (수뢰행위) 군의 신분과 직무를 욕되게 하는 행위는 청렴의무에 반하는 것으로서 형사상 범죄를 구성하거나 징계의 사유가 된다.

(2) 군기유해행위(軍紀有害行爲)

군기는 군대의 기율이며 생명과 같다. 군기를 세우는 목적은 지휘체계를 확립하고 질서를 유지하며 일정한 방침에 일률적으로 따르게 하여 전투력을 보존 · 발휘하는 데 있다. 군기를 세우는 으뜸은 자발적으로 법규를 준수하고 명령에 복종하는 것이다. 군기를 항상 엄수하여야 할 군인이 군의 단결을 파괴하거나 군의 위신을 추락시키는 파렴치 행위를 한 경우에는 군형법상의 범죄를 구성하거나 징계의 사유가 된다.

군기유해행위로서 단결파괴행위에는 상경하애 의 화목 단결을 깨뜨리는 사적 제재, 상관에 대한 폭행·협박·명예훼손·부하에 대한 가혹행위 등을 말하며, 파렴치 행위는 군인으로서 가져야 할 명예심·사명감·필승의 신념 등에 반하는 행위를 말한다.

(3) 품위손상행위(品位損傷行爲) (품위유지의무 위반)

군인은 군의 위신과 군인으로서의 명예를 손상하는 행동을 하여서는 아니 되며 항상 용모와 복장을 단정히 하여 품위를 유지하여야 한다. 이에 반하여 군의 위신을 실추시키거나 군인의 품위를 손상하는 행위를 하는 경우(위신 실추 행위, 복장 위반행위, 언동 불근신 행위 ; 저속한 언어사용, 경어무시, 유언비어, 불법 선동 등)에는 대개 징계의 사유가 된다.

6. 징계 기관

가. 징계권자

징계권자란 각급 부대 또는 기관의 장으로서 소속 부하 또는 그의 감독을 받는 자에 대하여 징계권을 행사할 수 있는 징계 기관을 말한다. 징계사건의 조사·결정·확인 조치·집행 등의 권한을 가지는 징계권자는 징계 절차 전반에 걸쳐서 중추적인 지위와 역할을 담당하고 있다.

징계권은 임용권에 포함되는 것이 원칙이므로 징계혐의자의 임용권을 가진 자가 징계권을 가지는 것이 원칙이겠으나, 편의상 임용권으로부터 분리하여 징계혐의자의 신분, 계급, 비행의 정도 등에 따라 징계권자를 달리 규정하고 있다. (군인사법 제58조, 군무원인사법 제38조 징계권자 (각급 부대 또는 기관의 장)은 소속 부하 또는 그의 감독을 받는 자(파견 또는 배속된 타 부대 및 타군 소속을 포함)에 대하여 다음의 구분에 따라 징계권을 갖는다.

나. 징계위원회

징계위원회는 징계권자가 회부 한 징계사건에 관하여 그 혐의사실과 관계 자료를 심의하여 징계벌의 필요를 결정하는 징계 의결기관을 말한다.

징계위원회는 징계사건을 심의하여 징계 양정 기준에 따라 그 정도, 정상, 기타 성행을 참작하여 징계처분을 결정한다. 징계위원회의 법적 성격에 관하여 의결기관인지 자문기관인지의 논란이 있으나, 징계권자의 감경 · 유예 · 정지 처분이 없는 한 징계위원회의 결정은 징계권자도 속하여(기속) 징계위원회는 의결기관으로서의 성격을 가진다.

(1) 권한

징계위원회는 징계권자가 회부 한 징계사건에 관하여 그 혐의사실과 관계 자료를 조사하여 징계권의 존부 및 가장 타당한 징계벌을 결정할 권한을 갖는다.

(2) 징계승인권자

일정한 징계 심의 대상자에 대한 파면이나 강등 등의 징계처분을 함에는 미리 일정한 승인권자의 승인을 얻어야 하며, 승인권자는 그러한 처분에 대하여 감경·정지 등 실질적 변경을 가할 수 있는데, 이와 같은 승인권자의 승인은 징계처분의 유효 요건이라고 할 수 있다.

원래 징계권자의 상급 부대 또는 기관의 장은 자신의 지휘권, 감독권에 대하여 징계처분에 대한 예방적·교정적 권한을 가질 수 있으나, 법률은 특별히 일정한 자에 대하여 이러한 승인 권한을 명시(군인사법 제58조 제2항)하고 있다.

첫째, 장교의 파면 및 장관급 장교의 강등은 그 임용권자가 승인권자가 된다.(장교의 임용은 각 군 참모총장이 추천하여 국방부장관의 제청으로 대통령이 행한다. 다만, 대령 이하의 장교에 대하여는 임용권자의 위임을 받아 국방부장관이 행할 수 있다(군인사법 제13조 제1항).

둘째, 준사관의 파면에 대해서는 국방부장관이 승인권자가 된다.

셋째, 부사관의 파면에 대해서는 당해 참모총장이 승인권자가 된다.

넷째, 병의 강등에 대해서는 연대장급 이상 부대장이 승인권자가 된다.

다섯째, 5급 이상의 군무원에 대한 파면, 해임 또는 정직에 대해서는 국방부장관이 승인권자가 된다.

여섯째, 6급 이하의 군무원에 대한 파면, 해임 또는 정직에 대해서는 임용권자인 장관급 이상 부대장이 승인권자가 된다 (육군 규정 제34조).

제5절 군인복지

1. 군인복지의 의의

군인의 복지(福祉)는 군인의 삶의 질과 사기를 결정하며 무형 전력 유지의 핵심 요소다. 국방부는 군 생활 전반에 대한 실태조사를 바탕으로 장병들이 실질적으로 체감할 수 있는 군인복지 정책을 아래와 같이 수립하여 추진(군인복지 기본계획/대통령 결재 2009. 4. 21)하고 있다.

「군인복지 기본계획」 주요 내용

· 기초 복지 : 임무 수행에 전념할 수 있는 기본 생활 여건 제공
  * 보수체계 개선, 군인연금 제도 개정 등

· 가족복지 : 군인 가족의 어려움을 경감
  * 자녀 학습 여건 보장, 생애주기별 복지 서비스 제공

· 선진문화복지 : 사회발전과 병행하는 선진 문화생활 구현
  * 자기 계발 지원, 전천후 체력단련 여건 보장

· 복지 인프라 : 수요자 요구에 부응하는 효율적 복지 지원 시스템 구축
  * 복지시설 경영 개선, 효율적 복지기금 관리 등

2. 기초 복지구현

가. 군 복무 특수성

군인은 유사시 국가를 방위하고 국민의 생명과 재산을 보호하기 위해 생명을 담보로 임무를 수행해야 하며 상시 근무 태세 유지와 격오지 위주의 근무, 잦은 이사 등으로 인해 가정생활에 어려움이 있고 대부분 생애 최대 지출 시기(45~56세)에 조기 전역한다. 또 사회와의 직업적 연계성이 부족하여 재취업이 제한된다.

따라서 직업군인에게는 '특수 임무'에 대한 보상적 차원의 복지가 제공되어야 하며, 군인

복지 범주는 경제적 복지와 정신적 복지로 나눌 수 있다. 경제적 복지에는 보수, 연금, 주거, 급식, 피복 등이 속하고 정신적 복지에는 문화, 체육, 오락, 교육, 교양 등이 포함된다. 즉 군인복지의 범주는 경제적. 정신적 욕구와 관련된 모든 요소를 망라해야 한다.

복지를 욕구 충족의 상태라고 볼 때 매슬로우(Abraham H. Maslow)가 언급한 인간의 욕구 형태에 따라 군인복지의 범주를 아래 도표와 같이 5단계로 나누어 볼 수 있다.(박효종, 2004)

〈표 8-15 군인복지의 범주(자료 : 전성진 외, 2003)〉

범주	욕구형태	군인 복지요소
경제적, 물질적 복지 욕구	생리적 욕구	급식, 피복, 병영시설, 관사/아파트, 주택마련구매(면세/매점)
	안정의 욕구	보수, 보건/의료, 보험, 연금, 재산형성/저축, 공제회
비경제적 복지욕구 (정신적 복지)	사회적 욕구	문화교양활동, 체육활동, 오락활동, 취미, 그룹/서클활동 등
	자기 존경 욕구	표장, 휘장, 진급, 위로 행사, 국립현충원 안장, 보직
	자아실현의 욕구	진급, 보직, 군내.외 교육, 경력관리, 창안제도, 기술증진, 도서관

(1) 24시간 중단 없는 업무

군 직업은 정규 근무시간 이외에도 상시 대기를 해야 하며, 지휘관의 경우 지휘 관리에 대한 부담은 24시간 이어질 수밖에 없는 것이 현실이다.

근무시간의 과다는 업무의 과중과 직접적인 관계가 있다. 따라서 업무량을 과감하게 줄이고 효율적인 업무처리를 위한 시스템이 구축되어야 한다.

(2) 군 의료서비스 및 개인 건강관리

직업군인의 건강 유지는 군 전투력 발휘와 직접적인 관계를 갖는다. 따라서 양질의 의료서비스 제공은 복지 차원을 넘어 군 기본임무 수행의 개념에서 접근하여야 한다. 군 의료서비스 확대 소요는 군 의료시설과 장비, 의료인력 수준, 고객에 대한 서비스 등이 있다.

미국의 경우 미국 전역의 진료소에 민간인 의사를 고용하여 1차적 수준의 진료를 제공하고 있으며, 민간 의료지원 프로그램(CHAMPUS: The Civilian Health and Medical

Program of the Uniformed Services)을 통해 군 의료시설이 지역적으로 너무 멀리 있거나 환자가 많아 이용에 어려움을 받으면 비용 대부분을 국방성에서 부담하는 제도가 있다. 현역의 경우 군 의료 치료시설(MTF: Medical Treatment Facilities)의 건강 혜택 상담인(Health Benefits Advisor) 제도를 통해 건강관리와 최선의 치료 방법 등에 대해 도움을 제공하고 있다. 우리 군도 민간 의료부문의 역할과 기능을 확대하고 군 의료 영역과 민간 의료기술을 융합하여 선용하는 방향으로 발전하고 있다.

나. 복지 범주

(1) 기초 복지

(가) 보수

노동의 대가로 지급하는 보수는 개인의 생산성에 의하여 결정되었으나, 노동시장이 발전된 시장경제체계에서는 생산성보다 조직간 상대적으로 비교하여 결정되는 것이 일반적이다. 미국과 영국은 군인의 보수 수준을 사회 준거집단의 보수와 비교하고, 군인의 정년과 생활여건, 국가에 대한 봉사 등을 고려하여 체계적으로 군인 보수를 결정한다. 미국과 영국은 각각 4년과 5년 주기로 사회의 보수와 군인의 직무 특성을 고려하여 군인 보수인상률을 결정한다. 또한 두 국가는 중상류층의 소득을 목표로 하거나 군 특성을 인정하여 사회 준거집단의 보수보다 군 보수를 높게 결정하고 있고, 보수 결정 시 참고 요인으로 직업 분야 특성(직업 안정성, 진급 및 책임, 직업 만족, 각종 훈련 등)과 직업으로 인한 영향 분야(잦은 전출로 주택 보유 제한, 임무 수행을 위한 별거, 근무시간 과다, 장단기 임무 수행 위험도 등)와 사회적 측면(업무 스트레스, 이혼, 가족 지원정책, 건강관리 및 교육, 개인 권리 등)을 고려한다.

한국군도 국방부에서 군인의 계급, 임무, 근무 환경 등의 특수성이 반영되도록 개선하고 있으며, 직업군인의 봉급은 민간 대기업 수준을 목표로 하고 있다.

(나) 맞춤형 복지제도의 일환으로 배우자와 20세 미만 자녀에 대해 입원 의료비 보장보험을 제공하고 있다. 또한 장기 복무 군인의 내 집 마련을 위해 2009년 관련 법령을 개정하여 수도권 이외의 지역은 민간주택 청약 거주제한을 폐지 한 경우가 있었다.

(2) 가족복지 향상

직업군인은 가족의 이해가 없이는 군 임무 수행과 전비 태세 유지가 불가능하므로 군인 가족을 군 공동체의 구성원이며 동반자로 인식하고 지원해야 한다. 국방부에서는 직장과 가정, 업무와 여가가 조화를 이룰 수 있는 안정적인 가족복지 지원을 위해 「군인 가족에 대한 전문적 가족 지원 서비스 제공을 위한 업무협약」(2008년 10월 보건복지가족부)을 체결하고 전국의 지역 가정지원센터를 관할 부대와 연결하는 '군인 가족 행복 지원 서비스'를 통해 군 가족 문화상담 프로그램을 제공하고 있다. 또한 부모와 떨어져 도시에서 재학 중인 군인 자녀에게 기숙사를 제공하는 한편 군인 자녀의 특별전형 대학 진학과 군인 가족의 다양한 출산 장려 정책 등을 추진하고 있다.

사회는 여성의 경제 및 사회활동 참여가 급격하게 증가하고 있으며, 인터넷을 비롯한 정보매체 발달과 청소년 성장환경 변화 등으로 가족 문제가 심각한 사회 문제화 되고 있다. 이러한 가족의 문제는 직업군인의 군 생활에도 직접적인 영향을 미치게 되므로 중요한 요소일 수밖에 없다. 따라서 직업군인이 안정적인 가정생활의 기반에서 복무에만 전념할 수 있도록 군이 주도적으로 가족 문제 해소와 지원에 관심을 가질 필요가 있다. 참고로 미군의 가족 지원정책은 다음 도표와 같다.

※ 미군의 가족 지원정책

미국은 1973년에 병역제도를 징집제에서 완전 지원제로 전환한 이후 어려워진 국방환경 속에서 국방부 연구조사 및 군인 배우자의 불만을 수렴하는 심포지엄을 개최하여 1980년~1982년 가족 지원 의제를 설정하였고, 1982년 육군본부에 가족연락사무소(Family Liaison Office)를 설치하였다.

1984년에는 미 육군 공동체, 가족 지원센터(Community & Family Support Center: CFSC)를 창설하여 군인복지와 가족 지원을 전담하도록 하였으며, 1983년에 육군의 군인 가족이 제시하는 불만을 망라한 백서를 발간하여 군의 특성으로 인한 군인 가족의 어려움을 군 내외에 공개하고, 후속적으로 1983년~1991년 가족 지원 실천 계획(Family Action Plan)을 수립하여 추진하도록 하였으며, 동시에 이 계획의 타당성을 밑받침할 수 있는 논리적 증거나 자료를 마련하기 위하여 관련 연구계획을 수립하여 연구 예산을 책정하고 연구하도록 하였다.

※ 미 육군 가족 지원제도 추진 및 전비 태세 영향 모형

미 육군 가족 지원제도 추진 과정

미충족 육군 소요 가족 지원 기구

- 양질 인력 획득/유지
- 관련 정책 논리/자료
- 가족 연락사무소, 1982
- 가족지원센터, 1984
- 종합계획 수립
- 육군백서, 1983
- 가족지원계획, 1983~1991
- 관련 연구계획

미충족 가족요구 배우자 심포지엄

- 의료지원, 주택, 재배치
- 배우자 취업/가치있는 배우
- 가족지원 의제 1980~1982

군인 및 가족 지원과 복무 및 전비 태세 영향 모형

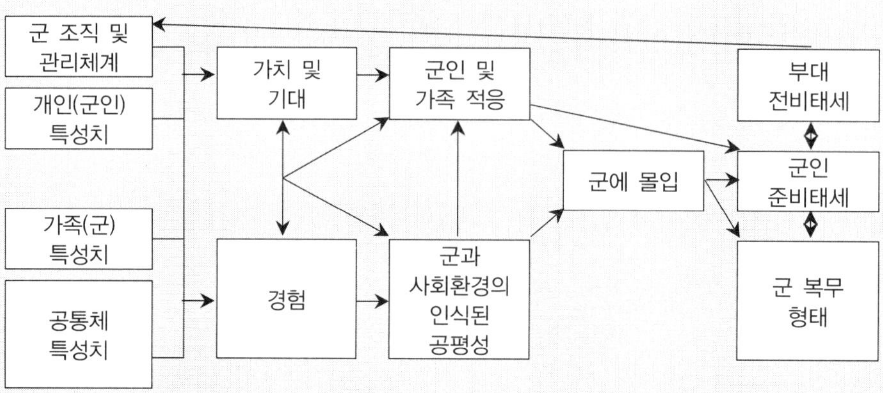

※ 영국의 군인 자녀 교육지원

- 지원병제인 영국군은 총 병력 20만 5,700명 규모이며 이중 장교는 3만 2,700명 정도다.
- 계급에 무관하게 3~16세까지의 영국군 자녀에게는 기숙사비 등의 생활비와 학비 및 교통비, 가족상봉비 등 필요비용을, 외국 복무자와 원격지 근무자에게는 교육과 관련된 비용전액을 국가에서 지급한다.
- 군인 자녀는 어느 사립학교도 입학할 수 있으며, 심지어 연간 학비 및 기숙사비 약 2만 파운드 (한화 약 3,350만원)짜리의 이튼(Eton)스쿨에서 왕손들과 같이 공부하는 부사관의 자녀도 흔히 있다. 그리고 지역적인 여건으로 이러한 범위에 해당하지 않는 자녀들에게도 일반적인 각종 장학혜택을 통해 안전판을 마련하고 있다.
- 원격지로 분류되는 이라크, 아프가니스탄, 쿠웨이트, 코소보, 보스니아 등지에 주둔하는 군인의 자녀도 본국 명문 사립학교에 수학할 수 있어 최소한 자녀의 교육문제에서는 해방돼 군복무에만 충실할 수 있게 되어 있다.

(3) 복지 지원

반복 훈련, 격오지 근무, 대기 태세 유지 등으로 인한 피로를 복구하여 체력 단련할 수 있도록 체육·문화 활동, 휴양, 여가 활동을 최대한 지원하도록 노력하고 있다.

(4) 효율적인 복지 인프라 구축

각 군, 지역별로 중복·편중 운용되던 복지시설의 통합관리 시스템을 운용함으로써 시설관리체계를 개선하여 균등한 복지 서비스를 제공하고 수혜자의 만족도를 증진하며 휴식과 레저를 동시에 추구하도록 복지회관, 휴양소·콘도, 체력단련장 등을 통합한 복지시설을 확보해 가고 있다.

3. 연금제도

직업군인은 철저한 위계질서를 기본으로 전투 임무라는 직무 특성과 조기 정년제 등으로 전역 후 재취업이 구조적으로 불가한 점 등에서 타 공무원 신분과는 확연히 차별되는 직업이다.

군인연금제도는 직업군인이 성실히 복무한 후 퇴직하거나, 심신장애로 퇴직·사망하거나, 공무 중 발생한 질병·부상으로 요양하는 경우 본인 또는 유족에게 적절한 급여를 지급하여 생활 안정과 복리 향상에 도움 되는 제도이자(군인연금제도는 초기에 「공무원연금제도」(1960년 1월 법 제정)의 일부로 운영하였으나 1963년부터 공무원연금에서 분리하여 독자적으로 운영하고 있다.), 국가 보상적 성격과 군 우수 인력확보를 위한 안보비용적 성격이 강한 제도이다. 따라서 재정 안정화를 위한 노력과 순직 장병 사망보상금 인상 등 국가를 위해 희생한 장병에 대한 국가 책임을 강화하기 위해 지속하여 노력하고 있다.

〈표 8-16 외국군의 정년과 군인연금 비교〉

국가	영관장교 정년	부담률(군인/국가)	지급시기	지급률(최종기본급여)
한국	45~56세	7%[49]	20년 이상	50~76%(보수월액)
미국	60세	전액 국가부담	20년 이상	50~75%
영국	55세 전후	국가부담	20년 이상	28.5~48.5%(최종보수)
일본	55~56세	9.198%/9.236%	60세	정액/후생/직역 등 구분
대만	42~52세	전액 국가부담	20년 이상	75~90%
프랑스	57~60세	7.85%/국가부담	15년 이상	2%×복무연수
독일	56~60세	전액 국가부담	계급정년	35~75%
이태리	59세(40년)	8.8%/24.2%	20년 이상	44%+1.8%×복무연수

4. 직업성 보장과 전역 예정 군인 취업 지원

직업생활에서 가장 중요하다고 생각하는 요소에 대해서는 경제적 보상, 개인적 성장 및 발전, 직업의 안정성, 진급 기회, 전문가라는 인식, 직업에 있어서 자율성, 쾌적한 근무환경, 국가와 사회에 대한 봉사 순으로 관심하고 있다.

또한 전역 예정 군인의 사회 진출을 지원하기 위해 취업 직위 확대 및 발굴, 수요자 중심의 전직 지원교육, 기타 다양한 취업 지원활동으로는 취업 직위 확대 및 발굴, 수요자 중

49) 군인연금법 제38조 기여금(2013. 3. 22)

심의 전직 지원교육 시행, 전직 지원제도 발전 등 취업 지원하고 취업박람회(분기별 '구인 · 구직의 날'을 활성화하여 취업과 창업의 기회를 제공하고 취업 정보 시스템을 이용하여 각종 취업 · 창업 정보, 기업 서비스, 온라인 상담 서비스 제공) 개최하고 있으며, 국방취업지원센터의 취업 지원업무 절차는 아래와 같다.

〈국방취업지원센터의 취업 지원업무 절차〉

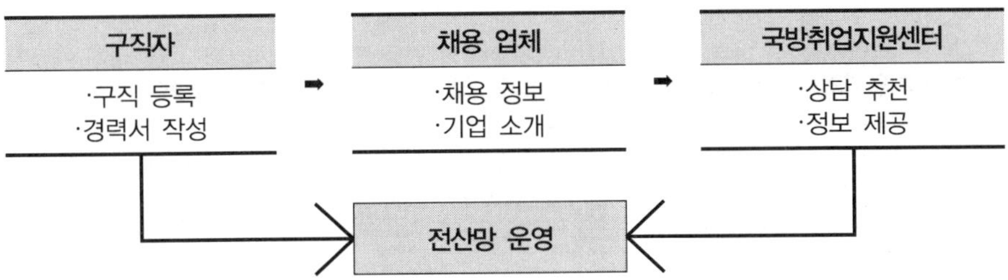

5. 직업군인 삶의 질 향상과 군 복지

사전적 의미에서 '삶의 질'은 삶(生, Life)과 질(質, Quality)의 합성어로서 아래와 같이 복합적인 개념을 갖는다.

> '삶'은 목숨 또는 생명을 의미하는 명사로 살아있음 또는 현상, 살아 나아가는 일을 의미
> ① 타고난 성질, 됨됨이의 바탕, 그리고 천성을 의미한다.
> ② 어떤 사물의 유용성, 내용의 좋고 나쁨의 가치이다.
> ③ 어떤 사물 현상의 본질적인 특성과 속성의 유기적인 통일에 기초한 사물현상

〈표 8-17 직업군인 삶의 질 영역 및 지표〉

영역	지표
출퇴근	교통수단, 출근소요시간, 출퇴근 만족도, 출퇴근 불만족 이유
군 직업 생활	퇴근 시간, 주당 초과근무 횟수, 근무시간 만족도, 근무 후 피로도, 임무, 보수, 상·하·동료 관계, 진급 기회, 교육 기회와 군의 지원, 직업 안정성, 원하는 직위 근무, 복지시설, 의사결정 영향력, 개인 성장·개발, 공정한 대우, 직업에 대한 타인의 반응, 업무성취 느낌, 군 직업 재선택 여부, 전직 의사, 기대 수준의 변화(직업 안정성, 퇴직 후 생활 안정, 복지 지원, 국가 기여, 사회적 명예, 보수), 군 직업 만족도, 군 생활 선택요인
건강	체중, 활력, 수면, 지구력, 군 의료서비스, 전반적 건강, 음주 횟수, 흡연 정도, 군·민간 의료서비스 비교, 장애 가족, 건강관리법, 군·민간 병원 접근시간
안전	근무 안전, 거주지 안전
교육	최종학력, 군사 교육의 임무 수행 도움 정도, 군 내외 교육 필요성, 교육 필요분야
가족	결혼 여부, 근무지 가족 동거 여부, 별거 이유, 부부관계(사랑과 신뢰, 의사소통, 갈등 해결, 공통 관심사, 전반적 관계), 자녀 관계·교육여건(시간의 양·질, 전반적 관계, 교육여건, 국가지원), 자녀교육비 지출, 가족생활 만족도, 노후 준비 방법, 가사 분담
재정	총가구 수입, 가계 재정 만족도(생필품 구매, 기타 구매, 저축, 차량, 가구, 자녀 양육·교육), 재정 상태 전망, 저축이유
주거	자가 보유, 자가 마련 시기, 결혼 후 자가 마련 시기, 자가 마련 시까지 이사 횟수, 자가 마련 방법, 거주 주택 유형, 거주 주택 소유 형태, 방의 수, 복무 중 이사 횟수, 주택 만족도(설계, 시설, 사생활 보장, 공간, 위치, 안락함, 건축 상태 등)
여가	주당 여유시간, 여가 방법, 여가 대상, 여가생활 만족도, 불만족 이유
친구	친구 수, 친구 유형, 친구 관계 만족도(시간, 친구 수, 지원·격려, 전반적 관계)
지역	거주지 유형, 이웃과 교류 정도, 거주 지역 만족도(문화·오락시설, 체육시설, 생활 편의시설, 교통 여건, 자녀 교육여건)
삶의 견해	한국 거주 만족도, 이민 의향, 이민 이유, 삶에 대한 행복감, 현 수준 삶에 대한 만족도, 현 삶의 수준, 당위적 삶의 수준, 중요한 생활 관심사, 변화 느낌(생활 여건, 의료, 사회보장제도, 문화·여가생활, 경제생활, 직장생활, 개인 건강, 주거환경)
삶의 관점	삶의 질 향상을 위해 가장 중요한 요소, 군 생활에서 가장 중요한 요소

* 자료: 전성진 외, 2003. 이석호·문채봉, 2006(국방정책연구논문) 인용

제6절 병영생활

1. 병영관리

가. 의의

병영관리(兵營管理)란 병영 내 인원, 장비, 물자, 시설 등을 효율적으로 관리하는 활동으로 전투력을 화장시키고 사고 예방하기 위하여 실시한다. 병영생활의 규정은 군인복무규율(2001.3.27, 대통령령 제17158호)에 따라 국군 병영생활 규정(1998.8.6, 국방부 훈령 제600호)에서 군인 지위 및 복무에 관한 기본법(약칭 "군인 복무 기본법"/2016.6.30.)으로 개정되어 적용하고 있다.

육군은 군인복무규율과 국군 병영생활 규정에 기초한 병영생활 지침으로 야전교범을 발간하여 시행하고 있다. 병영생활은 "병영 내, 즉 부대나 기지 내에서의 내무생활 · 교육훈련 · 근무 · 복지 · 병영관리 등 병영을 중심으로 이루어지는 모든 활동"을 말한다. 육군의 전 장병은 병영생활 속에 육군 목표를 달성하고 민주시민으로의 사고와 행동의 규범인 육군 5대 가치관, 즉 충성 · 용기 · 책임 · 존중 · 창의 정신을 실천해야 한다. 이를 위해 첫째, 군 · 부대 · 상급자 · 동료 · 부하를 위한 자기희생, 둘째, 상관의 명령에 복종하고 군인다운 외모와 언행 유지, 셋째, 자율적 · 적극적 · 창의적 업무 자세를 견지, 넷째, 병영생활 행동강령과 공중도덕 및 법규를 준수해야 한다.

장병들은 일반적으로 입대 전에는 합리적이고 실질적인 가치를 지향하면서도 국가관·대적관(對敵觀)·체력·의지력이 미약한 편이나, 입대 후 병영생활을 통하여 강인한 체력과 정신력을 지닌 전투원으로 육성되어 임무를 수행한다. 그리고 전역 후에는 군대에서 정립된 인생관과 가치관은 물론, 준법정신 · 책임감 · 희생정신 · 용기 · 리더십 · 인내심 · 체력을 겸비한 민주시민으로서 생활하게 되는 것이다.

나. 육군의 병영생활 지도 및 병영관리 체계

병사들의 군대 생활은 병영생활에 대한 간부들의 지도와 통제로부터 시작된다. 병영생활이란 "영내거주 의무가 있는 군인의 생활관을 중심으로 이루어지는 일상 활동"을 말한다.

그 목적은 전우애를 기르고, 단체생활에 필요한 협동 정신과 자율성을 배양하며, 병영생활에서 오는 몸과 마음의 어려움을 회복하여 유사시 즉각 임무를 수행할 준비를 하는 데 있다. 생활관 거주 대상은 원칙적으로 상근예비역을 제외한 병(兵)과 병영생활을 하는 부사관이다

이러한 생활관 편성은 기본적으로 분대 건제 단위로 하며 하사 분대장이 분대원들의 병영생활에 대한 1차 책임자이다. 또한 병영생활의 지도와 감독 요원은 중대장급 이하 전 간부와 분대장을 말한다. 중대장과 소대장은 부대지휘 및 관리 전 분야에 책임을 지고, 행정보급관과 부소대장은 지휘자(관)를 보좌 및 조언하면서 일상적인 부대 관리를 담당한다.

내무생활의 지도는 '인간중심의 부대 관리' 개념으로 부하에 대한 사랑과 이해, 자기희생이 선행되어야 한다. 나아가 제반 규정과 원칙을 준수하고 분대 단위의 올바른 병영생활을 통해 부대 단결 및 사고를 예방하고, 항상 주위 환경을 깨끗이 하여 쾌적한 분위기를 조성하며, 장비 및 보급품 등을 정리 정돈하여 유사시 조건반사적으로 즉시 적응할 수 있는 전투준비태세를 유지해야 한다.

2. 병역의무 이행 과정

가. 병역처분이행 기준

병역처분 기준은 아래 도표와 같이 개개인의 병역 복무 형태를 결정하는 기준이다. 이 기준은 매년 당시 년도 전체 병역판정검사 수검자의 신체등위와 학력의 수준을 기본요소로 하고, 군의 소요와 병역자원의 증·감 등 제반 환경요인을 고려하여 조정 결정된다.

〈표 8-18 병역처분 기준〉

<table>
<tr><th>19세</th><th>20세</th><th>21세</th><th>군 복무를 마친 다음 날부터 만 6년이 되는 해 12.31까지</th><th>40세까지</th><th>45세까지</th></tr>
<tr><td rowspan="5">징병검사</td><td>1~3급</td><td>현역 또는 상근예비역 복무</td><td rowspan="2">향토예비군 복무</td><td rowspan="2">예비군 추가편성</td><td rowspan="3">전시에 병역의무 기간 연장</td></tr>
<tr><td>4급</td><td>보충역(공익근무요원) 복무</td></tr>
<tr><td>5급</td><td colspan="3">전시근로소집 역</td></tr>
<tr><td>6급</td><td colspan="4">병역 면제</td></tr>
<tr><td>7급</td><td colspan="4">재 신체검사·2년 내 확정 처분</td></tr>
</table>

나. 입영 시기 및 부대 결정

현역병 입영 시기 및 부대 결정은 병무청에서 결정하며 병역판정검사를 받은 해 12월 중에 당시 년도 충원 계획 범위 내에서 본인이 희망한 입영 희망 시기를 최대한 반영하여 입영일자별 소요에 따라 컴퓨터로 자동 결정된다. (상근예비역 포함) 단, 재학생은 제한 연령 때까지 입영을 자동 연기 조치 된다.

〈표 8-19 재학생 입영 연기 제한 연령〉

고등학교	전문대학		대학		대학원		사법연수원
	2년제	3년제	4년제	6년제	4학기제	5,6학기제	
제한 없음	22세	23세	24세	26세	26세	27세	26세

다. 입영 일자, 부대통보(입영 통지)

입영 일자와 입영부대가 결정되면 직업이나 생업에 도움이 되도록 병역판정검사를 받은 다음 해 1월 중에 병무청에서 ARS, 인터넷으로 안내해 준다.

라. 입영통지서 교부 및 개별입영

입영통지서는 입영일 30일 전까지 본인에게 등기우편·E-mail로 송부되며, 입영통지서에 첨부된 여비 지급 통지서는 가까운 우체국에 제출하여 입영 여비(병역판정검사장에서 나라사랑카드를 발급하는 경우 카드에 입금)를 받은 후 지정된 입영 일자에 입영 장소로 개별적으로 입영한다.

마. 현역 입영

(1) 입영 대상

(가) 징집병

병역판정검사 결과 현역으로 처분받은 사람 중 병무청으로부터 입영 영장을 발부받아 입영하는 사람이다. 병역판정검사를 받은 해 또는 그 다음 해에 병무청에서 입영 일자 및 입영부대 결정한다.

(나) 모집병

관련 면허 및 자격증 소지자, 전공자, 경력자 본인이 지원하여 현역병으로 입영하는 사람이다.

(2) 입영 절차

절차	징집병	모집병
입영통지서 발급	지방병무청장	지방병무청장
입영통지서 송부	읍, 면, 동사무소장	지방병무청장
여비 수령	우체국(본인)	우체국(본인)
입영부대	지정부대	육군훈련소

(3) 입영 신체검사

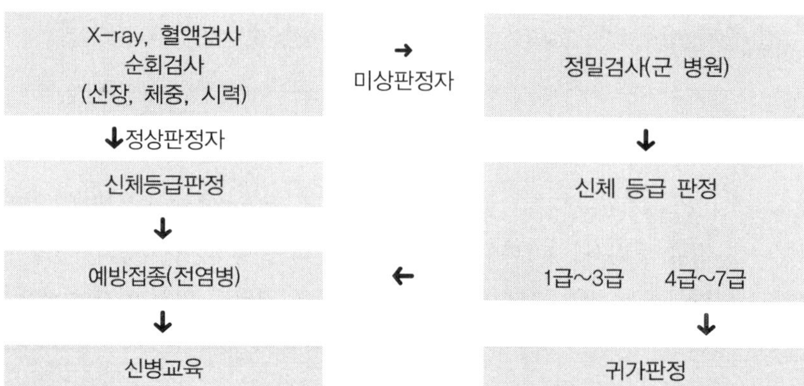

입영부대장은 입영일로부터 5일 이내에 입영부대에서 입영 신체검사 결과 귀가 대상으로 판정 경우 군 병원에서 정밀 신체검사 결과 현역 복무에 부적합하거나 질병 또는 심신장애로 15일 이상의 치유를 요 하는 사람은 귀가한다. (홍역, 유행성 결막염 등 전염성 질환으로 몸이 아픈 사람은 신병 치료 사유로 입영기일을 연기하고 치료 후 입영, 그대로 입영 시는 귀가 되므로 개인적인 부담과 불편을 초래한다. 또한 몸이 아파서 병역의무를 감당할 수 없는 사람은 병사용 진단서를 발급받아 병무청에 병역처분변경원을 제출하고 재검사받는다.)

3. 군사특기 부여

가. 군사특기 부여

군사특기 분류는 사회 전문 인력을 군에서 소요되는 유사 특기로 최대한 활용하기 위하여 입영장정에 대한 개인의 학력, 학과, 자격, 면허, 경력, 신체조건, 인성 검사 결과, 기술검사 결과 등의 개인 자력 및 자질을 전산프로그램으로 입체적으로 평가하여 소요되는 최적의 군사특기로 분류한다.

〈표 8-20 군사특기 부여 절차(육군훈련소"예")〉

개인 면담 기술검사	개인 자력(학력/전공/자격증 등)을 고려 기록(면담 표 방식) 적성별 검사관에 의한 수준 및 실기 측정(기술검사)
▼	
전산입력	개인 자력 및 평가내용 전산입력 착오 방지를 위한 2중 검색체계 운영
▼	
부여 특기 판단	개인 능력, 전공학과, 자격, 면허, 신체 등급 고려 각각 특기별 임무 수행 정도를 점수로 산정(석차 부여) * 각각 특기별 선정된 가중치에 의하여 점수산정
▼	
특기 양성 판단	입영장정의 특기 수행 능력(판정 결과) 특기별 인력 운영 현황 및 예상 손실 고려
▼	
군사특기 부여	소요와 개인 적성에 맞는 최적의 특기로 자동 전산 분류 (개인별 종합득점 석차 순) * 감찰, 헌병, 참관인 입회하에 분류
▼	
명령 발령	인사명령으로 개인별 고유 특기 부여

4. 군대문화

가. 군 조직의 특성과 군대문화

공동체 속에서 그 구성원들이 어떠한 가치 의식을 가지고 이를 바람직한 방향으로 발전하도록 규율하는 문화가 존재하듯이 군대에도 구성원의 행동 규칙으로 작용하는 고유한 가치관 및 사고방식이 있다. 군대문화는 군대가 기본임무와 역할수행을 위하여 국가 공동체의 핵심 조직으로서 다양한 다른 사회조직과 상호관계를 맺으며 계승되고 발전된 행동 양태와 규율, 규범, 가치 양식 등을 통칭하는 말이다. 군대문화는 "군대 조직이라는 하나의 특수한 사회체계 안에서 조직 구성원이 군대 조직의 생활양식을 통해서 사회화하는 과정에서 학습되고 습득, 전달됨으로써 공유되는 군대 조직 고유의 가치관과 사고방식, 태도 및 신념 체계" 등으로 정리할 수 있다.

군대문화는 군대 조직 내 구성원들의 공유가치, 즉 군인의 가치관이 핵심이다. 군인의 가치관은 군인이 어떤 가치를 가지고 있으며, 이를 위하여 군인은 어떤 사고와 행동을 해야 하는가 하는 공통적이고 집단적인 믿음 체계라고 할 수 있다. 군인의 가치관은 "명예, 충성, 용기, 필승의 신념, 임전무퇴의 기상, 애국애족의 정신" 등으로 대별 한다.

시대와 상황을 불문하고 군인은 조국을 수호하고 국민의 생명과 재산을 지킨다는 사명과 근본적인 특성은 변하지 않는다. 따라서 군인은 조직 특성상 "국토방위의 신성한 임무 완수를 최우선으로 완수하기 위하여 명령에 대한 절대적인 복종, 엄정한 군 기강 확립, 단결과 협동의 중시, 무한한 희생과 헌신의 요구, 정치적 중립의무의 준수를 바탕으로 한 교육과 군대문화가 계승되어야 한다.

나. 바람직한 군대문화

군대문화는 6.25 전쟁과 근대화 및 산업화 등 한국 사회의 격동 속에서 근대적 가치관의 형성, 민군관계의 정립, 사회통합의 구현 등의 사회적 역할을 통해 한국 사회의 발전을 돕는 한편 군 조직의 특성상 부정적인 영향도 부인할 수가 없다. 따라서 앞으로도 군대문화가 사회발전을 선도하는 바람직한 군대문화로 거듭나기 위해서는 긍정적인 군대문화는 계속 발전시키는 동시에 부정적인 군대문화를 개선해 나가야 한다. 이를 위하여 ① 군대문화의 선진화는 장병들의 가치관과 의식구조를 민주화, 합리화 시키고 이를 통해 군대문화와 사회문화 간의 갈등을 해소해 나가야 한다. 비합리성, 권위주의와 맹목적인 복종, 인권 의식의 부족, 형식주의 등의 부정적인 군대문화는 청산하고 인본주의, 합리주의, 실용주의, 책임주의 등의 긍정적이고 발전적인 문화로 발전시켜야 한다. ② 한국군대의 고유한 전통인 호국정신과 불굴의 감투정신, 주체적 자주의식, 자립 및 자위정신, 희생정신과 문무겸비의 전통 등은 계승하고 시대와 상황에 부합한 창조적인 군대문화를 창조하는 것이다. ③ 군 전문 직업주의를 정착하고 자율성을 보장하며 정치적 중립을 준수하여 군인의 핵심 윤리인 희생정신, 봉사 정신, 전문성 등을 구비 하여 국민으로부터 진정한 신뢰와 존경을 받고 "군대다운 군대와 군인"을 만들어 바람직한 민군관계를 정립하는 군대다운 군대의 문화"를 창출하는 것이다. ④ 군대문화의 정체성을 먼저 확립하고 조직원들이 긍정적인 측면에서 발휘할 수 있도록 군 내부 통합과 단결된 모습을 통하여 사회통합은 물론 남북 통합을 준비하는 군대문화를 창출해야 한다.

Supplement.

부록

부록 1.

군사이론

1-1. 군사이론 계보

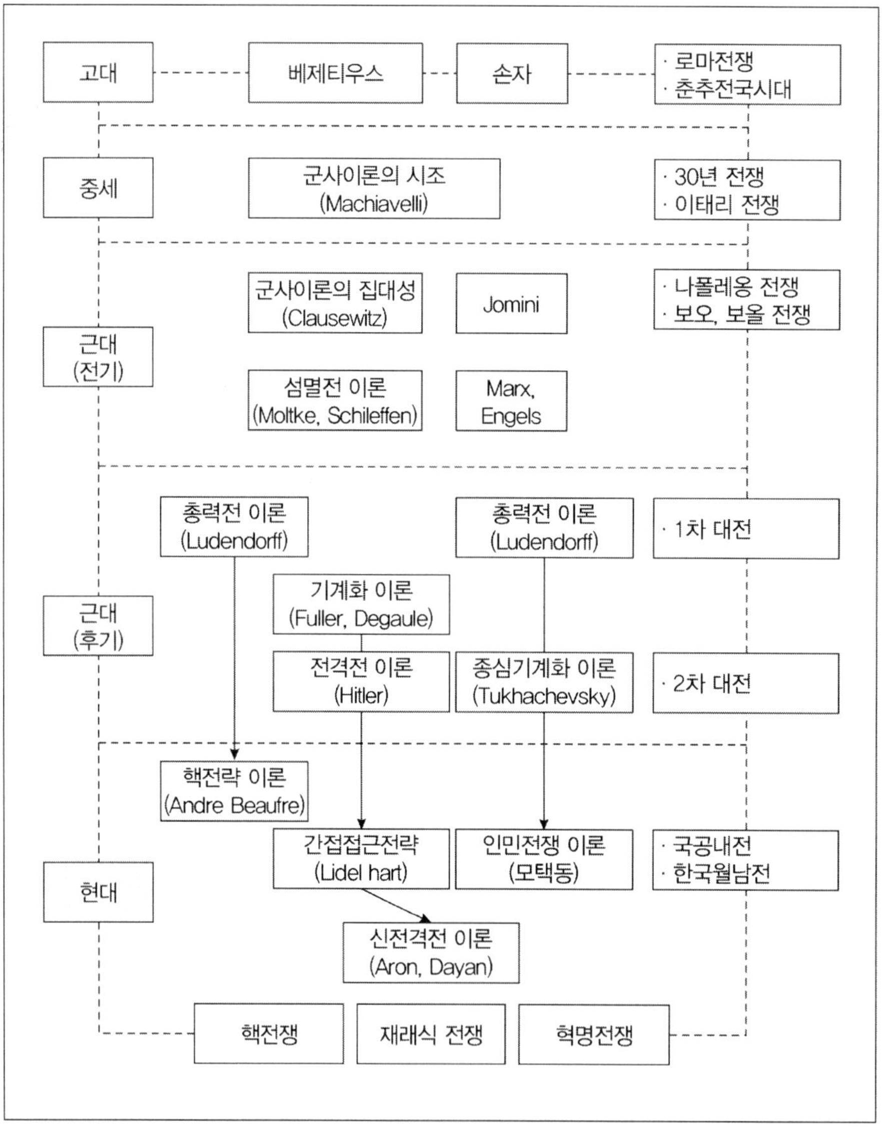

1-2. 군사 이론가 계보

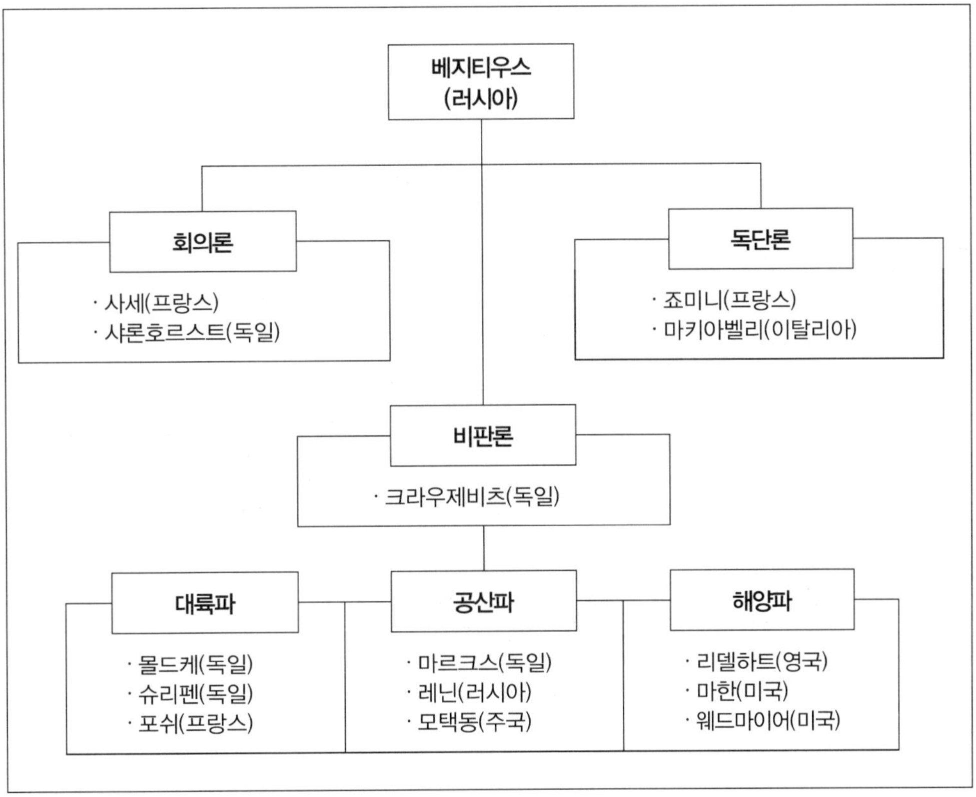

1-3. 미군의 군사이론 체계

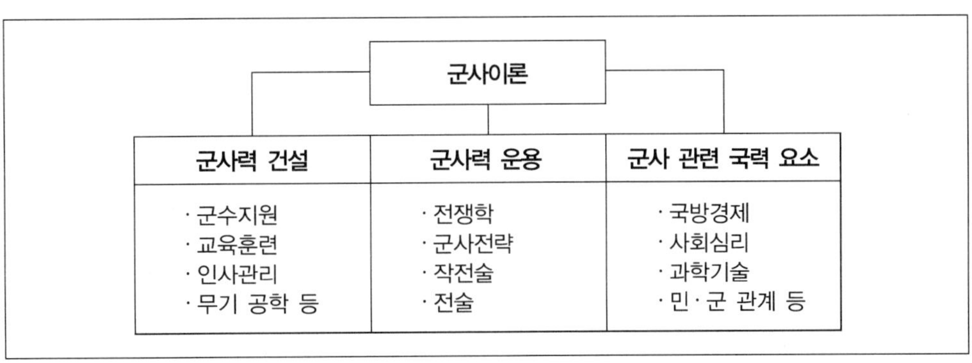

1-4. 러시아 군사이론 체계

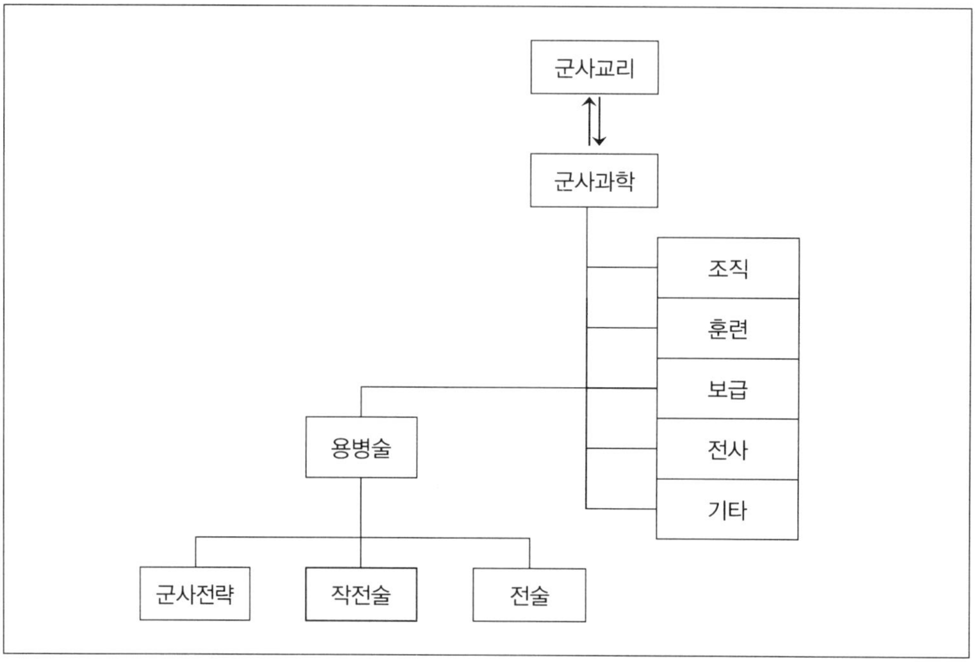

부록 2.

국내·외 주요 군사 관련 홈페이지

2-1. 국내

기 관	홈페이지
한국국방연구원(KIDA)	http : //kida.re.kr/home.htm
분쟁현황	http : //kida.re.kr/limdata/world/index.htm
미 테러응징 공격작전 현황	http : //8.80.5.9/intanet//site/
국방홍보원	http : //www.dpia.mnd.mil.data/data.html
유해발굴단	http : //1.1.13.36:5000/index1.htm
합참 정보센터	http : //jcs.mil
육본 군사연구실	http : //www.hq.army.mil/gunyun/index.htm
육군 박물관	http : //15.64.1.3/post/index_post.htm
교육사 자료정보실	http : //26.1.140:8000/
국방대학교	http : //www.kndu.ac.kr
육군사관학교	http : //academy.army.mil/
공군사관학교	http : //afa03.aa.af.mil:1234/main-pds.htm
해군사관학교	http : //www.academy.navy.mil/
육군3사관학교	http : //www.3academy.army.mil/index.htm
육군보병학교	http : //26.192.1.135/
육군정보학교	http : //26.160.1.222/ais/ais.htm
육군포병학교	http : //26.192.8.1/
육군기계화학교	http : //26.192.8.1/26.192.1.144/
육군통신학교	http : //26.48.1.2/
육군화학학교	http : //26.192.1.149/
육군대학	http : //www.college.army.mil
국방과학연구소	http : //8.64.1.15/add/

2-2. 미국

기관	홈페이지	비고
미 국방부	http://www.dtic.mil/	•국방성 뉴스/브리핑 자료, 발간 문서 등 다량의 정보 제공 •미군에 대한 종합적인 자료와 군사 정보 제공
미 육군	http://www.army.mil/	•280여개가 넘는 육군홈페이지로 연결 가능
미 육군교육사령부	http://www.-tradoc.army.mil.army.mil	•21세기 군의 새로운 발전방향 제시
Center for Army Lessons Leamde	http://call.army.mil:1100/call.html	•육군 관련 출판물 검색
미 공군	http://www.af.mil/	•미 공군에 관한 170여개 사이트와 연결
미 해군	http://www/ncts.navy.mil/	•해군 관련 프로젝트/전세계 해군기지 설명
미 해병대	http://www.hqmc.usmc.mil/	•미 해병대에 관한 전반적인 자료제공, 각종 무기류/장비에 대한 설명
에버딘 성능 시험소	http://dale. .army.mil/:Aberdeen Test Center	•장갑차량, 탄약, 트럭, 교량 등의 성능시험 시설
항공의료 연구소	http://mrmc-www.army.mil/labs.html#arl	•군인들의 건강 및 업무 수행 등에 대한 무기체계의 영향
병기 연구개발 및 공학연구소	http://mrmc-www.army.mil/ardec/top.html	•전차, 병기 사령부의 주요 업무 담당 부서
육군물자체계분석실	http://www.arl.army.mil/	•물자체계 분석과 군수 체계분석
통신 전자 사령부 연구 개발 및 공학연구소	http://www.monmouth.army.mil/cecom.html	•육군 물자사령부 핵심부서로 C4I, 정보전 및 전자전 연구
화학방어 의학 연구소	http://mrmc-www.army.mil/labs.html#icd	•화학전에 대한 의학적 대응책 개발부서

부록 3.

연합·합동 연습 및 훈련 현황

3-1. 한미 연합 연습

구분	형태	목적	내용
을지프리덤쉴드 (UFS)	군사지휘소 및 정부 연습	·전작권 전환에 대비 한국 합참·미 한국사령부의 전구작전 지휘 및 수행 능력 배양 ·충무계획 및 전쟁수행예규 수행절차 숙달	·위기관리 절차 연습 ·전시 전환 절차 연습 ·작전계획 시행 절차 연습 ·주요 지휘관 세미나 ·군사협조기구 운영 연습
자유의방패 연습(FS)	지휘소연습 및 야외기동 훈련	·현재의 연합방위체제 하 전구작전 지휘 및 수행절차 연습 ·미 증원전력 한반도 전개 보장 및 한국군 전쟁 지속능력 유지	·위기관리 절차 연습 ·전시전환 절차 연습 ·작전계획 시행 절차 연습 ·연합작전지역 내 수용, 대기, 전방 이동 및 통합절차 숙달 ·주요지휘관 세미나

3-2. 한국군 합동 연습 및 훈련

구분	형태	목적	내용
태극연습	전구급 지휘소 연습	합참의 전구 작전 수행 능력 구비	·합참의 위기관리, 전시 전환, 작전 수행 절차 연습 ·합동 임무 필수과제 및 관련 참모부 지원과제 연습 ·한미 군사 협조기구 운용
호국훈련	전구 및 작전사급 대부대 합동훈련	합동성 중심의 작전수행능력 제고	·전구작전계획 개념 하 지·해·공 동시 및 통합훈련 ·작전사별 합동성이 요구되는 핵심훈련과업 숙달 ·합동작전체계 검증
화랑훈련	후방지역 종합훈련	전·평시 후방지역에 대한 작전수행능력 제고	·전·평시 연계된 작계시행 절차 숙달 ·지역주민의 안보 의식 고취 ·민·관·군·경 통합방위태세 확인

3-3. 연합훈련(아래 표 위로)

구 분	시 기	참 가 국	내 용
연합대테러훈련	연 1회	한국, 미국, 러시아	·레펠 / 등반훈련 ·대테러 특공사격 ·내부 소탕훈련(건물·열차·항공기 등) ·사제폭발물 처리 ·종합모의훈련
칸퀘스트 (Khamm Quest)	연 1회	한국, 영국, 독일, 일본, 중국 등	·야외 전술훈련 ·지휘소 훈련 ·의무지원 훈련
환태평양훈련 (RIMPAC)	격년제 (짝수년도 6~8월)	한국, 미국, 호주, 칠레, 영국, 일본, 캐나다, 페루 등	·해상공방전 ·해상교통로 보호 ·해상 차단 및 항공 강습 ·함포사격훈련 ·유도탄 및 어뢰발사훈련
서태평양 잠수함 탈출 및 구조훈련 (Pacific Reach)	3년제	한국, 미국, 호주, 일본, 싱가포르 등	·잠수함 승조원 탈출 및 구조훈련
서태평양 기회대항전 훈련 (MCMEX)	격년제 (짝수년도)	한국, 일본, 호주, 싱가포르, 인도네시아, 말레이시아, 태국 등	·기뢰대항전 훈련(기뢰 탐색/소해) ·EOD 훈련 ·의무 훈련
한미 잠수함전 훈련 (GUAMEX)	격년제	한국, 미국	·잠수함대 잠수함 훈련 ·CSOF/SLOC 보호 훈련 ·공격기뢰 부설
코브라골드훈련 (Cobra Gold)	연 1회	한국, 미국, 태국	·연합 상륙작전 ·지휘소 훈련 ·전술기동 훈련 ·안정화 작전 ·해상공수
연합상륙전훈련	연 1회 (독수리연 습시)	한국, 미국	·탑재/선견부대 작전 ·입체적 상륙 돌격 ·해상기동, 해상 화력지원훈련 ·육상작전(해안교두보 확보/방어) ·통합화력운용
한일 수색 및 구조훈련 (SAREX)	격년제 (홀수년)	한국, 일본	·기본전술훈련 ·조난 항공기, 선박 수색 및 구조훈련
연합 공격편대군 훈련 (CLFE)	연 6회	한국, 미국	·공격편대군 전력 중고도 침투훈련 ·침투 간 생존 및 임무 수행 능력 향상 ·유사 목표를 임의 선정, 평시 타격 절차 숙달
태평양 공군 연합 전술훈련 (RED FLAG-Alaska)	격년제	한국, 일본, 싱가포르, 태국, 호주, 영국, 프랑스 등	·저고도 침투 및 화물투하 훈련 ·비포장 활주로 전술 강습 훈련 ·조종사 및 승무원의 공중침투 훈련
대규모 항공전역 종합훈련 (Max Thunder)	연 2회	한국, 미국	·비포장 공격편대군 전력 중고도 침투 및 요격 훈련 ·비포장 유사 목표를 임의 선정, 실전적 공격 절차 숙달

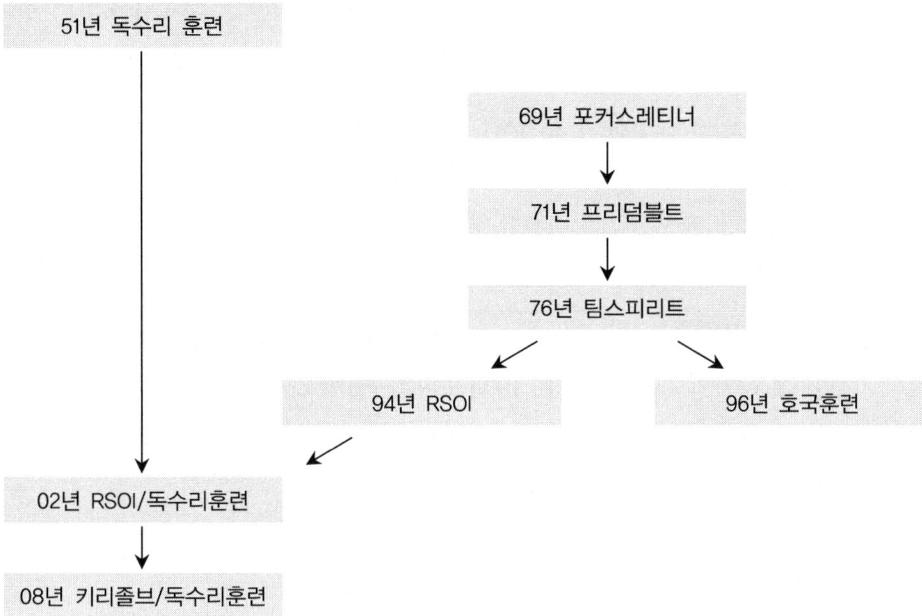

의미

한·연례 군사훈련

과거 RSOI(연합전시증원) 연습을 대체하고 있으며, 한국군 주도의 연습을 나타내기 위해 키 리졸브(KR : Key Resolve/열쇠를 분해하다)의 새로운 명칭을 사용

목적

한반도 유사시 방어를 위한 것으로 한반도에 전개되는 미국의 증원군을 수용·대기시키는 한편, 전방으로 이동하고 한국군과 통합하는 절차 숙달 훈련

실시 현황

키리졸브/독수리(KR/FE) 연습은 2008년 처음 실시하였으며, 2007년까지 열린 연합전시증원(RSOI·Reception, Staging, Onword movement & Integration) 훈련이 그 전신이다. 을지프리덤가디언(UFG)은 을지포커스렌즈(UFL)가 그 이름을 바꿨다.

한·미군은 전시작전통제권 전환에 대비해 두 훈련이 한국군 주도로 진행되면서 그 의미를 살리고 한미동맹 결의를 다지기 위해 2008년부터 훈련 이름을 바꿨다.

KR/FE 연습은 한반도 유사시 한미 작전계획에 따라 대규모 미 증원군의 병력·장비를 신속히 한반도에 들여와 최전방 지역으로 전진 배치하는 절차의 숙달 실전훈련으로 주한미군은 물론이고 미 해군 항모전단을 비롯한 해외 미군 병력과 전력이 다수 참가해 다양한 기동훈련을 펼친다.

UFL은 1954년부터 유엔군사령부 주관한 군사 연습인 포커스렌즈와 1968년 1·21사태를 계기로 시행한 정부 차원의 을지연습을 1994년 통합. 실제 병력과 장비의 야외 기동훈련 없이 한미 장병들이 아군과 적군으로 나눠 컴퓨터 시뮬레이션을 활용한 워-게임 형식으로 진행한다.

부록 4.

병영생활 행동강령

4-1. 육군 병영생활 행동강령

1. 목적

장병 상호 간 서로 존중하고 배려하는 선진 병영문화를 창출함으로써 군 기강을 확립하고 화합·단결된 부대를 육성하기 위하여 「병영생활 행동강령」 제정, 시행한다.

2. 적용 범위

본 행동강령은 육군 全 장병, 군무원에게 적용한다.

3. 병영생활 행동강령

「병영생활 행동강령」은 全 장병, 군무원이 병영생활 간 반드시 준수해야 할 가장 기본적인 행동 기준이다.

병영생활 행동강령

첫째, 분대장을 제외한 병 상호 간에 명령이나 지시, 간섭을 금지한다.

둘째, 어떠한 경우도 구타 및 가혹행위를 금지한다.

셋째, 폭언·욕설·인격모독 등 일체 언어폭력을 금지한다.

넷째, 언어적·신체적 성희롱, 성추행, 성폭행 등 성 군기 위반행위를 금지한다.

4. 용어의 정의

가. 구타 : 신체 일부분이나 도구를 이용하여 타인을 가격함으로써 통증을 유발하는 일체 행위

나. 가혹행위 : 비정상적인 방법으로 타인에게 육체적·정신적 고통과 인격적 모멸감을 주는 일체 행위. 비정상적인 방법이란 법과 규정에 어긋나는 방법과 정상인의 상식을 벗어난 지나친 방법 등을 포함

다. 폭언 : 상대방의 입장과 주변을 고려하지 않는 사납고 거칠게 하는 말

라. 욕설 : 사회적 통념상 상스럽고 상대방을 욕되게 하는 말

마. 인격모독 : 개인적인 약점을 들춰내거나 자신의 계급적 권한을 이용해 상대방의 마음에 상처를 주는 언행

바. 언어폭력 : 폭언, 욕설, 기타 개인의 인격을 모독하는 비인간적인 말 등으로 상대방의 자존심을 무너뜨리고 마음의 상처와 정신적 충격을 주어 정상적인 병영생활을 저해하는 행위

사. 성희롱 : 성적인 언어와 행동으로 굴욕감과 혐오감을 느끼게 하는 행위

아. 성추행 : 동성 또는 이성 간에 선임병 신분이나 상위계급(직위)을 이용해 성적인 행동을 강요하는 것

자. 성폭행 : 물리적인 힘 또는 협박으로 상대방의 반항을 현저하게 곤란하게 한 상태에서 성적 만족을 취하는 행위

차. 성 군기 위반사고 : 성을 매개로 군 기강을 문란케 하여 부대 단결을 저해하거나 군 위상의 실추를 초래하는 성희롱과 성추행, 성폭행 등

카. 병 상호간 관계 : 의무복무를 수행하는 병 상호의 관계는 기본적으로 수평적 동료관계임. 단 분대장은 조직의 편성 및 임무 수행 목적상 일반 병을 지휘·통제하는 상관의 위치를 인정함

5. 「병영생활 행동강령」 위반 여부 판단기준

가. 위 '4항'에 명시한 용어의 정의를 기준으로 위반 여부 판단.

나. 장난이나 호기심, 무의식적인 행동도 피해자의 주관적 판단으로 병영생활 행동강령을 위반한 행위로 인정되었을 경우는 약자 보호를 위하여 피해자의 판단을 존중한다.

다. 단, 사법적 판단은 군사재판에서 당시의 정황과 쌍방의 진술을 토대로 결정하고 사법처리 대상이 아닌 사항은 징계위원회에서 결정한다.

라. 분대장의 분대원에 대한 지휘 및 통제는 소대장으로부터 위임, 지시받은 사항으로 제한하고, 합법적인 방법에 한한다.

마. 병 상호 간에는 명령이나 지시, 간섭할 수 없으나 작전, 훈련, 교육, 근무 등 공적인 임무 수행과 관련하여 직무상 합법적인 지시가 필요할 경우는 예외로 한다. (예) 포술훈련 간 사수가 부사수에게, 각종 교육 시 조교가 피 교육생에게, 경계근무 간 조장이 조원에게 직무 수행과 관련한 지시 등은 가능

6. 병영생활 행동강령 위반자 신고

가. 신고 의무 및 신고자 보호

(1) 병영생활 행동강령 위반사례의 피해자나 이를 발견 또는 인지한 자는 지휘계통, 병영생활 고충 상담관, 군 수사기관, 내부 공익신고센터 등에 신고하여야 한다.

(2) 지휘계통을 벗어나 신고했다는 이유로 어떠한 불이익한 처분을 할 수 없다. 단, 고의적인 허위 및 과장 신고의 경우는 예외로 한다.

나. 신고요령

(1) 병영생활 행동강령 위반사고 발생 시는 직접 대면하여 신고하거나 전화, E-Mail, 편지 등 어떤 수단과 방법도 제한하지 않는다.

(2) 피해자 또는 피해 상황을 목격, 인지한 자가 직접 신고할 수 없는 경우에는 제삼자를 통한 대리신고 가능하다

다. 피해자 보호 및 비밀 유지

(1) 병영생활 행동강령 위반사고 처리 시 피해자와 신고자 보호를 최우선으로 고려해야 한다.

(2) 피해자와 신고자는 사고처리 과정에서 보직 조정, 전출 등 보호를 위한 조치를 요구할 수 있으며, 지휘관은 정당한 사유가 없는 한 이를 거부할 수 없다.

(3) 필요할 경우 가해자도 전출 및 보직조정 등을 통해 피해자와 분리할 수 있다.

(4) 피해자와 신고자의 동의 없이 그들의 신원이나, 신원을 노출할 수 있는 자료를 공개 또는 누설할 수 없다.

7. 관련자 처벌

가. 병영생활 행동강령을 위반한 자는 그 행위가 범죄행위일 경우 사법절차에 따라 처리하고, 기타의 경우에는 징계 또는 현역 복무 부적합 처리 관련 규정 등에 의거 조치한다.

나. 병영생활 행동강령 위반 사실을 목격, 인지하고도 신고하지 않은 자는 징계 처리한다.

다. 병영생활 행동강령 위반 사실을 신고받고 상급 부대에 보고 등 적절한 조치를 하지 않은 간부는 의법처리 또는 징계 조치한다.

라. 기타 관련자 처벌 및 지휘 문책은 국방부 훈령 제702호 '사고처리 관련 신상필벌 기준'을 적용한다.

8. 행정 사항

가. 본 명령 이행을 위한 각 행동강령 별 세부 기준 및 시행 방법 등은 별도의 방침으로 정한다.

나. 각 군사령관, 육군 직할 부대장은 '병영생활 행동강령'을 全 장병과 군무원에게 주기적으로 교육하고 감독할 책임을 진다.

다. 교육사령관은 양성 및 보수교육 과정의 지휘통솔 또는 부대 관리 과목에 '병영생활 행동강령'을 반영하여 교육한다.

라. 본 명령은 발령된 날로부터 유효하다.

4-2. 해군 병영생활 행동강령

□ 배경

병영 내 각종 악성 사고 근절을 위한 제도개선 등 지속적인 예방 활동에도 불구하고 장병들의 잘못된 인식으로 인한 병영 내 각종 악·폐습이 잔존 하여 주요 악성 사고의 직접적인 원인으로 작용 되고 있어 이를 척결하기 위한 구체적인 예방수칙 마련할 필요성이 제기되어 병영생활 악·폐습 행위 근절 및 장병 상호 존중하는 병영문화 정착을 위한 병영생활 기본준수사항을 행동규범으로 정하여 생활화하도록 한다.

□ 내용

· 병 상호 간의 관계

병 상호 간은 명령, 복종 관계에 있는 것이 아니므로 병 상호 간의 명령, 지시를 금지한다. 단, 병이 내무반장을 수행하고 있을 때는 그 직책으로서 병에 대한 명령, 지시를 할 수 있다

· 구타 및 가혹행위

구타 및 가혹행위 근절을 위해 지속적인 노력을 해 왔으나 아직도 병영 저변에는 구타 및 가혹행위가 잔존하고 있어 치명적인 부대 단결 저해 요인으로 작용 되고 있으며 자살, 군무이탈 등 2차 강력 사고의 원인이 되고 있으므로 어떤 경우에도 구타 및 가혹행위는 금지한다.

· 폭언, 욕설, 인격모독 등 언어폭력 행위

폭언, 욕설, 정신적 고통을 주는 비속어 등 언어폭력은 상대방의 자존심과 인격에 치명적인 손상을 주는 것은 물론 무심코 던진 말들이 상대방의 가슴에 흉기가 되고 원한의 상처를 남겨 자살, 군무이탈, 폭행 등 병영 악성 사고의 주요 원인으로 작용 될 수 있으므로 폭언, 욕설, 인격모독 등 일체 언어폭력 행위를 금지한다.

· 성 군기 위반행위

성 군기 위반사고는 개인의 파멸은 물론, 군 내부의 기강을 문란 시켜 단결력을 약화하여 대군 신뢰도를 크게 추락시키는 요인이 되고 있으므로 성희롱, 성범죄 등 일체 성 군기 위반행위를 금지한다.

· **도박 및 사행성 오락행위**

도박은 마약과 같은 중독성으로 인해 그 폐해가 심각하게 나타나며 특히 도박 빚에 의한 부채 발생으로 인하여 절도, 자살, 군무이탈의 주요원인으로 작용 될 수 있음. 또한 도박사고가 발생하면 대군 신뢰도를 크게 실추시킬 뿐 아니라 부대 단결 저해 요인으로 작용 되므로 어떠한 형태라도 도박 및 사행성 오락행위는 금지한다.

· **병영 내 음주 행위**

병영 내 음주는 제반 군기 및 안전사고의 주요 원인이 되고 있으므로 허가된 시간과 장소를 제외한 병영 내 음주 행위는 금지한다.

□ 활용방안

·전입자 교육, 지휘관 정신 훈화, 정신교육의 날 행사 시 수시 교육

·양성/보수교육 과정 군 기강 확립 교육 시 교보재로 활용

·화장실, 휴게실, 식당, 게시판 등 잘 보이는 곳에 게시, 활용

□ 개요

병영생활 악·폐습 행위 근절 및 장병 상호 존중하는 병영문화 정착을 위한 병영생활 기본 준수사항을 행동규범으로 정하여 생활화

□ 병영생활 행동강령

엄정한 군 기강 확립으로 병영 내 악·폐습을 근절하고 활기찬 병영생활 조성을 위해 다음 사항을 철저히 준수한다.

하나, 과거 답습에 의한 선임병의 불합리한 기득권은 과감히 단절한다.

하나, 내무생활 수행과제는 주임원사 확인 하에 내무 실장 주관으로 균등하게 배분하고 공평하게 시행한다.

하나, 병 상호 간에는 같은 동료로서 서로 존중하고 명령, 지시, 집합, 얼차려, 간섭하지 않는다. 다만, 병영생활 간 선임병이 후임병의 애로사항을 해결하기 위해 상담 및 조언하는 것 등은 적극적으로 권장한다.

하나, 몸 또는 도구로 타인을 가격하여 육체적 통증을 유발하거나 불법적인 방법으로 정신적인 고통과 인격적인 모독을 주는 구타 및 가혹행위를 하지 않는다.

하나, 장병 상호 간 상대방의 인격을 모독하고 자존심에 상처를 주는 폭언·욕설·인격모독 등 일체 언어폭력은 하지 않는다.

하나, 성희롱, 성추행, 성매매 등 성 군기 위반행위를 하지 않는다.

참고문헌

▶ 국방부(2008~2024). **국방백서. 군사용어 백과사전. 군 인사법. 세계 나라와 미국 모병제 그 후. 등 다수**

▶ 통일부 통일교육원(2008). **2008 통일교육지침서. 2009 북한 개요. 2013 북한 이해. 2015 북한 이해. 2015 통일문제 이해.**

▶ 국방대학교 : **군사학 학문체계 군사학 발전 방향. 안보/군사학 세미나 자료집. 안전보장 기본이론. 안보관계 용어집**

▶ 육군본부(1987). **2000년대를 지향한 전문인력 육성 방향.**

▶ 육군사관학교(군사학교육학회). **군사학을 어떻게 공부할 것인가.**

▶ 육군부사관학교(2015). **부사관 전문대학 발전방향.**

▶ 한국경제신문사(1994). **앨빈토플러의 전쟁과 반전쟁**

▶ 한국군사학교육학회(2009). **군사학 교육체계 및 학문 발전 모색/'09년 군사학 학문 및 교육체계 정립**

▶ 송인영(2005). **전쟁이해.** 공학사.

▶ 고성진·박효선·최손환(2014). **군사교육학의 이론과 실제.** 북코리아.

▶ 권회면·정주성·이원배(1993). 병역제도 개선 방향 연구. 한국국방연구원.

▶ 김경업·이건재·정종식. 국방의무의 제도 선택에 관한 이론연구.

▶ 민평식역(1983). **미국의 월남전 전략.** 병학사.

▶ 박림황(1955). **국방연구원론.** 국방대학교

▶ 신정현(1996). **선진국방의 비전과 과제.** 나남출판사.

▶ 양태진. 북경조약과 녹둔도 영속 문제에 관한 고찰.

▶ 유영박. 북경조약과 녹둔도 영속 문제에 관한 고찰.

▶ 윤종호·김열수(2002). 군사학 학문체계 정립 및 군사학 학위 수여 방안. **국방정책 연구과제**

▶ 이상우(1979). **국제관계 이론.** 박영사.

▶ 최광표(2009). 미래형 교육훈련 기초 정립을 위한 제언. 국방연구소.

▶ 이재평(2007). **군사학 입문.** 글로벌 출판사.

▶ 이재평(2014). **군사이론.** 글로벌 출판사.

▶ 북한연구소(2010). **2003 ~ 2010 북한편람.**

▶ 이재평(2014). 해병대 학군교류협정대학 운영체계 개선방안. 해병대사령부.

▶ 이재평(2008). **재미있는 전쟁사.** 글로벌 출판사.

▶ 이재평(2007). **군사학 입문.** 글로벌 출판사.

▶ 이재평·류명수(2013). 대학 군사학과 교육편성방안. 육군부사관학교.

▶ 이재평·서정권·류명수(2008). 군사학 개설대학 교육과목 검토. 육군교육사령부.

▶ 이재평·오만수·류명수(2010). 대학 군사학과 교육 편성방안. 육군3사관학교.

▶ 이재호(1980). 미국의 군사학교육체계. **국방학술세미나논문집.**

▶ 장위국(1973). **군사논총(제1집).** 대만 3군대학.

▶ 국방부, 육군본부, 육군사관학교, 육군3사관학교, 육군부사관학교, 대한민국 부사관 총연맹 인터넷 홈페이지 외 다수

■ 편집위원(저자 약력)

- **이 재 평 교수 : 공학박사** (서경대학, 연성대 군사학전문교수 역임/극동대학, 유원대학)
- **김 호 용 박사 : 경영학박사** (전주비전대학교수)
- **박 동 순 박사 : 국제정치학박사** (한성대학)

군사학 종합이론의 바이블

군사학개론(개정 5판)

개정5판 1쇄 인쇄 2025년 03월 10일
개정5판 1쇄 발행 2025년 03월 13일

지 은 이 이재평 · 김호영 · 박동순
발 행 처 도서출판 글로벌 필통
발 행 인 신현훈
주 소 서울특별시 중구 충무로 54-10 (을지로3가) 2층
전 화 02-2269-4913
팩 스 02-2275-1882
출판등록 제2-2545호
홈페이지 http://www.gbbook.com

I S B N 978-89-5502-986-4
가 격 22,000원